住房城乡建设部土建类学科专业"十三五"规划教材

高等职业教育建筑设计类专业系列教材

建筑装饰施工组织与管理

主　编　袁景翔　张　翔

副主编　黄厚金　周升平

参　编　刘传志　杨　洁　袁　筝

　　　　田淞铭　陈函飞　余　洋

　　　　王晓翠　杜连杰

机械工业出版社

本书按照建筑施工组织设计规范和工程施工及验收等相关规范编写，内容力求简明、实用、新颖，反映国内外先进技术水平，并总结了多年工程实践中积累的经验，附以必要的图表，使之通俗易懂。

本书共分 11 章，主要内容有建筑装饰工程招标投标、建筑装饰工程施工合同、建筑装饰工程施工组织概论、建筑装饰工程流水施工、网络计划技术基本知识、建筑装饰施工组织设计、建筑装饰工程项目管理概述、建筑装饰工程施工成本管理、建筑装饰工程施工进度管理、建筑装饰工程施工质量管理、建筑装饰工程职业健康安全与环境管理。每章开始设置学习导读，指导学生明确学习目标、学习重点与难点；每章结尾设置思考练习题，用以巩固所学知识。

为方便教学，本书配有电子课件，凡使用本书作为教材的教师可登录机工教育服务网 www.cmpedu.com 注册下载。咨询电话：010-88379375。

图书在版编目（CIP）数据

建筑装饰施工组织与管理/袁景翔，张翔主编 .—北京：机械工业出版社，2017.7（2022.6 重印）
高等职业教育建筑设计类专业系列教材
ISBN 978-7-111-57432-3

Ⅰ.①建…　Ⅱ.①袁…②张…　Ⅲ.①建筑装饰—工程施工—施工组织—高等职业教育—教材②建筑装饰—工程施工—施工管理—高等职业教育—教材　Ⅳ.①TU767

中国版本图书馆 CIP 数据核字（2017）第 154739 号

机械工业出版社（北京市百万庄大街 22 号　邮政编码 100037）
策划编辑：常金锋　责任编辑：常金锋
责任校对：孙丽萍　封面设计：马精明
责任印制：常天培
北京中科印刷有限公司印刷
2022 年 6 月第 1 版第 8 次印刷
184mm×260mm · 13.75 印张 · 334 千字
标准书号：ISBN 978-7-111-57432-3
定价：39.90 元

电话服务　　　　　　　　网络服务
客服电话：010-88361066　机 工 官 网：www.cmpbook.com
　　　　　010-88379833　机 工 官 博：weibo.com/cmp1952
　　　　　010-68326294　金 书 网：www.golden-book.com
封底无防伪标均为盗版　机工教育服务网：www.cmpedu.com

前　言

为适应 21 世纪高职高专建筑装饰类专业教学和人才培养的需要，编者按照理论与实践相结合的技术技能型人才培养目标，紧紧围绕建筑装饰工程现场施工组织与管理的基本规律，按照建筑施工组织设计规范和建设工程项目管理规范的要求，详细阐述了建筑装饰施工组织与管理的基本知识。在编写过程中特别加强了招标投标、合同管理、进度管理、质量管理、成本管理等方面内容的介绍，使本书具有应用性知识突出、可操作性强、内容新颖等特点。

"建筑装饰施工组织与管理"是建筑装饰工程技术专业的核心课程，通过对本课程的学习，可以使学习者掌握建筑装饰施工管理的基本知识，增强建筑装饰施工中对各工种的施工组织与协调能力，并为今后从事专业技术工作打下基础。本书的编者主要是来自大中型建筑企业的专家和生产一线的工程技术人员，突出了"以职业能力为本位，以岗位需求为依据，简化理论阐述，注重实际应用原则"的总体要求，增强了教材内容与职业岗位能力要求的相关性，从而提高了学习者的岗位适应和就业能力。

本书第 1 章由重庆渝兴建设投资有限公司陈函飞编写，第 2 章由重庆建工集团第三建设有限责任公司王晓翠编写，第 3 章由重庆广播电视大学刘传志编写，第 4 章由中国国际航空有限责任公司重庆分公司袁筝编写，第 5 章由重庆工商职业学院余洋和贵州交通职业技术学院杨洁编写，第 6 章由重庆工商职业学院袁景翔编写，第 7 章由重庆广播电视大学周升平编写，第 8 章由重庆市凡田装饰有限公司黄厚金编写，第 9 章由重庆广播电视大学张翔编写，第 10 章由中国建筑第四工程局田淞铭编写，第 11 章由武汉翼达建设服务股份有限公司重庆分公司杜连杰编写，袁景翔对本书进行了统稿。本书在编写过程中，吸收和借鉴了国内众多专家、学者的研究成果，在此一并表示衷心的感谢。

本书适用于高职高专建筑装饰和建筑施工类专业的课程教学，也可以作为建筑装饰工程和建筑工程类培训的教材，还可以作为建筑装饰施工企业工程技术人员的参考用书。

由于编者水平有限，加之当前建筑装饰工程管理技术发展迅速，知识更新快，书中难免有不当之处，恳请读者批评指正。

编　者

目　录

第1章

建筑装饰工程招标投标

学习目标 了解招标投标的概念、招标的方式、招标的范围和规模标准、评标的原则以及评标委员会的要求、废标的条件；熟悉投标的法律责任、招标备案、开标的程序；掌握投标的准备工作及相关必备知识。

学习重点 招标投标的概念；招标的方式；招标的范围和规模标准；招标文件的组成；投标文件的组成和审查；投标保证金的递交与退还；招标的时间要求。

学习难点 招标文件的编写；投标文件的编写；招标投标的程序。

1.1 建设工程招标投标的相关知识

1.1.1 招标投标的概念

1. 招标

建设工程招标是指招标人在发包建设工程项目设计或施工任务之前，通过招标通告或邀请书的方式，吸引潜在投标人投标，以便从中选定中标人的一种经济活动。

2. 投标

建设工程投标是指具有合法资格和能力的投标人根据招标条件，经过初步研究和估算，在指定期限内填写标书、提出报价并等候开标，决定能否中标的经济活动。

招标投标活动应当遵循公开、公平、公正和诚实信用的原则。

1.1.2 招标的方式、范围

1. 招标的方式

招标分为公开招标和邀请招标。

（1）公开招标

公开招标是指招标人在公开媒介上以招标公告的方式邀请不特定的法人或其他组织参与投标，并在符合条件的投标人中择优选择中标人的一种招标方式。招标人采用公开招标方式的，应当发布招标公告。依法必须进行招标的项目的招标公告，应当通过国家指定的报刊、信息网络或者其他媒介发布。招标公告应当载明招标人的名称、地址，招标项目的性质、数量、实施地点和时间以及获取的办法等事项。

公开招标的优点是使招标单位有较大的选择范围，可在众多的投标单位中择优选择。其缺点是招标工作量大、时间长、费用高，投标单位多，难免出现鱼目混珠的现象。

国有资金占控股或主导地位的依法必须进行招标的项目，应当公开招标。

（2）邀请招标

邀请招标是指招标人以投标邀请书的方式邀请特定的法人或者其他组织投标，确定中标人的一种招标方式。

《中华人民共和国招标投标法》（以下简称《招标投标法》）第十一条规定：国务院发展计划部门确定的国家重点项目和省、自治区、直辖市人民政府确定的地方重点项目不适宜公开招标的，经国务院发展计划部门或者省、自治区、直辖市人民政府批准，可以进行邀请招标。

对国有资金占控股或主导地位的依法必须进行招标的项目，有下列情形之一的，可以邀请招标：

1）技术复杂、有特殊要求或者受自然环境限制，只有少量潜在投标人可供选择。

2）采用公开招标方式的费用占项目合同金额的比例过大（标准由项目审批、审核部门在审批、核准项目时作出认定或者有关行政监督部门作出认定）。

招标人采用邀请招标方式的，应当向 3 个以上具备承担招标项目的能力、资信良好的特定法人或者其他组织发出投标邀请书。

邀请招标的优点是被邀请参加投标竞争者数量有限，不仅可以有效减少招标工作量，缩短招标时间，节约费用，而且每个投标者的中标机会相对提高，对招标投标双方都有利。缺点是竞争的程度降低。

2. 招标的范围

（1）必须招标的工程建设项目范围

《招标投标法》第三条规定：在中华人民共和国境内进行下列工程建设项目包括项目的勘察、设计、施工、监理以及与工程建设有关的重要设备、材料等的采购，必须进行招标：大型基础设施、公用事业等关系社会公共利益、公众安全的项目；全部或部分使用国有资金投资或者国家融资的项目；使用国际组织或者外国政府贷款、援助资金的项目。

1）基础设施。基础设施是指为国民经济生产过程提供基本条件的设施，可分为生产性基础设施和社会性基础设施。前者指直接为国民经济生产过程提供的设施，后者指间接为国民经济生产过程提供的设施。基础设施通常包括能源、交通运输、邮电通信、水利、城市设施、环境与资源保护设施等。公用事业，是指为适应生产和生活需要而提供的具有公共用途的服务，如供水、供电、供热、供气、科技、教育、文化、体育、卫生、社会福利等。

2）使用国有资金投资的项目。使用国有资金投资的项目包括：使用各级各类财政性资金的项目；使用国有企业事业单位资金，并且国有资产投资占控股或者主导地位的项目。

3）国家融资项目。国家融资项目是指县级以上人民政府依照法定权限融资的项目，包括：使用政府发行债券所筹资金的项目；使用政府对外借款或者担保所筹资金的项目；政府授权投资主体融资的项目；政府采用特许经营方式融资的项目。

4）使用国际组织或者外国政府资金的项目。使用国际组织或者外国政府资金的项目包括：使用世界银行、亚洲开发银行等国际组织贷款资金的项目；使用外国政府及其机构贷款资金的项目；使用国际组织或者外国政府援助资金的项目。

（2）必须招标的工程建设项目的规模标准

《工程建设项目招标范围和规模标准规定》规定上述各类工程建设项目，包括项目的勘察、设计、施工、监理以及与工程建设有关的重要设备、材料等的采购，达到下列标准之一的，必须进行招标。

1）施工单项合同估算价在 200 万元人民币以上的。

2）重要设备、材料等货物的采购，单项合同估算价在 100 万元人民币以上的。

3）勘察、设计、监理等服务的采购，单项合同估算价在 50 万元人民币以上的。

4）单项合同估算价低于上述规定的标准，但项目总投资额在 3000 万元人民币以上的。

（3）不进行招标的项目

《招标投标法》第六十六条规定：涉及国家安全、国家机密、抢险救灾或者属于利用扶贫资金实行以工代赈、需要使用农民工等特殊情况，不适宜进行招标的项目，按照国家有关规定可以不进行招标。另外，有下列情形之一的，可以不进行招标。

1）需要采用不可替代的专利或者专有技术的。

2）已通过招标方式选定的特许经营项目投资人依法能够自行建设、生产或者提供的。

3）需要向原中标人采购过程、货物或者服务，否则将影响施工或者功能配套要求的。

4）承包商、供应商或者服务提供者少于三家，不能形成有效竞争的。

5）在建工程追加的附属小型工程或者主体加层工程，原中标人仍具备承包能力的。

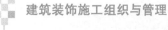

6）法律、行政法规规定的其他情形。

1.2 装饰工程招标

1.2.1 装饰工程招标程序及时间要求

（1）招标的工作流程

依法必须进行招标的工程建设项目，按有关规定进行项目审批手续→编制招标文件→发布招标公告或者投标邀请书→采取资格预审的，按有关规定对潜在投标人进行资格预审→发售招标文件→根据需要，组织现场踏勘→应投标人要求，澄清招标文件中的有关问题→接受投标文件→按照招标文件要求的方式和金额，接收投标人提交的投标保函或投标保证金→组建评标委员会→开标→评标→定标→发中标通知书→返还投标保证金→应招标人要求，中标人提交履约保证金→签订合同→向有关行政监督部门提交招标投标情况的书面总结报告。

招标投标的全过程由招标人或委托招标代理机构操作，纪委监察部门、行业主管部门等对整个招标投标过程进行现场监督。

（2）工作时间要求

1）发布招标公告或投标邀请书至下一步发放预审文件不少于4个工作日。

2）发出招标文件至提交投标文件截止之日，最短不得少于20日。

3）投标人对招标文件有疑问的，应在提交投标文件截止时间10日前向招标人提出，以书面形式通知招标人或招标代理机构。招标人应当自收到异议之日起3日内做出答复，并将答复内容以补遗的形式发布。补遗内容可能影响投标文件编制的，须在投标截止时间15日前发布，发布时间至投标截止时间不足15日的，须相应延后投标截止时间。

4）招标人应在评委会完成评标后15日内确定中标人，并在7日内发出中标通知书。

5）招标人应将评标结果通知所有投标人，并在指定媒体上公示，公示时间不得少于3日。

6）发出中标通知书至订立合同应不超过30日。

7）招标人应在投标有效期满后5个工作日内退回保证金。

8）招标人应在确定中标人后15日内向有关监督部门提交招标情况书面报告。

1.2.2 招标申请备案

《中华人民共和国招标投标法实施条例》第七条规定：按照国家有关规定需要履行项目审批、核准手续的依法必须进行招标的项目，其招标范围、招标方式、招标组织形式应当报项目审批、核准部门审批、核准。项目审批、核准部门应当及时将审批、核准确定的招标范围、招标方式、招标组织形式通报有关行政监督部门。

招标人或委托招标代理机构向行业主管部门申请招标时，应提交的资料及要求如下：

①立项批文（1份，复印件）；②勘察合同（1份，复印件）；③设计合同（1份，复印件）；④招标代理委托书（1份，原件）；⑤招标代理合同（1份，复印件）；⑥招标代理机构资格证（1份，复印件）；⑦工程登记表（1份，复印件）；⑧资金证明（1份，原件）；⑨建设工程招标申请审批书（一式3份，原件）；⑩资格预审文件〔一式3份，原件（如

有）〕；⑪招标文件（一式 3 份，原件）；⑫信息发布表（1 份，原件）。

进行全过程招标的免第②、③项；如踏勘、设计达到招标范围的，还须提供中标通知书复印件；立项核准招标人自行组织招标的免第④、⑤、⑥项。

送件时所有复印件均须加盖招标人公章，以上备案资料提供复印件的，均须同时提供原件核验。

1.2.3 装饰工程招标文件的组成

《招标投标法》第十九条规定：招标人应当根据招标项目的特点和需要编制招标文件。招标文件应当包括招标项目的技术要求、对投标人资格审查的标准、投标报价要求和评标标准等所有实质性要求和条件以及拟订合同的主要条款。

工程招标文件主要由封面、目录、内容、附件等几部分组成，内容主要有招标公告、投标人须知、评标办法、合同条款格式、图纸、投标文件格式等。

1）招标公告。招标公告是对招标情况概要性地进行说明，包含项目招标的条件、项目情况、招标范围、投标人的资质要求、招标文件的获取、投标截止时间、开标时间及地点、发布公告的媒介、招标人的联系方式等。

2）投标人须知。投标人须知是招标文件的核心内容，是投标人编制投标文件的依据。包含的内容有：投标人须知前附表、总则、招标文件、投标文件、投标、开标、评标、合同授予、重新招标和不再招标、纪律和检查、其他补充内容。

3）评标办法。评标办法包含评标办法前附表、评标办法、评审标准、评标的程序等内容。

4）合同条款格式。合同条款格式分为合同协议书、合同标准条件、专用条件三部分，重点是合同专用条件的设定。

5）图纸。

6）投标文件格式。

1.2.4 装饰工程开标、评标、定标

（1）开标

1）开标时间和地点。招标人在投标人须知前附表规定的投标截止时间（开标时间）和规定的地点公开开标。在招标文件要求递交投标文件的截止时间后送达的投标文件，招标人应当拒收。

参加开标会议的投标人的法定代表人或其授权的代理人，应当随身携带本人身份证（原件），授权的代理人还应当随身携带法定代表人授权书（原件），以备核验其合法身份。参加开标会议的授权代理人未携带法定代表人授权书（原件）的或提供的授权委托书不符合招标文件规定的，将退还其投标文件。投标人未派代表参加开标会议的，其投标文件的有效性不受影响，并视同对整个开标过程认可。否则，将视为投标单位自动弃权。

投标人法定代表人或授权代理人在评标过程中应保证评标委员会随时质询。若投标人法定代表人或授权人因故不能接受质询，其投标文件仍有效，但应视为投标人已默认评标委员会对缺席的质询所做出的结论。

2）开标程序。开标会议由招标人或者招标代理人主持，开标应当按下列程序进行：

① 宣布开标纪律。

② 宣布开标人、唱标人、记录人、监标人等有关人员姓名。

③ 公布在投标截止时间前递交投标文件的投标人名称，并点名确认投标人是否派人到场。

④ 核验参加开标会议的投标人的法定代表人或委托代理人本人身份证（原件），核验被授权代理人的授权委托书（原件），以确认其身份合法有效。

⑤ 展示投标保证金缴款情况，未在规定时间将投标保证金打入指定账户的，当场退还其投标文件。

⑥ 密封情况检查：投标人或者其推选的代表检查投标文件的密封情况并确认。

⑦ 设有最高限价或者标底的，公布最高限价或者标底。

⑧ 开启投标文件（顺序为随机开启）。

⑨ 按照宣布的开标顺序当众开标，开启投标文件大袋及投标函部分等小袋，公布投标人名称、标段名称、投标报价、质量目标、工期及其他内容并记录在案。

⑩ 投标人代表、招标人代表、监标人、记录人等有关人员在开标记录上签字确认。

⑪ 开标结束。

3）开标的注意事项：

① 开标过程应当由记录人做好记录，并存档备查。

② 投标人少于3个的，不得开标；招标人应当重新招标。

③ 投标人对开标有异议的，应当在开标现场提出，招标人应当当场作出答复，并进行记录。

（2）评标

1）评标委员会。评标由招标人依法组建的评标委员会负责。评标委员会由有关技术、经济等方面的专家组成。评标委员会成员人数不少于5人，而且是单数，其中技术、经济等方面的专家不得少于成员总数的三分之二，专家应从专家库中随机抽取。

2）评标原则。评标活动遵循公平、公正、科学和择优的原则。

3）评标。评标委员会按照投标人须知中的"评标办法"规定的方法、评审因素、标准和程序对投标文件进行评审。有下列情形之一的，应作废标处理：

① 投标文件未经投标单位盖章和单位负责人签字。

② 投标联合体没有提交共同投标协议书。

③ 投标人不符合国家或者招标文件规定的资格条件。

④ 同一投标人提交两个以上不同的投标文件或者投标报价，但招标文件要求提交备选投标的除外。

⑤ 投标报价低于成本或者高于招标文件设定的最高投标限价。

⑥ 投标文件没有对招标文件的实质性要求和条件作出响应。

⑦ 投标人有串通投标、弄虚作假、行贿等违法行为的。

4）评标报告。评标完成后，评标委员会应当向招标人提交书面评标报告和中标候选人名单及排序。中标候选人应当不超过3个。

评标报告应当由评标委员会全体成员签字。如有评标委员对评标结果有不同意见的，评标委员应当以书面形式说明其不同意见和理由，评标报告应注明该不同意见。

（3）定标

招标人根据评标委员会提出的书面评标报告和推荐的中标候选人及排序确定中标人，招标人不得在评标委员会推荐的中标候选人以外确定中标人。招标人应当自收到评标报告之日起 3 日内公示中标候选人，公示期不得少于 3 日。

投标人对评标结果有异议的，应当在中标候选人公示期间提出，招标人应当自收到异议之日起 3 日内作出答复。

招标人应当自确定中标人之日起 15 日内，向有关行政监督部门提交招标投标情况的书面报告。

招标人和中标人应当自中标通知书发出之日起 30 日内，按照招标文件和中标人的投标文件订立书面合同。

1.3　装饰工程投标

1.3.1　投标前的准备

（1）投标人及其资格要求

1）投标人资质不能低于招标文件要求的资质条件。

2）投标人能对招标人在招标文件中提出的实质性要求和条件作出积极的响应。

招标人的任何不具备独立法人资格的附属机构（单位），或者为招标项目的前期准备或者监理工作提供设计、咨询服务的任何人及其任何附属机构（单位），都无资格参加该招标项目的投标。

（2）调查研究，收集投标信息和资料

1）通过公共关系网、信息网络和有关个人的接触，广泛收集工程项目信息。

2）选择项目的原则：符合公司的目标和经营宗旨；考虑企业自身条件；工程的可靠性；竞争是否激烈。

3）做好调查研究。

4）选择投标项目的定量分析方法。

（3）建立投标机构

1）组织专门技术人员、熟悉建设工程业务的人员以及财务人员等，这些都是组建投标机构所需要配备的人员。

2）投标机构中要有经济管理、技术工程、合同管理的专家。

（4）投标决策

1）根据项目的专业性等确定是否投标。

2）倘若投标，决定投什么性质的标。

3）投标中采取以长制短、以优胜劣的策略和技巧。

（5）准备相关资料

准备公司资质证书、营业执照、法人授权委托证明书、投标保证金证明文件、拟委派项目经理简历（项目经理证件需在当地建设管理部门备案）、施工技术方案（技术标）、经济标（工程投标报价）等。

1.3.2 投标文件的内容及编制

（1）装饰投标文件的编制原则

1）做好编制投标文件准备工作。投标人领取招标文件、图纸和有关技术资料后，应仔细阅读投标须知，投标须知是投标人投标时应注意和遵守的事项。

认真阅读合同条件、规定格式、技术规范、工程量清单和图纸。如发现项目或数量有误时应在收到招标文件 7 日内以书面形式向招标人提出。如果投标人的投标文件不符合招标文件的要求，或者实质上不响应招标文件的要求，投标文件将被拒绝。

组织投标班子，确定参加投标文件编制的人员，收集现行定额标准、取费标准及各类标准图集，收集掌握有关法律法规文件以及资料和设备价格情况。

2）投标文件应按招标文件中"投标文件格式"的规定进行编写，如有必要，可以增加附页，作为投标文件的组成部分。

3）投标文件应当对招标文件有关施工期限、投标有效期、施工内容、工程目标、招标范围等实质性内容作出响应。

4）投标文件应用不褪色的材料书写或打印，并由投标人的法定代表人或其委托代理人签字，并加盖投标人法人章。委托代理人签字的，投标文件应附法定代表人签署的授权委托书。

投标文件应尽量避免涂改、行间插字或删除。如果出现上述情况，改动之处应加盖单位公章或由投标人的法定代表人或其授权的代理人签字确认。

5）投标文件份数应满足招标文件的要求。投标文件编制完成后应仔细整理、核对，按招标文件的规定进行密封和标记，并提供足够份数的投标文件副本。投标人按招标文件所提供的表格格式，编制一份投标文件"正本"和招标文件中规定份数的"副本"，并由投标人的法定代表人亲自签署并加盖法人单位公章和法定代表人印签。

6）投标文件应分别装订成册，具体装订要求符合投标人须知前附表的规定。

（2）投标文件的内容

投标人应按照招标文件的要求编制投标文件，必须对招标文件提出的实质性要求和条件作出响应，否则将视为废标。同一招标项目，投标人只编写一个投标方案。如招标文件允许投标人提供备选标的，投标人可以按照招标文件的要求提交替代方案，并作出相应报价作备选标。投标文件由投标函部分、商务部分和技术部分三部分组成。

1）投标函部分。投标函部分包括：法定代表人身份证明及授权委托书、招标文件确认书、投标函三部分内容。

2）商务部分。商务部分（包括资格审查资料）可反映企业的资质条件、经营能力、技术力量以及拟派项目人员的能力和经验，主要由企业的基本信息、企业的资信、企业承担与本项目类似的业绩汇总表及证明材料、拟派现场管理人员的业绩证明材料、拟派管理人员统计表及人员经验表等组成。

① 企业的基本信息。企业基本信息包含企业情况一览表、营业执照副本、资质证书副本、税务登记证、组织机构代码、开户许可证等。如果投标人是外地企业，投标人还需提供备案证。投标文件中企业证照使用复印件的，应加盖投标单位公章，投标时带原件备查。

② 企业的资信。企业的资信是指企业管理的各种认证体系、企业的获奖情况、企业承

建的工程项目的获奖情况、企业的诚信等级等。认证体系如 ISO9001 质量管理体系认证、职业健康安全管理体系认证、环境管理体系认证等。企业获奖情况是指企业获得国家、省市、协会等的先进企业、重合同守信用等与企业经营相关的奖项，获得鲁班奖、省市优质工程等奖项。

③ 近年来企业承担与招标项目类似的业绩汇总表及证明材料。证明材料在投标文件中使用复印件或者扫描后打印，投标时须带原件备查。

④ 拟派现场管理人员的业绩证明材料。证明材料用来反映拟派技术人员的专业、职业资格、技术能力、工作经验，包括相关证件、曾经做过的与招标项目相当工程的业绩材料。相关证书和业绩证明材料在投标文件中使用复印件或者扫描后打印，投标时须带原件备查。

⑤ 拟派管理人员统计表及人员经验表。拟担任职务为项目经理、现场代表、工程师、技术员、资料员等的相关人员，填写汇总表并附人员相关证件（学历证书、技术职称、执业资格证、身份证）的复印件或者扫描后打印，加盖投标单位公章，投标时带原件备查。

3）技术部分。技术标一般包括以下几部分内容：编制依据；工程概况；项目管理组织机构；项目管理工作制度、程序；质量控制方法、措施；进度控制方法、措施；造价控制方法、措施；安全文明施工及施工环境保护的控制措施；合同、信息管理；工程协调；对招标项目工程的重点、难点分析和针对重点、难点的措施；对招标项目工程的合理化建议。

1.3.3 投标文件的审查

（1）投标函的审查

1）格式审查。文件格式是否符合投标文件的要求，包括文件的先后顺序，附件是否完整，页码的编号是否连续，纸张大小、页边距、字体、字号等是否与招标文件要求一致。

2）报价的审查。审查报价大小写是否一致，小写的小数点是否正确，报价计算是否正确，是不是按招标计算依据进行的。

3）签字、盖章审查。主要是审查签字、盖章是否齐全，是否遗漏，同一人的签字是否一样。

（2）商务部分的审查

1）按照招标文件要求，公司证件、总监证件、人员证件是否齐全。

2）审查每个证件的完善性和有效性，特别是有变更的变更页和有续期的续期页；检查证件的复印件字迹是否清晰。

3）按照招标文件要求的业绩资料的项数是否齐全；业绩工程的工程类型、工程规模是否满足要求；对同一内容，不同资料的描述是否一致；复印件字迹是否清晰。

4）资料上的签字是否一致，资料复印件字迹是否清晰。

5）拟派项目人员的人数是否不低于招标文件要求，人员的专业是否满足要求，证明人员专业的证件是否有效。

6）编码是否连续，中间是否夹有空白页。

7）所有的复印件是否加盖公章，签字是否完善。

（3）技术标（施工组织设计）的审查

1）按照招标文件的评分标准和施工组织设计的基本格式，审查其包括的内容是否齐全，是否有漏项。

2）编制的依据中是否有过时的规范。

3）项目机构人员配置是否完整；专业是否配套；人数是否少于招标的最低要求；人员岗位职责是否确定；项目工作制度是否健全。

4）质量、造价、进度、安全文明施工及环境保护、合同、信息管理的控制措施是否全面，方法、措施是否合理有效。

5）工程难点、重点分析是否清楚；结论是否合理；对重点、难点的处理措施是否有针对性，是否科学、有效。

6）工作程序是否完善，每个程序是否有效而且可操作。

7）标书的编制格式是否符合要求，包括纸张的大小、文字的字体字号、页码的编号；目录与正文是否对应。

8）检查有没有空白页、倒置页；检查有没有纸张褶皱，检查有没有打印不清晰和打印歪斜的。

1.3.4 投标文件的装订、密封、递交

（1）投标文件的装订

投标文件应按照招标文件要求的份数和装订方式装订成册。不论使用何种方式进行装订，必须保证投标文件装订牢固。招标人对由于投标文件装订松散而造成的丢失或其他后果不承担任何责任。

1）投标函和商务部分的装订。投标函和商务部分是明标，其装订要求比较简单，只要按照招标的装订方式装订成册，牢固即可。

2）技术标部分装订。工程技术标部分通常要进行暗标评审，装订好后，面页及整个材料（含光盘封面及内容）均不得显示与投标企业有关的任何信息。

（2）投标文件的密封

1）投标文件正本与副本应分别装在内层封套中，投标文件的电子文件应放置于正本的同一内层封套中，然后统一密封在一个外层封套中，加密封条并盖投标人密封印章。

2）投标文件内层封套上应清楚标记"正本"或"副本"字样。投标文件内层封套应写明投标人邮政编码、投标人地址、投标人名称、所投项目名称和标段。投标文件外层封套应写明招标人地址及名称、所投项目名称和标段、开启时间等。采用一层封套时，内外层的标记均合并在封套上。

（3）投标文件的递交

1）投标人应当在招标文件要求提交投标文件的截止时间，将投标文件密封送达投标地点。招标人收到投标文件后，应当向投标人出具标明签收人和签收时间的凭证，在开标前任何单位和个人不得开启投标文件。在招标文件要求提交投标文件的截止时间后送达的投标文件为无效的投标文件，招标人应当拒收。

2）投标人在招标文件要求提交投标文件的截止时间前，可以补充、修改、替代或者撤回已提交的投标文件，并书面通知招标人。补充、修改的内容为投标文件的组成部分。

3）在提交投标文件截止时间后到招标文件规定的投标有效期终止前，投标人不得补充、修改、替代或者撤回其投标文件。投标人补充、修改、替代投标文件的，招标人不予接受；投标人撤回投标文件的，其投标保证金将被没收。

1.3.5　投标有效期和投标保证金

（1）投标有效期

1）在投标人须知前附表规定的投标有效期内，投标人不得要求撤销或修改其投标文件。

2）出现特殊情况需要延长投标有效期的，招标人以书面形式通知所有投标人延长投标有效期。投标人同意延长的，不得要求或被允许修改或撤销其投标文件；投标人拒绝延长的，其投标失效。

（2）投标保证金

1）投标保证金的递交。投标人在递交投标文件前，应按投标人须知前附表规定的金额、担保形式递交投标保证金。投标人没按投标文件要求的时间、金额、形式提交投标保证金的，其投标文件将被拒绝。

2）投标保证金的退还。

① 招标人发出中标通知书后 5 日内，开标所在的交易中心向未列入中标候选人的投标人退还投标保证金及利息。

② 招标人与中标人签订合同后 5 日内，向中标人和其他中标候选人退还投标保证金及利息。

3）投标保证金的没收。有下列情形之一的，投标保证金将不予退还：

① 在投标文件有效期内撤销或修改其投标文件。

② 中标人在收到中标通知书后，无正当理由拒签合同协议书或未按招标文件规定提交履约担保。

 思考练习题

1. 招标、投标的概念是什么？
2. 招标的方式有哪些？它们的特点是什么？
3. 哪些工程必须要进行招标？它们的规模标准是什么？
4. 简述招标投标的工作流程。
5. 招标文件包含的内容有哪些？
6. 评标委员会的组成有哪些要求？
7. 什么情况下的投标文件将被视为废标？

第2章

建筑装饰工程施工合同

 学习目标　了解建筑装饰工程施工合同的类型、合同文件的组成及解释顺序；熟悉施工合同管理的程序和方法；掌握施工索赔成立的条件、索赔的证据和程序。

学习重点　施工合同管理，合同管理的原则和工作内容；合同进度管理；工程变更管理；工程索赔管理；合同争议的调节；施工合同的解除。

学习难点　合同进度管理；工程变更管理；工程索赔管理。

2.1　合同的签订、合同的形式及内容

2.1.1　合同的概念

合同又称契约，根据《中华人民共和国合同法》，合同是平等主体的自然人、法人、其他组织之间设立、变更、终止民事权利义务关系的协议。

建筑装饰工程施工合同，是指根据法律规定和合同当事人约定具有约束力的文件，构成合同的文件包括合同协议书、中标通知书、投标函及其附录、专用合同条款及其附件、通用合同条款、技术标准和要求、图纸、已标价工程量清单或预算书以及其他合同文件。

2.1.2　合同的签订

合同是当事人之间的协议，合同的签订就是当事人之间就合同的内容经协商达成协议的过程。工程项目施工合同的签订，是合同当事人权利义务关系得以实现的前提条件。合同反映的是一个动态工程，始于合同的签订，其后还会涉及合同的履行、变更、索赔和争议、违约责任等诸多环节。只有合同签订后，才能启动这些环节。综上所述，合同签订具有十分重要的意义。

2.1.3　签订合同主体的资格

当事人签订合同，应当具有相应的民事权利能力和民事行为能力。当事人可依法委托代理人签订合同。

2.1.4　合同签订的基本程序

签订合同的程序是指签订合同的当事人经过平等协商，就合同的内容取得一致意见的过程，一般包括要约与承诺两个阶段。

1）要约。要约是希望和他人订立合同的意思表示。提出要约的一方为要约人，接受要约的一方为受要约人。要约应符合下列规定：内容具体确定；表明经受要约人承诺，要约人即受该意思表示约束；要约到达受要约人时生效。在实际生活中要注意要约与要约邀请的区别。要约邀请是希望他人向自己发出要约的意思表示。

2）承诺。承诺是受要约人同意要约的意思表示。承诺应以通知的形式发出，但据交易习惯或要约表明可以通过行为方式作出承诺的除外。承诺通知到达要约人时生效，承诺生效时合同成立。

2.1.5　合同签订的条件

初步设计已经批准，工程项目已经列入年度建设计划；有能够满足施工需要的设计文件和相关技术资料；建设资金和主要建筑材料设备来源已经落实；招标投标工程的中标通知书已经下达。

2.1.6　建设工程合同签订前的准备工作

建设工程合同签订前应进行合同文本分析。

（1）合同文本的基本要求

当事人双方在选择合同文本时应注意满足以下基本要求：

1）内容齐全，条款完整，不能漏项。合同虽然在工程实施前起草和签订，但对工程实施过程中的各种情况都要作出预测、说明和规定，以防止扯皮和争执。

2）定义清楚、准确，双方工程责任的界限明确，不能含混不清。合同条款应是肯定的、可执行的，对具体问题各方该做什么、不该做什么，谁负责、谁承担费用，应十分明确。

3）内容具体、详细，不能笼统，不怕条文多。双方对合同条款应有统一的解释。

4）合同应体现双方平等互利的原则，即责任和权益、工程（工作）和报酬之间应平衡，合理分配风险，公平地分担工作和责任。

在我国，施工合同文本通常采用示范文本，它能较好地反映上述要求。

（2）施工合同文本分析主要包括的几个方面

1）施工合同的合法性分析。具体包括：当事人双方的资格审查；工程项目已具备招标、投标、签订和实施合同的一切条件；工程施工合同的内容（条款）和所指行为符合合同法和其他各种法律的要求，如劳动保护、环境保护、税赋等相关法律要求等。

2）合同实施的后果分析。如承包人可以分析：在合同实施中会有哪些意想不到的情况；这些情况发生后应如何处理；本工程是否过于复杂或范围过大，超过自己的能力；自己如果不能履行合同，应承担什么样的法律责任，后果如何；对方如果不能履行合同，应承担什么样的法律责任等。

（3）合同风险分析

合同风险分析对发包人和承包人来说都十分重要。发包人主要从对承包人的资格考察及合同具体条款的签订上防范风险，本节不多叙述，现仅介绍承包人在建设工程承包过程中的风险分析。

承包人风险管理的任务主要有以下几方面：

1）在合同签订前对风险作全面分析和预测。具体主要考虑如下问题：工程实施过程中可能出现的风险类型；风险发生的规律，如发生的可能性、发生的时间及分布规律；风险的影响，即风险发生对承包人的施工过程、工期、成本等有哪些影响；承包人要承担哪些经济和法律责任等；各种风险之间的内在联系，如一起发生或伴随发生的可能性。

2）对风险采取有效的对策和计划，即考虑如果风险发生应采取什么措施予以防止，或降低它的不利影响，为风险做组织、技术、资金等方面的准备。

3）购买保险。购买保险是承包人转移风险的一种重要手段。通常，承包人的工程保险主要有工程一切险、施工设备保险、第三方责任险、人身伤亡保险等。承包人应充分了解这些保险所保的风险范围、保险金计算、赔偿方法、程序、赔偿额等详细情况。

4）采取技术、经济和管理的措施。例如：组织最得力的投标班子，进行详细的招标文件分析，做详细的环境调查；通过周密的计划和组织，作精细的报价以降低投标风险；对技术复杂的工程，采用新的同时又是成熟的工艺、设备和施工方法；对风险大的工程派遣最得力的项目经理、技术人员、合同管理人员等，组成精干的项目管理小组；施工企业对风险大的工程，在技术力量、机械装备、材料供应、资金供应、劳务安排等方面予以特殊支持，全力保证该合同的实施；对风险大的工程，应作更周密的计划，采用有效的检查、监督和控制手段等。

5）在工程过程中加强索赔管理。用索赔来弥补或减少损失、提高合同价格、增加工程收益、补偿由风险造成的损失。

6）采取其他对策。如将一些风险大的分项工程分包出去，向分包商转嫁风险；与其他承包人联合承包，建立联合体，共同承担风险等。

在选择上述合同风险对策时，应注意优先顺序，通常按下列顺序依次选择：采取组织、技术、经济措施；报价中考虑的措施；通过合同谈判，修改合同条件；采用联合或分包措施；通过索赔弥补风险损失；购买保险等。

2.1.7　合同签订当事人应当遵循的原则

1. 遵循平等原则

合同当事人的法律地位平等，一方不得将自己的意志强加给另一方。

平等原则是指地位平等的合同当事人，在权利义务对等的基础上，经充分协商达成一致，以实现互利互惠的经济利益目的的原则。这一原则包括三方面内容：

1）合同当事人的法律地位一律平等。在法律上，合同当事人是平等主体，没有高低、从属之分，不存在命令者与被命令者、管理者与被管理者。这意味着不论所有制性质，也不论单位大小和经济实力强弱，其地位都是平等的。

2）合同中的权利义务对等。所谓"对等"，是指享有权利，同时就应承担义务，而且彼此的权利、义务是相应的。这要求当事人所取得财产、劳务或工作成果与其履行的义务大体相当；一方不得无偿占有另一方的财产，侵犯他人权益；禁止平调和无偿调拨。

3）合同当事人必须就合同条款充分协商，取得一致，合同才能成立。合同是双方当事人意思表示一致的结果，是在互利互惠基础上充分表达各自意见，并就合同条款取得一致后达成的协议。因此，任何一方都不得凌驾于另一方之上，不得把自己的意志强加给另一方，更不得以强迫、命令、胁迫等手段签订合同。同时，凡协商一致的过程、结果，任何单位和个人不得非法干涉。

2. 遵循自愿原则

当事人依法享有自愿订立合同的权利，任何单位和个人不得非法干预。

自愿原则是合同法的重要基本原则，合同当事人通过协商自愿决定和调整相互权利义务关系。自愿原则体现了民事活动的基本特征，是民事关系区别于行政法律关系、刑事法律关系的特有原则。民事活动除法律强制性的规定外，由当事人自愿约定。

自愿原则意味着合同当事人即市场主体自主自愿地进行交易活动，让合同当事人根据自己的知识、认识和判断，以及直接所处的相关环境去自主选择自己所需要的合同，去追求自己最大的利益。合同当事人在法定范围内就自己的交易自治，涉及的范围、关系简单，所需信息少、反应快。自愿原则保障了合同当事人在交易活动中的主动性、积极性和创造性，而市场主体越活跃，活动越频繁，市场经济才越能真正得到发展，从而提高效率，增进社会财富积累。

3. 遵循公平原则

当事人应当遵循公平原则，确定各方的权利和义务。

公平原则要求合同双方当事人之间的权利义务要公平合理，要大体上平衡，强调一方给付与对方给付之间的等值性，合同上的负担和风险合理分配。

1）在订立合同时，要根据公平原则确定双方的权利和义务，不得滥用权利，不得欺诈，不得假借订立合同恶意进行磋商。

2）根据公平原则确定风险的合理分配。

3）根据公平原则确定违约责任。

将公平原则作为合同当事人的行为准则，可以防止当事人滥用权力，有利于保护当事人的合法权益，维护和平衡当事人之间的利益。

4. 诚实信用原则

当事人行使权利、履行义务应当遵循诚实信用原则。

1）在订立合同时，不得有欺诈或其他违背诚实信用的行为。

2）在履行合同义务时，根据合同的性质、目的和交易习惯履行及时通知、协助、提供必要的条件、防止损失扩大、保密等义务。

3）合同终止后，当事人也应当遵循诚实信用的原则，根据交易习惯履行通知、协助、保密等义务，称为后契约义务。

5. 遵守法律，不得损害社会公共利益原则

当事人订立、履行合同，应当遵守法律、行政法规，尊重社会公德，不得扰乱社会经济秩序，损害社会公共利益。

2.1.8 合同的形式和内容

建筑装饰工程施工合同应当采用书面形式。除双方当事人意思表示达成一致外，还应当采用书面形式明确双方的权利和义务。

1. 书面合同与口头合同

合同按照其订立方式可分为口头合同、书面合同以及采用其他方式订立的合同。凡当事人的意思表示采用口头形式而订立的合同，称为口头合同；凡当事人的意思表示采用书面形式而订立的合同，称为书面合同。以口头形式订立合同具有简便、迅速、易行的特点，是实际生活中大量存在的合同形式，如消费者在市场购物时与商店营业员之间产生的货物买卖合同关系，就是典型的口头合同。但是口头合同由于没有必要的凭证，一旦发生合同纠纷，往往举证困难，容易产生推卸责任、相互扯皮的现象，不易分清责任。书面形式的合同由于对当事人之间约定的权利义务都有明确的文字记载，能够提示当事人适时地正确履行合同义务，当发生合同纠纷时也便于分清责任，正确、及时地解决纠纷。建筑装饰工程施工合同一般具有合同标的数额大、合同内容复杂、合同履行期较长等特点，为慎重起见，更应当采用书面形式。

2. 书面形式的合同

书面形式的合同是指以文字等可以有形地表现所载内容的方式达成的协议。这种形式明确肯定，有据可查，对于防止争议和解决纠纷有积极意义。书面形式是指合同书、信件以及数据电文（包括电报、传真、电子数据交换和电子邮件）等可以有形地表现所载内容的形式。在实践中，较大建设工程一般采用合同书的形式订立合同。通过合同书，当事人写明各自的名称、地址，工程的名称和工程范围，明确规定履行内容、方式、期限，违约责任以及解决争议的方法等。工程承包合同，还应当明确承包的内容以及承包

方式。施工合同，还应当明确工程范围、建设工期、中间交工工程的开工和竣工时间、工程质量、工程造价、技术资料交付时间、材料和设备供应责任、拨款和结算、交工验收、质量保证期、双方互相协作等内容。当事人也可以选择有关的合同示范文本作为参照订立建筑装饰工程施工合同。

3. 合同的内容

合同的内容由当事人约定，一般包括以下条款：①当事人的名称或者姓名和住所；②标的；③数量；④质量；⑤价款或者报酬；⑥履行期限、地点和方式；⑦违约责任；⑧解决争议的方法。

当事人可以参照各类合同的示范文本订立合同。

涉外合同的当事人约定采用仲裁方式解决争议的，可以选择我国的仲裁机构进行仲裁，也可以选择在国外进行仲裁。涉外合同的当事人还可以选择解决他们的争议所适用的法律，当事人可以选用我国的法律（或者港澳地区的法律）、国外的法律。但法律对有些涉外合同法律的适用有限制性规定的，依照规定执行。

解决争议的方法的选择对于纠纷发生后当事人利益的保护是非常重要的，应该慎重对待。要选择解决争议的方法，比如选择仲裁，是选择哪一个仲裁机构要地规定得具体、清楚，不能笼统地规定"采用仲裁解决"。否则，将无法确定仲裁协议条款的效力。

建筑装饰工程施工合同的内容包括工程范围、建设工期、中间交工工程的开工和竣工时间、工程质量、工程造价、技术资料交付时间、材料和设备供应责任、拨款和结算、竣工验收、质量保修范围和质量保证期、双方相互协作等条款。

4. 合同的类型

《中华人民共和国合同法》分别按照合同标的的特点将合同分为 15 类：买卖合同，供用电、水、气、热力合同，赠与合同，借款合同，租赁合同，融资租赁合同，承揽合同，建设工程合同，运输合同，技术合同，保管合同，仓储合同，委托合同，行纪合同，居间合同。

建筑装饰工程施工合同是建设工程合同的一种。

以合同价格方式对工程合同进行分类，工程合同可以分为：单价合同、总价合同、其他价格形式合同。

（1）单价合同

单价合同是指合同当事人约定以工程量清单及其综合单价进行合同价格计算、调整和确认的建设工程施工合同，在约定的范围内合同单价不作调整。合同当事人应在专用合同条款中约定综合单价包含的风险范围和风险费用的计算方法，并约定风险范围以外的合同价格的调整方法，其中因市场价格波动引起的调整按合同中市场价格波动引起的调整约定执行。

单价合同的含义是单价相对固定，仅在约定的范围内合同单价不作调整。在专用合同条款中约定相应单价合同的风险范围。

实行工程量清单计价的工程，应采用单价合同。

（2）总价合同

总价合同是指合同当事人约定以施工图、已标价工程量清单或预算书及有关条件进行合同价格计算、调整和确认的建设工程施工合同，在约定的范围内合同总价不作调整。

在专用合同条款中约定相应总价合同的风险范围。技术简单、规模偏小、工期较短的项目，且施工图设计已审查批准的，可采用总价合同。

（3）其他价格形式合同

合同当事人可在专用合同条款中约定其他合同价格形式。如成本加酬金与定额计价以及其他价格形式。紧急抢险、救灾以及施工技术特别复杂的项目，可采用成本加酬金合同。

2.2 建筑装饰工程施工合同的管理

2.2.1 合同管理的原则和方法

1. 合同管理的原则

1) 以合同为依据，进行合同管理。

2) 独立、公正地处理和解决合同问题。

3) 运用科学的方法和手段进行合同管理和合同分析。

2. 合同管理的方法

1) 严格执行建设工程合同管理法律法规。

2) 普及相关法律知识，培训合同管理人才。

3) 设立合同管理机构，配备合同管理人员。

4) 建立合同管理目标制度。

5) 推行合同示范文本制度。

2.2.2 合同进度管理内容

1. 时间节点

（1）合同履行涉及的几个时间节点

1) 合同工期。合同工期是指在合同中规定的承包人完成合同工程的时间期限，以及按照合同条款通过变更和索赔程序应给予顺延工期的时间之和。合同工期是判定承包人是否按期竣工的标准。

2) 施工期。承包人施工期从监理人发出的开工通知中写明的开工日起算，至工程接收证书中写明的时间竣工日止。

3) 缺陷责任期。缺陷责任期从工程接收证书中写明的竣工日开始起算，期限视具体工程的性质和使用条件的不同在专用条款中约定，一般为一年。

4) 保修期。保修期自实际竣工日起算，发包人和承包人按照有关法律法规的规定，在专用条款中约定工程质量保修范围、期限和责任。

（2）工程延期和延误

1) 工程延期和延误的概念

① 工程延期是由于并非承包人的原因所造成的，经监理工程师书面批准将竣工期限合理延长。存在下列情况：非承包单位的责任造成工程不能按合同原定日期开工；工程量的实质性变化和设计变更；非承包单位原因停水、停电（地区限电除外）、停气造成停工时间超过合同的约定；政府有关部门正式发布的不可抗力事件；异常不利的气候条件，是合格的承包人无法预见的；建设单位同意工期相应顺延的其他情况。

② 工程延误是由于承包人原因造成工程的拖延，由此所造成的一切损失均应由承包单位自行承担，同时，建设单位还有权依据施工合同对承包单位执行违约误期罚款，如施工单位完成的工程质量不合格而造成返工引起工程拖延就属于工程延误。

2）工程延期的审批程序

① 申报工程延期意向。承包人必须在发生延期后，在合同规定的时间内，向项目监理机构提交工程延期意向书，并抄报业主。否则，监理工程师有权拒绝受理。

② 监理工程师指令。在接到承包人提交的工程延期意向书后，项目监理机构应对施工单位提交的阶段性工程临时延期报审表进行审查，并应签署工程临时延期审核意见后报建设单位。

③ 搜集详细资料和证明材料。为证明延期项目的成立，承包人应在延期事件发生后，及时搜集有关证据，做好现场记录，同时项目监理机构应搜集与延期有关的资料，并做好详细记录。

④ 申报最终的工程延期申请报告。延期事件终止后，承包人必须在合同规定的时间内，提交延期申请表、延期申请报告及延期详细资料给项目监理机构审查。

⑤ 项目监理机构应对施工单位提交的工程最终延期报审表进行审查，并签署工程最终延期审核意见后报建设单位。

3）工程延期的审批原则。项目监理机构批准工程延期应符合以下原则：

① 依据合同约定。项目监理机构批准工程延期必须符合合同条件，即导致工程拖延的原因确实是属于施工单位自身以外的，否则不能批准为工程延期。这是项目监理机构审批工程延期的一条根本原则。

② 影响工程总工期。发生工期延误的部位，无论其是否发生在施工进度的关键线路上，只有工期延误的时间超过其总时差而影响到工期时，才能批准工程延期。

③ 协商。项目监理机构在作出工程临时延期批准和工程最终延期批准前，均应与建设单位和施工单位协商。

④ 客观公正。证据资料真实可靠，批准的工期延误必须符合实际情况，实事求是。

4）工程延期的控制。发生工程延期事件，不仅影响工程的进展，增加监理的工作量，而且会给建设单位带来损失。若处理不当，还会影响到参建各方的关系，甚至导致工程目标的失败。因此，对于工期拖延问题，应尽量避免和减少，使工程能按期或提前完工，发挥其工程效益。因此，项目监理机构应加强工程进度控制和合同管理，加大控制力度，做好以下工作：

① 充分认识到进度控制的重要意义，把进度控制当成主要目标之一。项目监理机构要对影响进度目标实现的因素进行分析，制定防范性对策，主动实施控制措施。督促承包单位编制切实可行的进度计划并进行认真、细致地审核。

② 建立进度控制管理体系，设置里程碑控制点，明确关键线路控制点、重要工序交叉点，实施有效地监控。

③ 选择合适的时机下达工程开工令。总监理工程师在下达工程开工令之前，应充分考虑业主的前期准备工作是否充分，特别是征地、拆迁问题是否完成，施工图纸能否及时提供，以及付款方面有无问题等，以避免由于上述问题缺乏准备而造成工期延期，引起承包单位的索赔。

④ 项目监理机构要加强现场的巡视检查，监督进度计划的实施，检查承包单位的计划执行情况，对出现的偏差及时分析原因，提出纠偏的建议和措施，特别是对处在关键线路上的工程项目要高度重视，避免或减少其产生偏离。

⑤ 提醒建设单位履行施工合同中所规定的职责。在施工过程中，监理工程师应经常提醒和告知建设单位履行自己的职责，提前做好施工场地、设计图纸的提供工作，并及时支付工程预付款、进度款，以减少或避免由此造成的工程延期。

⑥ 加强协调管理。项目监理机构应凭借技术优势、知识优势、管理优势对设计、业主、总包单位、分包单位、供应商之间的矛盾进行协调，使他们步调一致，通力合作，从而实现制定的目标。

⑦ 妥善处理工程拖延事件。当拖延事件发生以后，项目监理机构应依据合同规定进行妥善处理。对工程延期既要尽量减少延期时间及其损失，又要在详细调查研究的基础上合理批准工程延期时间。

2. 管理控制工作

（1）工程延误的制约

由于承包单位自身的原因而造成工程拖延，而承包单位又未按照监理工程师的指令改变延期状态，其实质是承包单位的行为已构成了违约。按照施工合同条款的有关规定，项目监理机构可采取以下手段予以制约。

1）指令承包单位采取补救措施。如对进度计划进行重新调整，增加施工人员、材料设备、资金的投入，采取更加先进的施工方法等，以加快工程进度，将损失的工期挽回来。

2）停止支付。当承包单位的施工活动不能使项目监理机构满意时，监理工程师有权拒绝承包单位的支付申请。因此，当承包单位工期延误且未按监理工程师的指令采取赶工措施时，项目监理机构可以采取停止支付的手段制约承包单位。

3）误期损失赔偿。误期损失赔偿是当承包单位未能按合同规定的工期完成合同范围内的工作时对其的处罚，是建设单位对承包单位提出的反索赔。如果承包单位未能按合同规定的工期和条件完成整个工程，则应向建设单位支付投标书附件中规定的金额，作为该项违约的损失赔偿费。

4）终止对承包单位的合同。终止合同是对承包单位违约的严重制裁，因为建设单位一旦终止合同，承包单位不但要被驱逐出施工现场，而且还要承担由此造成的损失。

（2）工程暂停

工程暂停令由总监理工程师依据施工合同和监理合同约定签发，其停工的范围根据停工原因的影响范围和影响程度决定。出现下列情况应及时进行工程暂停：

1）建设单位要求暂停施工且工程需要暂停施工。

2）施工单位未经批准擅自施工或拒绝项目监理机构管理。

3）施工单位未按审查通过的工程设计文件施工。

4）施工单位未按批准的施工组织设计、（专项）施工方案施工或违反工程建设强制性标准。

5）施工存在重大质量、安全事故隐患或发生质量、安全事故。

（3）在工程暂停时，项目监理机构应按合同约定做好下列工作：

1）总监理工程师签发工程暂停令应征得建设单位同意，在紧急情况下未能事先报告的，应在事后及时向建设单位做出书面报告。

2）暂停事件发生时，如实记录暂停情况。

3）总监理工程师应会同有关各方按合同约定，处理因为工程暂停引起的与工期、费用有关的问题。

4）因施工单位原因暂停施工时，应检查、验收施工单位的停工整改过程及结果。

（4）工程复工

工程复工必须在暂停原因消失、具备复工条件后方可进行。由施工单位提出复工申请的，项目监理机构应审查施工单位报送的工程复工报审表及有关材料，符合要求后，总监理工程师应及时签署审查意见，并报建设单位批准后签发工程复工令；施工单位未提出复工申请的，总监理工程师应根据工程实际情况指令施工单位恢复施工。

2.2.3　工程变更管理

在工程项目的实施过程中，经常会发生来自建设单位对项目要求的修改，设计方由于建设单位要求的变化或现场施工环境、施工技术的要求而产生的设计变更，以及承包单位对施工组织设计的更改。对于这些在工程项目实施过程中，按照合同约定的程序对部分或全部工程在材料、工艺、功能、构造、尺寸、技术指标、工程数量及施工方法等方面做出的改变，统称为工程变更。

1. 工程变更的分类

（1）按变更的性质和影响划分

1）重大变更（第一类变更）。包括改变技术标准和设计方案的变更，如结构形式的变更、重大防护设施的变更、桥隧位置的变更以及其他特殊设计的变更。

2）重要变更（第二类变更）。包括不属于第一类变更的重要变更，如标高、位置和尺寸变动，变更工程的性质、质量和类型等。

3）一般变更（第三类变更）。变更设计图纸中的差错、碰、漏，局部修改，不降低原设计标准下的材料代换等。

（2）按提出变更的各方当事人划分

1）承包方提出的变更。承包方根据现场实际情况的变化，遇到不能预见的地质条件发生变化或者地下障碍，以及为加快进度或者节约建设工程成本，可以提出变更。

2）建设单位提出的变更。建设单位可根据自己的实际情况要求变更。

3）项目监理机构提出的变更。监理机构根据现场情况，综合考虑认为需要提出的变更。

4）设计单位提出的变更。设计单位为了完善设计方案提出的变更。

5）工程建设的其他第三方提出的变更。如政府、当地群众等提出的变更。

2. 工程变更管理的程序

1）对于施工单位提出的工程变更申请，总监理工程师组织专业监理工程师审查并提出审查意见。对涉及工程设计文件修改的工程变更，应由建设单位转交原设计单位修改工程设计文件。必要时，项目监理机构应建议建设单位组织设计单位、施工单位等召开论证工程设计文件的修改方案的专题会议。

2）设计单位提出工程变更，应填写工程变更单并附设计变更文件，提交建设单位，并签转项目监理机构。

3）建设单位提出工程变更，应填写工程变更单经项目监理机构签转，必要时应委托设计单位编制设计变更文件，并签转项目监理机构。

4）分包工程的工程变更应通过承包单位办理。

5）有关各方应及时将工程变更的内容反映到施工图纸上。工程变更记录的内容均应符合合同文件及有关规范、规程和技术标准的规定，并表达准确、图示规范。

6）总监理工程师组织专业监理工程师对工程变更费用及工期影响作出评估。

7）总监理工程师组织建设单位、施工单位等共同协商确定工程变更费用及工期变化，会签工程变更单。

8）项目监理机构根据批准的工程变更文件监督施工单位实施工程变更。

3. 工程变更的计价管理

1）项目监理机构可在工程变更实施前与建设单位、施工单位等协商确定工程变更的计价原则、计价方法或价款。合同中已有适用于变更工程的价格，按合同已有的价格变更合同价款；合同中只有类似于变更工程的价格，可以参照类似价格变更合同价款；合同中没有适用或类似于变更工程的价格，由承包人提出适当的变更价格，经建设单位、项目监理机构确认后执行。

2）建设单位与施工单位未能就工程变更费用达成协议时，项目监理机构可提出一个暂定价格并经建设单位同意，作为临时支付工程款的依据。工程变更款项最终结算时，应以建设单位与施工单位达成的协议为依据。

2.2.4 工程索赔管理

1. 工程索赔的概念和特征

（1）索赔的概念

索赔是当事人在合同实施过程中，根据法律、合同规定及惯例，对不应由自己承担责任的情况造成的损失，向合同的另一方当事人提出给予赔偿或补偿要求的行为。在工程建设的各个阶段，都有可能发生索赔，但在施工阶段索赔发生较多。

对施工合同的双方来说，都有通过索赔维护自己合法利益的权利，依据双方约定的合同责任，构成正确履行合同义务的制约关系。

（2）索赔的特征

1）索赔是双向的，不仅承包人可以向发包人索赔，发包人同样也可以向承包人索赔。

2）只有实际发生经济损失或权利损害时，一方才能向对方索赔。

3）索赔是一种未经对方确认的单方行为。

2. 工程索赔的分类

（1）按索赔的合同依据分类

1）合同中明示的索赔。合同中明示的索赔是指承包人所提出的索赔要求。

2）合同中默示的索赔。即承包人的该项索赔要求，虽然在工程项目的合同条款中没有专门的文字叙述，但可以根据该合同的某些条款的含义，推论出承包人有索赔权。

（2）按索赔目的分类

1）工期索赔。由于非承包人责任的原因而导致施工进度延误，要求批准顺延合同工期的索赔称为工期索赔。

2）费用索赔。费用索赔的目的是要求经济赔偿。当施工的客观条件改变导致承包人增加开支，要求对超出计划成本的附加开支给予补偿，以挽回不应由其承担的经济损失。

（3）按索赔事件的性质分类

1）工程延误索赔。因发包人未按合同要求提供施工条件如未及时交付设计图纸、施工现场、道路等，承包人对此提出索赔。

2）工程变更索赔。由于发包人或监理工程师指令承包人增加或减少工程量、变更工程，造成工期延长和费用增加，承包人对此提出索赔。

3）合同被迫终止的索赔。由于发包人或承包人违约及不可抗力事件等原因造成合同非正常终止，无责任的受害方因蒙受经济损失而向对方提出索赔。

4）工程加速索赔。由于发包人或监理工程师指令承包人加快施工进度、缩短工期，引起承包人财、物的额外开支而提出的索赔。

5）意外风险不可预见因素索赔。在工程实施过程中，因人力不可抗拒的自然灾害、特殊风险以及一个有经验的承包人通常不能合理预见的不利施工条件或外界障碍，如地下水、地质断层、溶洞、地下障碍物等引起的索赔。

6）其他索赔。如因货币贬值、汇率变化、物价上涨、工资上涨、政策法令变化等原因引起的索赔。

3. 处理索赔的依据

1）法律法规。国家相关部委、工程所在地政府等部门颁发的相关法律法规、文件等。

2）勘察设计文件、施工合同文件。

3）工程建设标准。

4）索赔事件的证据。证据必须真实、有效，满足规定时限。

4. 索赔程序

（1）承包人的索赔

1）承包人提出索赔要求。索赔事件发生后，承包人应在索赔事件发生后的 28 天内向项目监理机构递交索赔意向通知。索赔意向通知提出后的 28 天内，或项目监理机构可能同意的其他合理时间，承包人应递送正式的索赔报告。

2）工程师审核索赔报告。接到承包人的索赔意向通知后，监理工程师应客观分析事件发生的原因，通过对事件的分析，依据合同条款划清责任界限，必要时还可以要求承包人进一步补充资料；最后再审查承包人提出的索赔补偿要求，剔出其中不合理的部分，计算合理的索赔款额和工期顺延天数。

①承包人在施工合同约定的期限内提出索赔；②索赔事件是因非承包人原因造成，且符合施工合同约定；③索赔事件造成承包人直接经济损失。上述三个条件没有先后主次之分，应当同时具备。只有项目监理机构认定索赔成立后，才会处理应给予承包人的补偿额。

3）对索赔报告的审查

① 事态调查。通过对合同实施的跟踪、分析，了解事件经过、前因后果，掌握事件详细情况。

② 索赔事件原因分析。即分析索赔事件是由何种原因引起的，责任应由谁来承担。

③ 分析索赔理由。主要依据合同文件判明索赔事件是否属于未履行合同规定义务或未

正确履行合同义务导致，是否在合同规定的赔偿范围之内。

④ 实际损失分析。即分析索赔事件的影响，主要表现为工期延长和费用增加。

⑤ 证据资料分析。主要分析证据资料的有效性、合理性、正确性，这也是索赔要求有效的前提条件。

项目监理机构收到承包人送交的索赔报告和有关资料后，于28天内答复或要求承包人进一步补充索赔理由和证据。

4）确定合理的补偿额。项目监理机构与建设单位、承包人协商补偿，与建设单位和施工单位协商一致后，在施工合同约定的期限内签发费用索赔报审表，并报建设单位。当施工单位的费用索赔要求与工程延期要求相关联时，项目监理机构可提出费用索赔和工程延期的综合处理意见，并应与建设单位和施工单位协商。

5）承包人是否接受最终索赔处理。承包人接受最终的索赔处理决定，索赔事件的处理即告结束。如果承包人不同意，就会导致合同争议，如达不成谅解，承包人有权提交仲裁或诉讼解决。

（2）发包人的索赔

《建设工程施工合同（示范文本）》规定，承包人未能按合同约定履行自己的各项义务或发生错误而给发包人造成损失时，发包人也应按合同约定向承包人提出索赔。

合同内规定建设单位可以索赔的内容涉及以下方面，见表2-1。

表2-1　发包人可以索赔的内容

序　号	内　容
1	拒收不合格的材料和工程
2	承包人未能按照工程师的指示完成缺陷补救工作
3	由于承包人的原因修改进度计划导致建设单位有额外投入
4	拖期违约赔偿
5	业主为承包人提供的电、气、水等应收款项
6	未能通过竣工检验
7	缺陷通知期的延长
8	未能补救缺陷
9	承包人违约终止合同后的支付
10	承包人办理保险未能获得补偿的部分

2.2.5　争议解决

1. 和解

合同当事人可以就争议自行和解，自行和解达成协议的经双方签字并盖章后作为合同补充文件，双方均应遵照执行。

2. 调解

合同当事人可以就争议请求建设行政主管部门、行业协会或其他第三方进行调解，调解达成协议的，经双方签字并盖章后作为合同补充文件，双方均应遵照执行。

3. 争议评审

合同当事人在专用合同条款中约定采取争议评审方式解决争议的，按下列约定执行：

（1）争议评审小组的确定

合同当事人可以共同选择一名或三名争议评审员，组成争议评审小组。除专用合同条款另有约定外，合同当事人应当自合同签订后 28 天内，或者争议发生后 14 天内，选定争议评审员。

除专用合同条款另有约定外，评审员报酬由发包人和承包人各承担一半。

（2）争议评审小组的决定

合同当事人可在任何时间将与合同有关的任何争议共同提请争议评审小组进行评审。争议评审小组应秉持客观、公正原则，充分听取合同当事人的意见，依据相关法律、规范、标准、案例经验及商业惯例等，自收到争议评审申请报告后 14 天内作出书面决定，并说明理由。合同当事人可以在专用合同条款中对本项事项另行约定。

（3）争议评审小组决定的效力

争议评审小组作出的书面决定经合同当事人签字确认后，对双方具有约束力，双方应遵照执行。

任何一方当事人不接受争议评审小组决定或不履行争议评审小组决定的，双方可选择采用其他争议解决方式。

（4）仲裁或诉讼

因合同及合同有关事项产生的争议，合同当事人可以在专用合同条款中约定以下一种方式解决争议：向约定的仲裁委员会申请仲裁；向有管辖权的人民法院起诉。

（5）争议解决条款效力

合同有关争议解决的条款独立存在，合同的变更、解除、终止、无效或者被撤销均不影响其效力。

 思考练习题

1. 施工合同包括哪些文件？
2. 如何处理变更的有关问题？
3. 处理施工合同争议时应该做哪些工作？
4. 工程延期的审批原则是什么？

第3章

建筑装饰工程施工组织概论

学习目标 了解建筑装饰工程的概念与内容、工程项目基本建设程序、施工组织的概念、施工组织设计的概念与分类；理解建筑装饰工程施工的特点、施工组织设计的作用、工程项目施工组织的基本原则；掌握建筑装饰工程施工程序、施工组织设计的内容、施工准备的工作内容。

学习重点 建筑装饰工程施工的特点；建筑装饰工程施工程序；施工组织设计的概念与内容；施工准备的主要内容。

学习难点 施工组织设计的内容；工程项目施工组织的基本原则。

3.1　建筑装饰工程概述

3.1.1　建筑装饰工程的概念

　　建筑装饰工程是建筑工程的重要组成部分，它是在建筑主体结构工程完成之后，为保护建筑物主体结构、完善建筑物的使用功能和美化建筑物，采用装饰装修材料或饰物，对建筑物的内外表面及空间进行的各种处理过程，以满足人们对建筑产品的物质要求和精神需要。从建筑学上讲，装饰是一种艺术，是一种艺术创作活动，是建筑物三大基本要求之一。

3.1.2　建筑装饰工程的内容

　　按照《建筑工程施工质量验收统一标准》（GB 50300—2013）的规定，建筑装饰工程属于建筑工程的一个分部工程；按照《建筑装饰装修工程质量验收规范》（GB 50210—2001）的规定，将建筑装饰工程的具体内容进行划分，见表 3-1。

表 3-1　建筑装饰工程的具体内容

项次	子分部工程	分 项 工 程
1	抹灰工程	一般抹灰，装饰抹灰，清水砌体勾缝
2	门窗工程	木门窗制作与安装，金属门窗安装，塑料门窗安装，特种门安装，门窗玻璃安装
3	吊顶工程	暗龙骨吊顶，明龙骨吊顶
4	轻质隔墙工程	板材隔墙，骨架隔墙，活动隔墙，玻璃隔墙
5	饰面板（砖）工程	饰面板安装，饰面砖粘贴
6	幕墙工程	玻璃幕墙，金属幕墙，石材幕墙
7	涂饰工程	水性涂料涂饰，溶剂型涂料涂饰，美术涂饰
8	裱糊与软包工程	裱糊，软包
9	细部工程	橱柜制作与安装，窗帘盒、窗台板和散热器罩制作与安装，门窗套制作与安装，护栏和扶手制作与安装，花饰制作与安装
10	建筑地面工程	基层，整体面层，板块面层，竹木面层

　　按照传统的划分方法，建筑装饰工程是建筑工程中一般土建工程的一个分部工程。随着经济发展和人们生活水平的提高，工作、居住条件和环境的日益改善，房屋装饰装修迅速发展，建筑装饰装修业已经发展成为一个新兴的、比较独立的行业。传统的分部工程随之独立出来，成为单位工程，单独设计施工图纸、单独计价。目前，已将原来意义上的装饰装修分部工程统称为建筑装饰工程（单位工程），从而产生了建筑装饰工程项目。

3.1.3　建筑装饰工程施工的特点

　　建筑装饰工程是建筑工程的延伸，建筑装饰工程施工组织设计与建筑工程施工组织设计有共同的规律，但也有其自身明显的特点。

建筑装饰只是建筑的一部分，无论是新建还是改建项目的建筑装饰工程施工，都与建筑专业的各方面紧密相关。装饰工程有些与通风空调、消防、电气、给水排水等专业同步施工，也有些与以上专业综合施工。装饰施工过程中对以上各专业及有关管理方的协调至关重要。

建筑装饰工程施工工期较短。建筑装饰工程施工，材料品种规格多，工艺复杂，工种多。装饰工程施工组织设计中的项目拟定、安排的科学性至关重要。

随着建材生产的发展，新技术的引进，新型装饰材料不断出现；社会生活时尚潮流也在变化，装饰工程设计中不断出现新材料，对于新材料、新工艺的应用必须相适应。

过去建筑装饰工程施工中的相当比重是手工操作，需现场制作或分散加工。现在许多装饰部件工厂集约化加工生产，现场组装已经成为发展趋势。

由于装饰施工竣工后，直接交付业主使用，装饰施工中的材料、工艺、管理等各方面的环保要求十分突出。

3.2 建筑装饰工程施工组织与施工程序

3.2.1 基本建设程序

建设程序是对基本建设项目从酝酿、规划到建成投产所经历的整个过程中的各项工作开展先后顺序的规定。它反映工程建设各个阶段之间的内在联系，是从事建设工作的各有关部门和人员都必须遵守的原则。其具体阶段划分与内容见表3-2。

表 3-2　基本建设程序

阶段		内 容	审批或备案部门	备 注
投资决策阶段	项目建议书阶段	1. 编制项目建议书	投资主管部门	同时做好拆迁摸底调查和评估；做好资金来源及筹措准备；准备好选址建设地点的测绘地图
		2. 办理项目选址规划意见书	规划部门	
		3. 办理建设用地	规划部门	
		4. 办理土地使用审批手续	国土部门	
		5. 办理环保审批手续	环保部门	
	可行性研究阶段	6. 编制可行性研究报告		聘请有相应资质的咨询单位
		7. 可行性研究报告论证		须聘请有相应资质的单位
		8. 可行性研究报告报批	项目审批部门	批准后的项目列入年度计划
		9. 办理土地使用证	国土部门	
		10. 办理征地、青苗补偿、拆迁安置等手续	国土建设部门	
		11. 地勘		委托或通过招标、比选等方式选择有相应资质的单位
		12. 报审供水、供气、排水、市政配套方案	规划、建设、土地、人防、环保、文物、安全劳动、卫生等部门提出审查意见	

（续）

阶段		内　容	审批或备案部门	备　注
前期准备阶段	工程设计阶段	13. 初步设计		委托或通过招标、比选等方式选择有关相应设计资质的单位
		14. 办理消防手续	消防部门	
		15. 初步设计文本审查	规划部门、发改部门	
		16. 施工图设计		委托或通过招标、比选等方式选择有关相应设计资质的单位
		17. 施工图设计文件审查、备案	报有相应资质的设计审查机构审查，并报行业主管部门备案	
	施工准备阶段	18. 编制施工图预算		聘请有预算资质的单位编制
		19. 编制项目投资计划书	按建设项目审批权限报批	
		20. 建设工程项目报建备案	建设行政主管部门	
		21. 建设工程项目招标		业主自行招标或通过比选等竞争性方式择优选定招标代理机构，通过招标或比选等方式择优选定设计单位、勘查单位、施工单位、监理单位和设备供货单位
		22. 开工建设前准备		包括：征地、拆迁和场地平整；三通一平；施工图纸
		23. 办理工程质量监督	质监管理机构	
		24. 办理施工许可证	建设行政主管部门	
		25. 项目开工前审计	审计机关	
施工阶段	施工安装阶段	26. 报批开工	建设行政主管部门	
竣工验收阶段	竣工验收阶段	27. 竣工验收	质监管理机构	
后评价阶段	工程后评价阶段	28. 工程项目后评价		评价包括效益后评价和过程后评价

3.2.2　施工组织

施工组织就是依据工程本身的特点，将人力、资金、材料、机械和施工方法这五个要素进行科学、合理的安排，使之在一定时间内得以实现有组织、有计划、有秩序的施工，使得工程项目质量好、进度快、成本低。对于具体的工程项目在选定了施工方法和方案后，都要进行时间组织、空间组织和资源组织，这是施工组织最重要的三大组织。

施工组织是针对施工过程中直接使用的建筑工人、施工机械和建筑材料与构件等的组织，即对基本施工过程和非基本施工过程及附属业务的组织，它既包括正式工程的施工，又

建筑装饰施工组织与管理

包括临时设施工程的施工。

施工组织是项目施工管理中的主要组成部分，它所处的地位与作用直接关系着整个项目的经营成果。也可以说，它是把一个施工企业的生产管理范围缩小到一个施工现场（区域）上对一个工程项目的管理。

3.2.3 建筑装饰工程施工程序

建筑装饰工程施工程序是拟建工程项目在施工阶段必须遵循的先后次序，它反映了整个施工阶段必须遵循的客观规律。

（1）承接施工任务，签订施工合同

承包商应按照国家关于基本建设的有关法律法规及政策的规定，通过工程投标竞争，获取工程施工任务。

承包商中标后，应按照《中华人民共和国合同法》《中华人民共和国建筑法》《建设工程质量管理条例》等相关法律法规的要求，与工程业主签订建筑工程施工合同，明确双方的权利、义务关系。

（2）全面统筹安排，做好施工规划

签订施工合同以后，施工单位应结合工程施工特点及施工条件，编制施工组织设计文件，对施工项目的实施进行统一规划；并派遣人员与建设单位进行施工场地的交接；按照经过批准的施工组织设计文件进行施工现场的准备工作，为正式施工创造条件。

（3）落实施工准备，提出开工报告

承包商应按照施工组织设计文件的总体规划，抓紧时间完成开工前的各项准备工作，如图纸会审、劳动力准备、资源供应条件落实等。在完成各项准备工作后，向监理单位提出开工报告。经批准后，即可正式开工。

（4）精心组织施工，加强各项管理

正式开工后，承包商应加强施工过程中的"三控制、二管理、一协调"，按照施工合同、设计文件及国家工程建设标准强制性条文的要求组织施工，努力实现工程项目的建设目标。

（5）进行工程验收，交付使用

工程施工到最后阶段，承包商应及时整理工程建设档案，完成收尾工作，进行工程质量的自评；在自评合格的基础上，向监理单位提交竣工验收申请报告；经监理单位预验收合格后，报请建设单位组织正式的工程验收；验收合格并经工程备案后，承包商应在总监理工程师的主持下，及时与建设单位办理工程交接手续，交付使用。

3.3 施工组织设计概述

3.3.1 施工组织设计的概念与作用

（1）施工组织设计的概念

施工组织设计是规划和指导拟建工程从工程投标、签订承包合同、施工准备到竣工验收全过程的一个综合性的技术经济文件，是对拟建工程在人力和物力、时间和空间、技术和组织等方面所作的全面合理的安排，是沟通工程设计和施工之间的桥梁。作为指导拟建工程项目的全局性文件，施工组织既要体现拟建工程的设计和使用要求，又要符合建筑施工的客观规律，它应尽量适应施工过程的复杂性和具体施工项目的特殊性，通过科学、经济、合理的规划安排，使工程项目能够连续、均衡、协调地进行施工，满足工程项目对工期、质量、投资方面的各项要求。

（2）施工组织设计的作用

施工组织设计是用以指导施工组织与管理、施工准备与实施、施工控制与协调、资源的配置与使用等全面性的技术经济文件，是对施工活动的全过程进行科学管理的重要手段，其作用具体表现在以下几个方面：

① 施工组织设计是施工准备工作的重要组成部分，同时又是做好施工准备工作的依据和保证。

② 施工组织设计是根据工程各种具体条件拟定的施工方案、施工顺序、劳动组织和技术组织措施等，是指导开展紧凑、有序施工活动的技术依据。

③ 施工组织设计所提出的各项资源需要量计划，直接为组织材料、机具、设备、劳动力需要量的供应和使用提供数据。

④ 通过编制施工组织设计，可以合理安排和利用为施工服务的各项临时设施，可以合理部署施工现场，确保文明施工、安全施工。

⑤ 通过编制施工组织设计，可以将工程的设计与施工、技术与经济、施工全局性规律和局部性规律、土建施工与设备安装、各部门之间、各专业之间进行有机结合、统一协调。

⑥ 通过编制施工组织设计，可分析施工中的风险和矛盾，及时研究解决问题的对策、措施，从而提高施工的预见性，减少盲目性。

⑦ 施工组织设计是统筹安排施工企业生产的投入与产出过程的关键和依据。工程产品的生产和其他工业产品的生产一样，都是按要求投入生产要素，通过一定的生产过程，而后生产出产品，而中间转换的过程离不开管理，施工企业也是如此，从承接工程任务开始到竣工验收、交付使用为止的全部施工过程的计划、组织和控制的基础就是科学的施工组织设计。

⑧ 施工组织设计可以指导投标与签订工程承包合同，并作为投标书的内容和合同文件的一部分。

施工组织设计是一项系统工程，它包含了施工组织学、工程项目管理学以及与企业管理学、建筑经济技术学等相关的学科。编制施工组织设计只是为投标、中标的看法是片面的。如果已经编制出的施工组织设计，缺乏科学性、先进性，没有可行性，起不到组织施工、指导施工的作用是没有价值的。施工管理者在其项目施工中，不研究、不贯彻已审定的施工组织设计，使施工组织设计与工程经营管理脱节，是企业资源的浪费。

3.3.2　施工组织设计分类

施工组织设计根据工程规模、涉的工程范围和编制的时间及深度，可以分为以下几类：

（1）施工组织总设计

施工组织总设计是以整个项目为对象进行编制的，用以指导施工单位进行全场性的施工准备工作和有计划地运用施工力量开展施工活动，它是全局性的施工技术、经济纲要。

（2）单位工程施工组织设计

单位工程施工组织设计是以各个单位工程为对象编制的，用以指导组织单位工程施工，它具体地安排人力、物力和建筑安装工作的进行，是保证施工任务顺利完成的条件。

（3）分部（项）工程作业设计

分部（项）工程作业设计是针对某些技术复杂或采用新工艺的施工分部（项）工程编制的，其内容具体、可操作性强，是直接指导分部（项）工程施工的依据。

3.3.3　施工组织设计的内容

施工组织设计的内容要结合工程对象的实际情况，做到切实可行、简明易懂。一般应包括以下内容：

（1）工程概况

包括工程的性质、规模；建设地点；建设单位、施工单位、设计单位；结构类型、施工工期、总投资、合同要求；本地区地质、地形、水文和气象情况；施工力量、施工条件、资源供应情况等。

（2）施工部署

根据工程具体情况，全面部署施工任务，合理安排施工顺序，选择主要工程的施工方法，对拟定方案进行技术经济评价，择优选用。

（3）施工进度计划

施工进度计划反映了最佳施工方案在时间上的安排，通过优化技术，使工期、成本、资源等方面得到优化配置，符合目标要求。

（4）施工平面图

施工平面图是施工方案和进度在空间上的全面安排，它把投入的各种资源合理地布置在施工现场，使整个现场能有组织地进行施工。

（5）主要技术经济指标

主要技术经济指标是对组织设计的技术水平和综合经济效应的评价。

3.4　建筑装饰工程施工准备工作

施工准备工作是为了保证工程顺利开工和施工活动正常进行而必须事先做好的工作。施工准备工作的基本任务是为拟建工程的施工建立必要的技术和物质条件，统筹安排施工力量和施工现场，为正式施工创造良好条件。由于建筑施工生产周期长，露天作业、高空作业多，周围环境复杂，造成了建筑施工可能遇到的风险较多。所以必须通过做好施工准备工作，研究工程特点，采取必要的措施，提高应变能力，才能有效地转移风险、避免风险，使施工取得良好的效果，使工程获得较大的效益。

3.4.1　施工准备的分类

（1）按照施工准备工作范围不同分类

1）全场性施工准备。

2）单位（项）工程施工准备。

3）分部、分项工程施工准备。

（2）按照施工阶段分类

1）开工前的施工准备。

2）各施工阶段前的施工准备。

3.4.2 施工准备的工作内容

每项施工准备的工作内容应根据该工作本身及其具备的条件而异，但一般来说，应包含以下内容。

（1）施工的组织准备

其基本任务是设计并建立具有明确职责、权限和相关关系的管理系统，其基本内容如下：

① 建立工程项目的领导机构。

② 建立健全各项管理制度。

③ 建立专业、工种搭配合理的施工队伍。

④ 组织施工力量进驻现场。

⑤ 对施工人员进行思想教育。

⑥ 对施工人员进行技术交底。

（2）技术准备工作

技术准备工作是施工准备的关键，它关系着整个施工工作的成败，具体内容如下：

① 熟悉、审查施工图纸及有关的设计资料。

② 调查研究拟建产品的原始资料。

③ 编制预算，为成本预算做好准备。

（3）物资准备

建筑产品是由建筑材料构成的，完成建筑产品需要大量的材料、构件制品、机具设备。做好物资准备工作是保障工程顺利进行的基础，其具体内容如下：

① 建筑材料准备。

② 构（配）件、制品的准备。

③ 建筑机具的准备。

④ 工艺设备的准备。

（4）现场准备

施工现场是建筑产品的生产空间，施工现场准备是为拟建工程的施工创造必需和有利的生产条件，其具体内容如下：

① 做好控制网的测量。

② 协调业主做好路通、水通、电通和平整场地。

③ 建造好各种用途的临时设施。

④ 做好施工机具安装调试工作。

⑤ 安排各种建筑材料、构件的进场储备、堆放。

⑥ 做好各种材料的检验工作。

⑦ 落实冬、雨季施工保证措施。

⑧ 设置消防、保安措施。

（5）场外准备

施工准备除了施工现场内部的准备工作外，还有施工现场外部的准备工作，其内容如下：

① 通过业主、监理审查，做好分包工作。

② 做好材料的加工和订货。

③ 办理开工许可证。

综上所述，各项施工准备工作不仅是在准备阶段进行，还贯穿于整个施工过程中，随着工程的进展，在群体、单项、单位和分部、分项工程施工之前，都要做好施工准备工作。因此，施工准备工作应有计划、分步骤、分阶段进行，贯穿于工程项目的施工过程中。

3.5 工程项目施工组织的基本原则

组织工程项目施工是一项庞大而复杂的系统工程，为了全面完成施工任务，在编制施工组织设计和组织施工时，应遵循以下基本原则。

（1）尊重规律

工程项目施工有其本身的客观规律，它既包含了分部分项工程内部的施工工艺及其技术方面的规律，又包含了分部分项工程之间的施工程序和施工顺序方面的规律。按照这些规律进行施工组织，就能有效地发挥施工能力、充分地利用有限的资源，创造最佳的经济效益和社会效益。施工工艺和技术方面的规律不单是工艺制度的要求，不按照施工工艺和技术规律施工，将会给工程质量带来不可弥补的损害。施工程序和施工顺序的规律涉及施工空间的安排和各分部分项工程完成时间，不按照施工程序和施工顺序施工，将会严重影响施工秩序，进而降低施工效率，影响正常施工进度。

（2）保证重点

工程项目施工的最终目标是按质、按期完成工程项目建设任务，使其早日投产交付使用。在进行施工组织时，一定要弄清工程施工的重点所在。所谓重点所在是指对整个工程项目而言，工作量大、工期长、对资源要求高的工程部位。组织施工应对资源进行统筹安排，保证重点部位资源的供应，把有限的资源用在重点部位的施工过程中，同时也要兼顾其他部位的施工要求，以求得总体效益最高。

（3）责权分明

在工程项目施工组织管理工作中，要明确规定项目经理部各部门及其成员的职责和权利，做到每一样工作都有专人负责，必须把整个工作明确地加以划分，并给予相应的权力，使承担任务者既有明确的责任，同时又拥有相应的权力，而且必须充分考虑到执行者的利益，把任务完成的情况与任务承担者的利益联系起来。

（4）注重质量

工程项目的质量好坏是直接关系到公众的安全和利益的大事，也直接影响到国民经济的发展。因此，必须要采取负责任的态度，认真按照设计图纸和施工规范进行施工，确保工程质量符合要求。

（5）确保安全

安全施工既是国家保护劳动者的一项重要政策，又是施工顺利进行的保障。否则，不仅会耽误施工进度，影响建设速度，甚至会造成难以弥补的生命和财产损失。为此，在组织施工时应经常进行安全教育，严格执行安全规章制度，加强预防措施，实施安全监督控制。

（6）讲求效益

讲求经济效益就是要用最少的费用支出取得最大限度的赢利。施工的各项活动都与最终的经济效益有关，讲求经济效益既是企业追求的目标，同时也是施工组织管理工作中的重要原则。因此，在组织施工时必须制订一个全面规划，克服施工管理的随意性，同时要注意协调工期、成本、质量间的关系，确保在完成施工任务的同时在经济上取得尽可能大的利益。

 思考练习题

1. 什么是建筑装饰工程？建筑装饰工程施工有哪些特点？

2. 建筑装饰工程施工的主要程序有哪些？

3. 什么是施工组织？

4. 什么是施工组织设计？施工组织设计的作用是什么？

5. 施工组织设计一般分为哪些类型？

6. 施工组织设计主要包括哪些内容？

7. 施工准备工作包括哪些方面？各有哪些内容？

8. 项目施工组织应遵循哪些原则？

第4章

建筑装饰工程流水施工

学习目标 了解流水施工的概念、原理、特点、分类及组织形式；熟悉横道图、斜线图的绘制方法；掌握流水施工的时间参数及等节拍流水、异节拍流水及分别流水的组织方法。

学习重点 主要时间参数的特性及流水工期的计算；等节拍流水、异节拍流水及分别流水的施工组织方法；流水施工的应用。

学习难点 流水施工参数及流水工期的计算；分别流水的施工组织方式。

4.1　流水施工的基本概念

流水施工是组织施工的一种科学方法，它能使施工过程具有连续性、均衡性和节奏性，能合理地组织施工，取得较好的经济效益。流水施工来源于"流水作业"，是流水作业原理在建筑装饰工程施工组织设计中的具体应用。

流水施工是将建筑物划分为几个装饰施工段，组织若干个班组（或工序），按照一定的装饰施工顺序和一定的时间间隔，依次从一个施工段转移到另一个施工段，使同一施工过程的施工班组保持连续、均衡地进行，不同的装饰施工过程尽可能平行搭接施工。

4.1.1　施工组织方式及其比较

考虑工程项目的施工特点、工艺流程、资源利用、平面或空间布置等要求，组织施工时有依次施工、平行施工、流水施工等组织方式。

1. 依次施工

依次施工方式是将拟建工程项目中的每一个施工对象分解为若干个施工过程，按施工工艺要求依次完成每一个施工过程；当一个施工对象完成后，再按同样的顺序完成下一个施工对象，以此类推，直至完成所有施工对象。依次施工方式具有以下特点：

1）没有充分利用工作面进行施工，工期长。

2）如果按专业成立工作队，则各专业队不能连续作业，有时间间歇，劳动力及施工机具等资源无法均衡使用。

3）如果由一个工作队完成全部施工任务，则不能实现专业化施工，不利于提高劳动生产率和工程质量。

4）单位时间内投入的劳动力、施工机具、材料等资源量较少，有利于资源供应的组织。

5）施工现场的组织、管理比较简单。

【例 4-1】现有四榀钢筋混凝土梁需要预制，共有三个施工过程，每个施工过程由相应的专业施工班组完成，其中每个施工过程的工程量指标见表 4-1，如采用依次施工组织方式，则其施工进度计划如图 4-1 所示。

表 4-1　每榀梁的施工过程及其工程量指标

施工过程	工程量		每班工人数	施工天数	班组工种
	数量	单位			
立模板	56	m²	3	1	木工
绑扎钢筋	2	t	4	1	钢筋工
浇混凝土	16	m³	8	1	混凝土工

由图 4-1 可以看出，采用依次施工组织方式时，组织管理工作比较简单，投入的劳动力较少，单位时间内投入的资源量比较少，有利于资源供应的组织工作，适用于规模较小、工作面有限的工程。其突出的问题是由于没有充分利用工作面去争取时间，所以施工工期长；

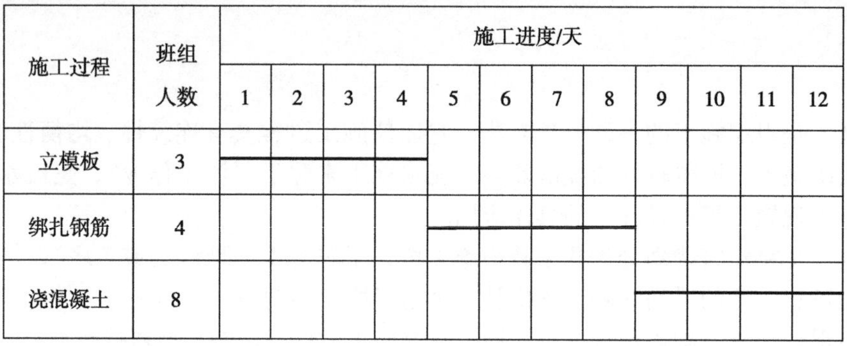

施工过程	班组人数	施工进度/天											
		1	2	3	4	5	6	7	8	9	10	11	12
立模板	3												
绑扎钢筋	4												
浇混凝土	8												

图 4-1　依次施工进度计划

工作队不能实现专业化施工，不利于改进工人的操作方法和施工机具，不利于提高工程质量和劳动生产率；在施工过程中，由于工作面的影响很可能造成部分工人窝工。

2. 平行施工

平行施工方式是组织几个劳动组织相同的工作队，在同一时间、不同的空间，按施工工艺要求各自完成施工对象。平行施工方式具有以下特点：

1）能充分地利用工作面进行施工，工期短。

2）如果每一个施工对象均按专业成立工作队，则各专业队不能连续作业，劳动力及施工机具等资源无法均衡使用。

3）如果由一个工作队完成一个施工对象的全部施工任务，则不能实现专业化施工，不利于提高劳动生产率和工程质量。

4）单位时间内投入的劳动力、施工机具、材料等资源量成倍增加，不利于资源供应的组织。

5）施工现场的组织、管理比较复杂。

【例 4-2】在例 4-1 中，若采用平行施工组织方式进行施工，则其施工进度计划如图 4-2 所示。

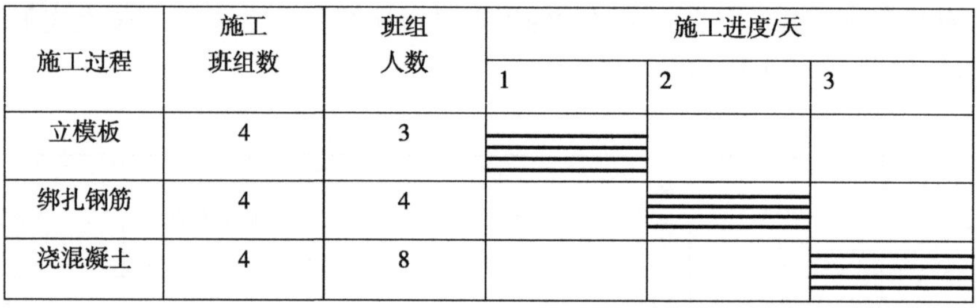

施工过程	施工班组数	班组人数	施工进度/天		
			1	2	3
立模板	4	3			
绑扎钢筋	4	4			
浇混凝土	4	8			

图 4-2　平行施工进度计划

由图 4-2 可以看出，采用平行施工组织方式，可以充分利用工作面，争取时间，缩短施工工期。但同时单位时间内投入施工的资源量成倍增长，现场临时设施也相应增加，施工现场组织、管理复杂。与依次施工组织方式相同，平行施工组织方式工作队也不能实现专业化生产，不利于改进工人的操作方法和施工机具，不利于提高工程质量和劳动生产率，容易造成工人窝工。

3. 流水施工

流水施工组织方式将拟建工程项目的整个建造过程分解成若干个施工过程，也就是划分成若干个工作性质相同的分部、分项工程或工序，同时将拟建工程项目在平面上划分成若干个劳动量大致相等的施工段，在竖向上划分成若干个施工层，按照施工过程分别建立相应的专业工作队，各专业工作队按照一定的施工顺序投入施工，在完成第一个施工段上的施工任务后，在专业工作队的人数、使用的机具和材料不变的情况下，依次、连续地投入到第二、第三直到最后一个施工段的施工，在规定的时间内，完成同样的施工任务。不同的专业工作队在工作时间上最大限度地、合理地搭接起来。当第一施工层各个施工段上的相应施工任务全部完成后，专业工作队依次、连续地投入到第二、第三等施工层，保证拟建工程项目的施工全过程在时间上、空间上，有节奏、连续、均衡地进行下去，直到完成全部施工任务。流水施工方式具有以下特点：

1）尽可能地利用工作面进行施工，工期比较短。

2）各工作队实现专业化施工，有利于提高技术水平和劳动生产率，也有利于提高工程质量。

3）专业工作队能够连续施工，同时使相邻专业队的开工时间能够最大限度地搭接。

4）单位时间内投入的劳动力、施工机具、材料等资源量较为均衡，有利于资源供应的组织。

5）为施工现场的文明施工和科学管理创造了有利条件。

【例 4-3】 在例 4-1 中，若采用流水施工组织方式进行施工，则其施工进度计划如图 4-3 所示。

施工过程	班组人数	施工进度/天					
		1	2	3	4	5	6
立模板	3						
绑扎钢筋	4						
浇混凝土	8						

图 4-3　流水施工进度计划

由图 4-3 可以看出，采用流水施工所需的工期比依次施工所需的工期短，资源消耗的强度比平行施工少，最重要的是各专业班组能连续、均衡地施工，前后施工过程尽可能平行搭接施工，能较充分地利用施工工作面，从而缩短工期，提高劳动生产率，降低工程成本。

4.1.2　流水施工的技术经济效果

通过比较上述三种施工方式可以看出，流水施工是一种先进、科学的施工方式。由于它在工艺过程划分、时间安排和空间布置上进行了统筹安排，必然会体现出优越的技术经济效果。具体可归纳为以下几点：

1）由于流水施工的连续性，减少了专业工作的间隔时间，达到了缩短工期的目的，可使拟建工程项目尽早竣工，交付使用，发挥投资效益。

2）便于改善劳动组织，改进操作方法和施工机具，有利于提高劳动生产率。

3）专业化的生产可提高工人的技术水平，使工程质量相应提高。

4）工人技术水平和劳动生产率的提高，可以减少用工量和施工临时设施的建造量，降低工程成本，提高利润水平。

5）可以保证施工机械和劳动力得到充分、合理的利用。

6）由于工期短、效率高、用人少、资源消耗均衡，可以减少现场管理费和物资消耗，实现合理储存与供应，有利于提高项目的综合经济效益。

4.1.3 流水施工的分类

根据流水施工组织的范围不同，流水施工可分为分项工程流水施工、分部工程流水施工、单位工程流水施工和群体工程流水施工等几种形式。

1. 分项工程流水施工

分项工程流水施工也称为细部流水施工。它是在一个专业工种内部组织起来的流水施工。在项目施工进度计划表上，它由一组标有施工段或工作队编号的水平进度指示线段表示，如浇筑混凝土的工作队依次连续地在各施工区域完成浇筑混凝土的工作。

2. 分部工程流水施工

分部工程流水施工也称为专业流水施工。它是在一个分部工程内部、各分项工程之间组织起来的流水施工。在项目施工进度计划表上，它由一组标有施工段或工作队编号的水平进度指示线段来表示。

3. 单位工程流水施工

单位工程流水施工也称为综合流水施工。它是在一个单位工程内部、各分部工程之间组织起来的流水施工，在项目施工进度计划表上，它是由若干组分部工程的进度指示线段表示的，并由此构成一张单位工程施工进度计划。

4. 群体工程流水施工

群体工程流水施工也称为大流水施工。它是在若干单位工程之间组织起来的流水施工，反映在项目施工进度计划上，是一张项目施工总进度计划表。

分项工程流水施工与分部工程流水施工是流水施工组织的基本形式。在实际施工中，分项工程流水施工的效果不大，只有把若干个分项工程流水施工组织成分部工程流水施工，才能得到良好的效果。单位工程流水施工与群体工程流水施工实际上是分部工程流水施工的扩充应用。

4.1.4 组织流水施工的条件

1. 划分施工段

根据组织流水施工的需要，将每个装饰施工过程尽可能地划分为劳动量大致相等的施工段。

2. 划分施工过程

把建筑物的整个装修过程分解为若干个装饰施工过程，每个装饰施工过程分别由固定的专业施工班组负责完成。

3. 每个施工过程组织独立的施工班组

在一个流水组中，每个施工过程尽可能组织独立的施工班组，其形式可以是专业班组，也可以是混合班组。这样可使每个施工班组按施工顺序，依次、连续、均衡地从一个施工段转移到另一个施工段进行相同的操作。

4. 主要施工过程必须连续、均衡地施工

对工程量较大、作业时间较长的施工过程必须组织连续、均衡的施工。对于其他次要的施工过程，可考虑与相邻的施工过程合并；如不能合并，为缩短工期，可安排其间断施工。

5. 不同的施工过程尽可能组织平行搭接施工

根据不同的施工顺序和不同的施工过程之间的关系，在有工作面的条件下，除必要的技术和组织间歇时间外，应尽可能地组织平行搭接施工。

4.1.5　流水施工的表达方式

流水施工的表达方式主要有横道图和网络图，横道图是装饰工程中常用的表达方式，它具有绘制简单、直观清晰、形象易懂、使用方便等优点。横道图根据绘制方法可分为水平指示图表和垂直指示图表。而网络图可分为横道式流水网络图、流水步距式流水网络图和搭接式流水网络图等形式。

1. 横道图

（1）水平指示图表

水平指示图表的横坐标表示持续时间，纵坐标表示施工过程或专业工作队编号，带有编号的圆圈表示施工段的编号。它是利用时间坐标上横线条的长度和位置来反映工程中各施工过程的相互关系和施工进度。在图的下方，还可以画出单位时间所需要的资源曲线，它是根据横道图中各施工过程的单位时间某资源的需要量叠加而成，用以表示某资源需要量在时间上的动态变化。水平指示图表的形式如图 4-4 所示。

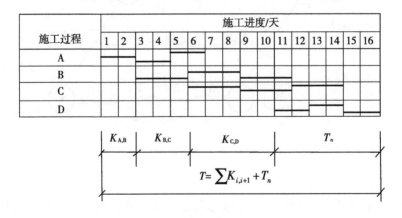

图 4-4　水平指示图表

（2）垂直指示图表

垂直指示图表的横坐标表示持续时间，纵坐标表示施工段的编号，斜向指示线段的代号表示施工过程或专业工作队的编号。垂直指示图表能表现出在一个施工段或工程对象中各施工过程的先后顺序和配合关系，斜线的斜率能形象地反映各施工过程进行的快慢。垂直指示图表的形式如图 4-5 所示。

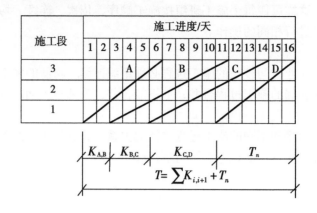

图 4-5　垂直指示图表

2. 网络图

（1）横道式流水网络图

横道式流水网络图（图 4-6）中粗黑错阶箭线表示施工过程进展状态，在箭线上面标有该过程编号和施工段编号，在箭线下面标有流水节拍；细黑箭线分别表示开始步距（$K_{j,j+1}$）和结束步距（$J_{j,j+1}$）；带有编号的圆圈表示事件或节点。

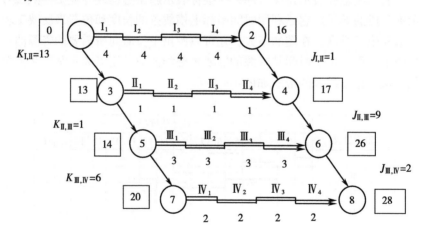

图 4-6　横道式流水网络图

（2）流水步距式流水网络图

流水步距式流水网络图（图 4-7）中实箭线表示实工作，其上标有施工过程和施工段编号，其下标有流水节拍；虚箭线表示虚工作，即工作之间的制约关系，其持续时间为零；流水步距也由实箭线表示，并在其下面标出流水步距编号和数值。

（3）搭接式流水网络图

搭接式流水网络图（图 4-8）中的大方框表示施工过程，其内标有：施工过程编号、流水节拍、施工段数目、过程开始和结束时间；方框上面的实箭线表示相邻两个施工过程从结束到结束的搭接时距，即结束步距；方框下面的实箭线表示相邻两个施工过程从开始到开始的搭接时距，即流水步距。

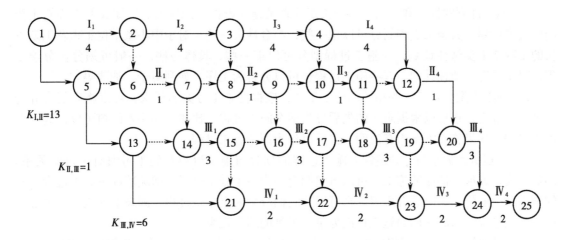

图 4-7　流水步距式流水网络图

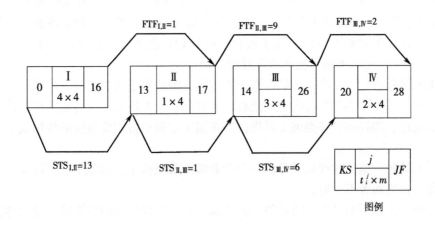

图 4-8　搭接式流水网络图

4.2　流水施工的主要参数

流水施工参数是指组织流水施工时，为了表示各施工过程在时间和空间上的相互依存关系，引入的一些描述施工进度计划图特征和各种数量关系的参数。按性质的不同，流水施工参数可分为工艺参数、空间参数和时间参数三种。

4.2.1　工艺参数

工艺参数是指用以表达流水施工在施工工艺上开展顺序（表示施工过程数）及其特征的参数。通常，工艺参数包括施工过程数和流水强度两种。

1. 施工过程数 n

在组织建筑装饰工程流水施工时，首先应将施工对象划分为若干个施工过程。施工过程划分的数目多少和粗细程度，一般与下列因素有关：

1）施工计划的性质和作用。对于长期计划及建筑群体、规模大、工期长的工程施工控制性进度计划，其施工过程划分可以粗一些，综合性大一些。对于中小型单位工程及工期不长的工程施工实施性计划，其施工过程划分可以细一些，具体一些，一般可划分至分项工程，对于月度作业性计划，有些施工过程还可以分解为工序，如刮腻子、油漆等。

2）施工方案。对于一些相同的施工工艺，应根据施工方案的要求，可以将它们合并为一个施工过程，也可以根据施工的先后分为两个施工过程。比如，油漆木门窗可以作为一个施工过程，如果施工方案中有说明，也可以作为两个施工过程。

3）工程量的大小与劳动组织。施工过程的划分与施工班组及施工习惯有一定的关系。例如，安装玻璃、油漆的施工，可以将它们合并为一个施工过程，即玻璃油漆施工过程，它的施工班组就作为一个混合班组，也可以将它们分为两个施工过程，即玻璃安装施工过程和油漆施工过程，这时它们的施工班组为单一工种的施工班组。

施工过程的划分还与工程量的大小有关。对于工程量小的施工过程，当组织流水施工有困难时，可以与其他施工过程相合并。例如地面工程，如果垫层的工程量较小，可以与面层相结合，合并为一个施工过程，这样就可以使各个施工过程的工程量大致相等，便于组织流水施工。

4）施工过程的工作内容和范围。施工过程的划分与其工作内容和范围有关，例如，直接在施工现场在工程对象上进行的施工过程，可以划入流水施工过程，而场外的施工内容（如零配件的加工）可以不划入流水施工过程。

装饰施工过程可分为三类：①制备类施工过程，即为制造装饰成品、半成品而进行的制备类施工过程；②运输类施工过程，即把材料和制品运至工地仓库或转运至装饰施工现场的运输类施工过程；③装饰安装类施工过程，即在施工过程中占主要地位的装饰安装施工类施工过程。

流水施工的每一施工过程如果都由一个专业施工班组施工，则施工过程数 n 与专业施工班组数相等，否则两者不相等。

对装饰施工工期影响最大的或对整个流水施工起决定性作用的装饰施工过程称为主导施工过程。在划分施工过程之后，应先找出主导施工过程，以便抓住流水施工的关键环节。

2. 流水强度 V

流水强度是指流水施工的某一装饰施工过程（专业施工班组）在单位时间内所完成的工程量，也称为流水能力或生产能力。

1）机械操作流水强度

$$V_i = \sum_{i=1}^{x} R_i S_i$$

式中　V_i——某施工过程 i 的机械操作流水强度；

　　　R_i——投入施工过程 i 的某施工机械的台数；

　　　S_i——投入施工过程 i 的某施工机械的台班产量定额；

　　　x——投入施工过程 i 的某施工机械的种类。

2）手工操作流水强度

$$V_i = R_i S_i$$

式中　V_i——某施工过程 i 的人工操作流水强度；

　　　R_i——投入施工过程 i 的工作队人数；

S_i——投入施工过程 i 的工作队的平均产量定额。

4.2.2 空间参数

空间参数是指在组织流水施工时，用以表达流水施工在空间布置上开展状态的参数。通常包括工作面、施工段和施工层。

1. 工作面

工作面是指施工对象上可能安置多少工人操作或布置施工机械场所的大小。工作面反映了施工过程在空间上布置的可能性。每个作业工人或每台施工机械所需工作面的大小，取决于单位时间内其完成的工程量和安全施工的要求。工作面确定的合理与否，直接影响专业工作队的生产效率，因此必须合理确定工作面。

对于某些装饰工程，在施工一开始就已经在整个长度或宽度上形成了工作面，这种工作面称为"完整的工作面"（如外墙饰面工程）；对于有些工程的工作面是随着施工过程的进展逐步（逐层、逐段）形成的，这样的工作面称为"部分的工作面"（如内墙粉刷等）。但是，不论在哪一个工作面上，通常前一施工过程的结束，就为后面的施工过程提供了工作面。

在确定一个施工过程必要的工作面时，不但要考虑前一施工过程为这一施工过程可能提供的工作面的大小，还必须要遵守施工规范和安全技术的有关规定。

有关工种工作面可参考表4-2。

表4-2 主要工种工作面参考数据表

工 作 项 目	每个技工的工作面	说 明
砖基础	7.6m/人	以1.5砖计，2砖乘以0.8，3砖乘以0.55
砌砖墙	8.5m/人	以1砖计，1.5砖乘以0.71，2砖乘以0.57
毛石墙基	3m/人	以60cm计
毛石墙	3.3m/人	以40cm计
混凝土柱、墙基础	8m³/人	机拌、机捣
混凝土设备基础	7m³/人	机拌、机捣
现浇钢筋混凝土柱	2.45m³/人	机拌、机捣
现浇钢筋混凝土梁	3.20m³/人	机拌、机捣
现浇钢筋混凝土墙	5m³/人	机拌、机捣
现浇钢筋混凝土楼板	5.3m³/人	机拌、机捣
预制钢筋混凝土柱	3.6m³/人	机拌、机捣
预制钢筋混凝土梁	3.6m³/人	机拌、机捣
预制钢筋混凝土屋架	2.7m³/人	机拌、机捣
预制钢筋混凝土平板、空心板	1.91m³/人	机拌、机捣
预制钢筋混凝土大型屋面板	2.62m³/人	机拌、机捣
混凝土地坪及面层	40m²/人	机拌、机捣
外墙抹灰	16m²/人	
内墙抹灰	18.5m²/人	
卷材屋面	18.5m²/人	
防水水泥砂浆屋面	16m²/人	
门窗安装	11m²/人	

2. 施工段数 m 和施工层数 r

在组织流水施工时，通常把装饰施工对象划分为劳动量相等或大致相等的若干区段。一般把平面上划分的若干个劳动量大致相等的施工区段称为流水段或施工段，用 m 表示。把建筑物垂直方向划分的施工区段称为施工层，用 r 表示。每一个施工段在某一段时间内，只能供一个施工过程的专业工作队使用。

划分施工段的目的是为了组织流水施工，保证不同的施工班组能在不同的施工段上同时进行施工，从而使各施工班组按照一定的时间间隔从一个施工段转移到另一个施工段进行连续施工。这样，既能消除等待、停歇现象，又互不干扰，同时又缩短了工期。

划分施工段应满足以下基本要求：

1）施工段的数目要适宜。施工段数目划分过少，会引起劳动力、机械、材料供应的过分集中，有时会造成供应不足的现象。若划分过多，则会增加施工持续总时间，而且工作面不能充分利用。

2）以主导施工过程为依据。划分施工段时，应以主导施工过程的需要来划分。

3）施工段的分界与施工对象的结构界限（温度缝、沉降缝或单元尺寸）或幢号一致，以便保证施工质量。

4）各施工段上所消耗的劳动量相等或大致相等（相差宜在 15% 之内），以保证各施工班组施工的连续性和均衡性。

5）当组织流水施工对象有层间关系时，应使各队能够连续施工。即各施工过程的工作队做完第一段能立即转入第二段，做完第一层的最后一段能立即转入第二层的第一段，因而每层最小施工段数目 m 应大于或等于施工过程数，即 $m \geqslant n$。

当 $m = n$ 时，工作队连续施工，施工段上始终有施工班组，工作面能充分利用，无停歇现象，也不会产生工人窝工现象，比较理想。

当 $m > n$ 时，工作队仍能连续施工，虽然有停歇的工作面，但不一定是不利的，有时还是必要的，如利用停歇的时间做养护、备料、弹线等工作。

当 $m < n$ 时，工作队不能连续施工，会出现窝工，这对一个建筑物的装饰工程组织流水施工是不适宜的。

对于 $m \geqslant n$ 这一要求，并不适用于所有流水施工的情况，在有的情况下，当 $m < n$ 时，也可以组织流水施工。施工段的划分是否符合实际要求，主要还是看在该施工段划分的情况下主导施工过程是否能够保证连续均衡地施工。如果主导施工过程能连续均衡地施工，则施工段的划分可行；否则，应更改施工段划分情况。

4.2.3 时间参数

时间参数是流水施工中反映各施工过程相继投入施工的时间数量指标。一般有流水节拍、流水步距、平行搭接时间、技术间歇时间、组织间歇时间和流水工期等。

1. 流水节拍

流水节拍是指在组织流水施工时，从事某一装饰施工过程的专业施工班组在各个施工段上完成相应的施工任务所需要的工作持续时间，通常以 t 表示。它是流水施工的基本参数之一。它与投入到该施工过程的劳动力、机械设备和材料供应的集中程度有关。流水节拍决定着装饰施工速度和装饰施工的节奏性及资源消耗量的多少。

影响流水节拍数值大小的因素主要有：项目施工时所采取的施工方案，各施工段投入的劳动力人数或施工机械台数、工作班次，以及该施工段工程量的多少。为避免工作队转移时浪费工时，流水节拍在数值上最好是半个班的整倍数。其数值的确定，可按以下各种方法进行：

（1）定额计算法

定额计算法是根据各施工段的工程量、能够投入的资源量（工人数、机械台数和材料量等），按下式进行计算：

$$t = \frac{Q}{SRN} = \frac{P}{RN}$$

式中　t——某装饰施工过程在某施工段上的流水节拍；

　　Q——某施工段上的工程量；

　　S——某专业工种或机械产量定额；

　　R——某专业班组的人数或机械台数；

　　N——某专业班组或机械的工作班次；

　　P——某装饰施工过程在某施工段上的劳动量。

（2）工期计算法

对某些在规定日期内必须完成的工程项目，往往采用工期计算法。具体步骤如下：

1）根据工期倒排进度，确定某施工过程的工作持续时间。

2）确定某施工过程在某施工段上的流水节拍。若同一施工过程的流水节拍不等，则用估算法；若流水节拍相等，则按下式进行计算。

$$t = \frac{T}{m}$$

式中　t——流水节拍；

　　T——某施工过程的工作持续时间；

　　m——某施工过程划分的施工段数。

（3）经验估算法

对于采用新结构、新工艺、新方法和新材料等没有定额可循的工程项目，则可以根据以往的施工经验估算流水节拍。

当施工段数确定之后，流水节拍的长短对总工期有一定的影响，流水节拍长则相应的工期也长，因此流水节拍应越短越好，但实际上由于工作面的限制，流水节拍也有一定的限制，流水节拍的确定应充分考虑劳动力、材料和施工机械供应的可能性，以及劳动组织和工作面使用的合理性。

确定流水节拍应考虑的因素：

★ 施工班组人数要适宜，既要满足最小劳动组合人数要求，又要满足最小工作面的要求。所谓最小劳动组合，是指某一施工过程进行正常施工所必需的最低限度的班组人数及其合理组合。如模板安装就要按技工和普工的最少人数及合理比例组成施工班组，人数过少或比例不当都将引起劳动生产率的下降。最小工作面是指施工班组为保证安全生产和有效地操作所必需的工作面。它决定了最高限度可安排多少工人。不能为了缩短工期而无限地增加人数，否则将造成工作面的不足而产生窝工。

★ 工作班制要恰当。工作班制要视工期要求而定。当工期不紧迫，工艺上又无连续施工要求时，可采用一班制；当组织流水施工是为了给第二天连续施工创造条件时，某些施工过程可考虑在夜班进行，即采用两班制；当工期较紧或工艺上要求连续施工，或为了提高施工机械的使用率时，某些项目可考虑三班制施工。

2. 流水步距 K

流水步距是指流水施工过程中，相邻的两个专业班组，在保持其工艺先后顺序、满足连续施工要求和时间上最大搭接的条件下，相继投入流水施工的时间差，即时间间隔，用 K 表示。例如，木工工作队第一天进入第一个施工段工作，工作 5 天做完（流水节拍 $t = 5$ 天），第六天油漆工作队开始进入第一个施工段工作，木工工作队与油漆工作队先后进入第一个施工段的时间间隔为 5 天，那么它们的流水步距 $K = 5$ 天。

流水步距的大小，反映着流水作业的紧凑程度，对工期起着很大的影响。在流水段不变的条件下，流水步距越大，工期越长；流水步距越小，则工期越短。

流水步距的数目取决于参加流水施工的施工过程数。如果施工过程为 n 个，则流水步距的总数为 $n - 1$ 个。确定流水步距时，一般应满足以下基本要求：

1）各施工过程按各自流水速度施工，始终保持工艺先后顺序。

2）各施工班组投入施工后尽可能保持连续作业。

3）相邻两个施工班组在满足连续施工的条件下，能最大限度地实现合理搭接。

根据以上基本要求，在不同的流水施工组织形式中，可以采用不同的方法确定流水步距。

流水步距的基本计算公式为：

$$K_{i,i+1} = \begin{cases} t_i + t_j - t_d & (t_i \le t_{i+1}) \\ mt_i - (m-1)t_{i+1} + t_j - t_d & (t_i > t_{i+1}) \end{cases}$$

式中　$K_{i,i+1}$——两个相邻施工过程间的流水步距；

　　　　t_i——紧前施工过程的流水节拍；

　　　t_{i+1}——紧后施工过程的流水节拍；

　　　　t_j——两个相邻施工过程间的间歇时间；

　　　　t_d——两个相邻施工过程间的平行搭接时间。

对流水步距的计算通常也采用累加数列错位相减取大差法。由于这种方法是由潘特考夫斯基（译音）首先提出的，故又称为潘特考夫斯基法。这种方法简捷、准确，便于掌握。累加数列错位相减取大差法的基本步骤如下：

1）对每一个施工过程在各施工段上的流水节拍依次累加，求得各施工过程流水节拍的累加数列。

2）将相邻施工过程流水节拍累加数列中的后者错后一位，相减后求得一个差数列。

3）在差数列中取最大值，即为这两个相邻施工过程的流水步距。

【例 4-4】某项目由 A、B、C、D 四个施工过程组成，分别由四个专业工作队完成，在平面上划分成四个施工段，每个施工过程在各个施工段上的流水节拍见表 4-3。试确定相邻专业工作队之间的流水步距。

表 4-3　某工程流水节拍

施工过程 ＼ 施工段	Ⅰ	Ⅱ	Ⅲ	Ⅳ
A	4	3	4	2
B	3	5	4	4
C	3	2	3	3
D	3	2	2	2

【解】①求流水节拍的累加数列：

A： 4　 7　 11　 13
B： 3　 8　 12　 16
C： 3　 5　 8　 11
D： 3　 5　 7　 9

②错位相减：

A 与 B

$$
\begin{array}{rrrrr}
4 & 7 & 11 & 13 & \\
-)\ & 3 & 8 & 12 & 16 \\
\hline
4 & 4 & 3 & 1 & -16
\end{array}
$$

B 与 C

$$
\begin{array}{rrrrr}
3 & 8 & 12 & 16 & \\
-)\ & 3 & 5 & 8 & 11 \\
\hline
3 & 5 & 7 & 8 & -11
\end{array}
$$

C 与 D

$$
\begin{array}{rrrrr}
3 & 5 & 8 & 11 & \\
-)\ & 3 & 5 & 7 & 9 \\
\hline
3 & 2 & 3 & 4 & -9
\end{array}
$$

③确定流水步距。因流水步距等于错位相减所得结果中数值最大者，故有：

$$K_{A,B} = \max\{4,4,3,1,-16\} = 4$$
$$K_{B,C} = \max\{3,5,7,8,-11\} = 8$$
$$K_{C,D} = \max\{3,2,3,4,-9\} = 4$$

3. 平行搭接时间

平行搭接时间是指在组织流水施工时，有时为缩短工期，在工作面允许的情况下，如果前一个施工班组完成部分施工任务后，后一个施工过程的施工班组提前进入该施工段，两个相邻施工过程的施工班组同时在一个施工段上施工的时间。

4. 技术间歇时间

在流水施工过程中，由于施工工艺的要求，某施工过程在某施工段上必须停歇的时间间隔称为技术间歇时间，如混凝土浇筑后的养护时间、砂浆抹面和油漆的干燥时间等。

5. 组织间歇时间

组织间歇时间是指在流水施工中，由于施工技术或施工组织的原因，造成的流水步距以外增加的间歇时间，如墙体砌筑前的墙身位置弹线，施工人员、机械转移，回填土前的地下管道检查验收等。

6. 流水施工工期

流水施工工期是指从第一个专业工作队投入流水施工开始，到最后一个专业工作队完成流水施工为止的整个持续时间。流水施工工期用 T 表示。流水施工工期应根据各施工过程之间的流水步距以及最后一个施工过程中各施工段的流水节拍等确定。

$$T = \sum_{i=1}^{n-1} K_{i,i+1} + T_n$$

式中　　$\sum_{i=1}^{n-1} K_{i,i+1}$ ——所有的流水步距之和；

　　　　　T_n——最后一个施工过程的工期。

根据以上流水施工参数的概念，可以把流水施工的组织要点归纳如下：

1）将拟建工程（如一个单位工程或分部分项工程）的全部施工活动，划分组合为若干施工过程，每一施工过程交给按专业分工组成的施工班组或混合施工班组来完成。施工班组的人数要考虑每个工人所需要的最小工作面和流水施工组织的需要。

2）将拟建工程每层的平面划分为若干施工段，每个施工段在同一时间内，只供一个施工班组开展作业。

3）确定各施工班组在每段的作业时间，并使其连续均衡。

4）按照各施工过程的先后排列顺序，确定相邻施工过程之间的流水步距，并使其在连续作业的条件下，最大限度地搭接起来，形成分部工程施工的专业流水组。

5）搭接各分部工程的流水组，组成单位工程流水施工。

6）绘制流水施工进度计划。

4.3　流水施工的组织方式

建筑装饰工程的流水施工要求有一定的节拍，才能步调和谐、配合得当。由于建筑装饰工程的多样性，各分部分项工程量差异较大，要使所有的流水施工都组织成统一的流水节拍是很困难的，因此在大多数情况下，各施工过程流水节拍不一定相等，有的甚至一个施工过程本身在各施工段上的流水节拍也不相等，这样就形成了不同节拍特征的流水施工。流水施工根据不同的节拍特征可以分为有节奏流水和无节奏流水两大类。

4.3.1　有节奏流水

有节奏流水是指同一施工过程的各施工段上的流水节拍都相等的一种流水施工方式。有节奏流水又根据不同施工过程之间的流水节拍是否相等，分为等节奏流水和异节奏流水两种类型。

1. 等节奏流水

等节奏流水也称全等节拍流水，是指各个施工过程的流水节拍均为常数的一种流水施工

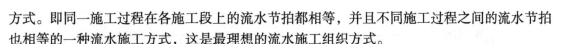

方式。即同一施工过程在各施工段上的流水节拍都相等，并且不同施工过程之间的流水节拍也相等的一种流水施工方式，这是最理想的流水施工组织方式。

等节奏流水根据相邻施工过程之间是否存在间歇时间或搭接时间，可分为等节拍等步距流水和等节拍不等步距流水两种。

等节奏流水施工组织方式能保证专业班组的工作连续、有节奏，可以实现均衡施工，能最理想地达到组织流水施工作业的目的。

（1）等节拍等步距流水

等节拍等步距流水是指同一施工过程流水节拍都相等，不同施工过程流水节拍也都相等，并且各过程之间不存在间歇时间（t_j）或搭接时间（t_d）的流水施工方式，即 $t_j = t_d = 0$。该流水施工方式下各施工过程的节拍、施工过程之间的步距以及工期的特点为：

① 节拍特征：

$$t = 常数$$

② 步距特征：

$$K_{i,i+1} = 节拍（t） = 常数$$

式中　$K_{i,i+1}$——第 i 个过程和第 $i+1$ 个过程之间的流水步距。

③ 工期计算公式：

$$T = \sum K_{i,i+1} + T_n$$

$$\sum K_{i,i+1} = (n-1)t \qquad 且\ T_n = mt$$

$$T = (n-1)t + mt = (n+m-1)t$$

式中　$\sum K_{i,i+1}$——所有相邻施工过程之间的流水步距之和；

　　　　T_n——最后一个施工过程的施工班组完成所有施工任务所花的时间；

　　　　m——施工段数；

　　　　n——施工过程数。

【例4-5】某分部工程可以划分为 A、B、C、D、E 五个施工过程，每个施工过程可以划分为六个施工段，且各过程之间既无间歇时间也无搭接时间，流水节拍均为 4 天，试组织全等节拍流水，绘制横道图并计算工期。

【解】第一步：计算工期。

$$T = \sum K_{i,i+1} + T_n = (n+m-1)t = (5+6-1) \times 4 = 40（天）$$

第二步：绘制横道图，如图 4-9 所示。

（2）等节拍不等步距流水

等节拍不等步距流水是指各施工过程的流水节拍全部相等，但是各过程之间的间歇时间（t_j）或搭接时间（t_d）不等于零，即流水步距不相等（$t_j \neq 0$ 或 $t_d \neq 0$）。该流水施工方式下各施工过程的节拍、施工过程之间步距以及工期的特点为：

① 节拍特征：

$$t = 常数$$

② 步距特征：

$$K_{i,i+1} = t + t_j - t_d$$

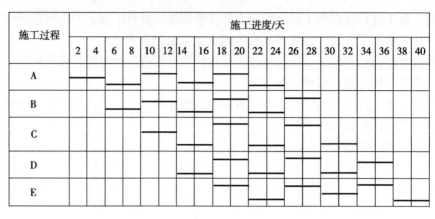

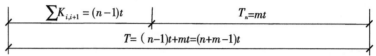

$$\sum K_{i,i+1} = (n-1)t \qquad T_n = mt$$

$$T = (n-1)t + mt = (n+m-1)t$$

图 4-9 某分部工程全等节拍流水进度计划

式中 t_j——第 i 个过程和第 $i+1$ 个过程之间的技术或组织间歇时间；

t_d——第 i 个过程和第 $i+1$ 个过程之间的搭接时间。

③ 工期计算公式：

$$T = \sum K_{i,i+1} + T_n$$

$$\sum K_{i,i+1} = (n-1)t + \sum t_j - \sum t_d \qquad T_n = mt$$

$$T = (n-1)t + \sum t_j - \sum t_d + mt$$

$$= (n+m-1)t + \sum t_j - \sum t_d$$

式中 $\sum t_j$——所有相邻过程之间间歇时间之和；

$\sum t_d$——所有相邻过程之间搭接时间之和。

【例 4-6】某分部工程划分为 A、B、C、D 四个施工过程，每个施工过程划分为五个施工段，其流水节拍均为 3 天，其中施工过程 A 与 B 之间有 2 天的搭接时间，施工过程 C 与 D 之间有 1 天的间歇时间。试组织等节拍流水，计算流水施工工期并绘制进度计划表。

【解】第一步：根据已知条件计算工期。

因为 $n=4$ $m=5$ $t=3$ $\sum t_d = 2$ $\sum t_j = 1$

所以

$$T = (m+n-1)t + \sum t_j - \sum t_d$$

$$= (5+4-1) \times 3 + 1 - 2 = 23(天)$$

第二步：绘制进度计划，如图 4-10 所示。

总体来说，等节奏流水虽然是一种比较理想的流水施工方式，它既能保证各专业施工班组连续均衡地施工，又能保证工作面充分利用，但是在实际工程中，要使某分部工程的各个施工过程都采用相同的流水节拍，组织时困难较大。因此，全等节拍流水的组织方式仅适用于工程规模较小、施工过程数目不多的某些分部工程的流水。

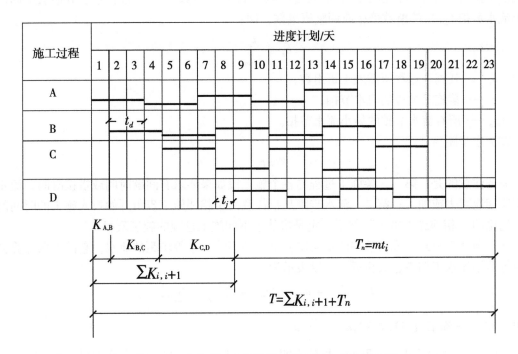

图 4-10　某分部工程等节拍不等步距流水进度计划

全等节拍流水的组织方法是：

① 划分施工过程，将工程量较小的施工过程合并到相邻的施工过程中去，目的是使各过程的流水节拍相等。

② 根据主要施工过程的工程量以及工程进度要求，确定该施工过程的施工班组的人数，从而确定流水节拍。

③ 根据已确定的流水节拍，确定其他施工过程的施工班组人数。

④ 检查按此流水施工方式确定的流水施工是否符合该工程工期以及资源等的要求，如果符合，则按此计划实施，如果不符合，则通过调整主导施工过程的班组人数使流水节拍发生改变，从而调整工期以及资源消耗情况，使计划符合要求。

2. 异节奏流水

异节奏流水是指同一施工过程在各施工段上的流水节拍都相等，不同施工过程之间的流水节拍不一定相等的流水施工方式。异节奏流水又可分为成倍节拍流水和不等节拍流水两种。

（1）成倍节拍流水

成倍节拍流水是指同一施工过程在各施工段上的流水节拍都相等，不同施工过程之间的流水节拍不完全相等，但各施工过程的流水节拍均为最小流水节拍的整数倍（或节拍之间存在公约数）关系的流水施工方式。

1）成倍节拍流水施工的特点

①节拍特征。各节拍是最小流水节拍的整数倍或节拍值之间存在公约数关系。

②成倍节拍流水最显著的特点是各过程的施工班组数不一定是一个班组，而是根据该过

程流水节拍为各流水节拍值之间的最大公约数（最大公约数一般情况下等于节拍值中间的最小流水节拍 t_{min}）的整数倍相应调整班组数，即：

$$b_i = \frac{t_i}{t_{min}}$$

式中　b_i——某施工过程所需施工班组数；

　　　t_i——某施工过程的流水节拍；

　　　t_{min}——所有流水节拍的最小流水节拍。

③流水步距特征。

$$K = t_{min}$$

需要注意的是：第一，各施工过程的各个施工段如果要求有间歇时间或搭接时间，流水步距应相应减去或加上；第二，流水步距是指任意两个相邻施工班组开始投入施工的时间间隔，这里的"相邻施工班组"并不一定是指从事不同施工过程的施工班组。

④工期计算公式。成倍节拍流水实质上是一种不等节拍等步距的流水，它的工期计算公式与等节拍流水工期表达式相近，可以表示为：

$$T = (n' + m - 1)t_{min} + \sum t_j - \sum t_d$$

式中　n'——施工班组数之和，$n' = \sum_{i=1}^{n} b_i$。

【例 4-7】已知某装饰工程可以划分为四个施工过程（$n = 4$），六个施工段（$m = 6$），各过程的流水节拍分别为 $t_A = 2$ 天，$t_B = 6$ 天，$t_C = 4$ 天，$t_D = 2$ 天，试组织成倍节拍流水，并绘制成倍节拍流水施工进度计划。

【解】　因为最大公约数 = 2（天）= t_{min}

则：

$$b_A = \frac{t_A}{t_{min}} = \frac{2}{2} = 1（个）$$

$$b_B = \frac{t_B}{t_{min}} = \frac{6}{2} = 3（个）$$

$$b_C = \frac{t_C}{t_{min}} = \frac{4}{2} = 2（个）$$

$$b_D = \frac{t_D}{t_{min}} = \frac{2}{2} = 1（个）$$

施工班组总数为：

$$n' = \sum b_i = b_A + b_B + b_C + b_D = 1 + 3 + 2 + 1 = 7（个）$$

该工程流水步距为：

$$K_{A,B} = K_{B,C} = K_{C,D} = t_{min} = 2（天）$$

该工程工期为：

$$T = (m + n' - 1)t_{min}$$
$$= (7 + 6 - 1) \times 2 = 24（天）$$

根据所确定的流水施工参数绘制该工程进度计划，如图 4-11 所示。

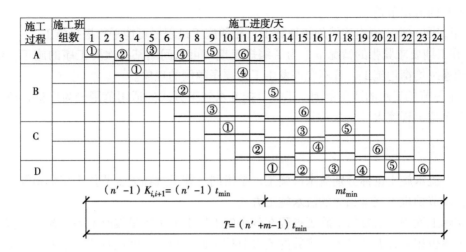

图 4-11　成倍节拍流水施工进度计划

2）成倍节拍流水的组织方式

① 首先根据工程对象和施工要求，将工程划分为若干个施工过程。

② 根据预算的工程量，计算每个过程的劳动量，再根据最小劳动量的施工过程班组人数确定出最小流水节拍。

③ 确定其他各过程的流水节拍，通过调整班组人数，使各过程的流水节拍均为最小流水节拍的整数倍。

④ 为了充分利用工作面，加快施工进度，各过程应根据其节拍为最小节拍的整数倍关系相应调整施工班组数。

⑤ 检查按此流水施工方式确定的流水施工是否符合该工程工期以及资源等要求。如果符合，则按此计划实施；如果不符合，则通过调整使计划符合要求。

3）成倍节拍流水的适用范围。成倍节拍流水施工方式在管道、线性工程中使用较多，在建筑装饰工程中，也可根据实际情况选用此方式。

（2）不等节拍流水

不等节拍流水是指同一施工过程在各个施工段的流水节拍相等，不同施工过程之间的流水节拍既不相等也不成倍数的流水施工方式。

1）不等节拍流水施工方式的特点

① 节拍特征。同一施工过程流水节拍相等，不同施工过程流水节拍不一定相等。

② 步距特征。各相邻施工过程的流水步距确定方法为：

$$K_{i,i+1} = \begin{cases} t_i + (t_j - t_d) & \text{（当 } t_i \leqslant t_{i+1} \text{ 时）} \\ mt_i - (m-1)t_{i+1} + (t_j - t_d) & \text{（当 } t_i > t_{i+1} \text{ 时）} \end{cases}$$

③ 工期特征。不等节拍流水工期计算公式为一般流水工期计算表达式：

$$T = \sum K_{i,i+1} + T_n$$

2）不等节拍流水的组织方式

① 首先根据工程对象和施工要求，将工程划分为若干个施工过程。

② 根据各施工过程的工程量，计算每个过程的劳动量，然后根据各过程施工班组人数

确定出各自的流水节拍。

③ 组织同一施工班组连续均衡地施工，相邻施工过程尽可能平行搭接施工。

④ 在工期要求紧张的情况下，为了缩短工期，可以间断某些次要工序的施工，但主导工序必须连续均衡地施工，且不允许发生工艺顺序颠倒的现象。

3）不等节拍流水的适用范围。不等节拍流水施工方式的适用范围较为广泛，适用于各种分部和单位工程流水。

4.3.2 无节奏流水

无节奏流水施工也称分别流水法施工，是指同一施工过程流水节拍不完全相等，不同施工过程流水节拍也不完全相等的流水施工方式。

在实际工程中，通常每个施工过程在各个施工段上的工程量彼此不等，各专业施工班组的生产效率也相差较大，导致大多数的流水节拍彼此不相等，因此有节奏流水，尤其是全等节拍和成倍节拍流水往往是难以组织的，而无节奏流水则是利用流水施工的基本概念，在保证施工工艺、满足施工顺序要求的前提下，按照一定的计算方法，确定相邻专业施工班组之间的流水步距，使其在开工时间上最大限度地、合理地搭接起来，形成每个专业施工队都能连续作业的流水施工方式，它是流水施工的普遍形式。

无节奏流水作业实质是各专业施工班组连续流水作业。流水步距经计算确定，使工作班组之间在一个施工段内互不干扰，或前后工作班组之间工作紧紧衔接。因此，组织无节奏流水作业的关键在于计算流水步距。

（1）无节奏流水施工的特征

1）每个施工过程在各个施工段上的流水节拍不尽相等。

2）各个施工过程之间的流水步距不完全相等且差异较大。

3）各施工作业队能够在施工段上连续作业，但有的施工段之间可能有空闲时间。

4）施工作业队数等于施工过程数。

（2）无节奏流水施工主要参数的确定

1）流水步距的确定。无节奏流水步距通常采用累加数列错位相减取大差法计算确定。

2）流水施工工期。

$$T = \sum K_{i,i+1} + T_n + \sum t_j - \sum t_d$$

式中　　$\sum K_{i,i+1}$——流水步距之和；

　　　　T_n——最后一个施工过程的流水节拍之和。

（3）无节奏流水施工的组织

无节奏流水施工的实质是各工作队连续作业，流水步距经计算确定，使专业工作队之间在一个施工段内不相互干扰（不超前，但可能滞后），或做到前后工作队之间工作紧紧衔接。因此，组织无节奏流水的关键就是正确计算流水步距。组织无节奏流水施工的基本要求与异步距异节拍流水相同，即保证各施工过程的工艺顺序合理和各施工队尽可能依次在各施工段上连续施工。

无节奏流水施工不像有节奏流水施工那样有一定的时间规律约束，在进度安排上比较灵活、自由，适用于分部工程和单位工程及大型建筑群的流水施工，实际运用比较广泛。

思考练习题

1. 组织施工有哪几种方式？各有哪些特点？

2. 组织流水施工的要点和条件有哪些？

3. 流水施工中，主要参数有哪些？试分别叙述它们的含义。

4. 施工段划分的基本要求有哪些？如何正确划分施工段？

5. 流水施工的时间参数如何确定？

6. 流水节拍的确定应考虑哪些因素？有哪些计算方法？

7. 流水施工组织方式有哪几种？各有什么特点？

8. 什么是异节奏流水施工？如何确定其流水步距？

9. 如何组织成倍节拍流水施工？

10. 某工程有 A、B、C、D 四个施工过程，每个施工过程均划分 4 个施工段，设 $t_A = 4$ 天；$t_B = 8$ 天；$t_C = 6$ 天；$t_D = 6$ 天 。试分别计算依次施工、平行施工及流水施工的工期，并绘制出各自的施工进度计划。

11. 已知某工程任务划分为五个施工过程，分四段组织流水施工，流水节拍均为 6 天。在第二个施工过程结束后有 3 天的技术与组织间歇时间，试计算其工期并绘制进度计划。

12. 某施工项目由 Ⅰ、Ⅱ、Ⅲ、Ⅳ 四个施工过程组成，它在平面上划分为六个施工段，各施工过程在各个施工段上的持续时间依次为 6 天、4 天、6 天和 2 天，施工过程完成后，其相应施工段至少应有组织间歇时间 1 天。试编制工期最短的流水施工方案。

第5章

网络计划技术基本知识

学习目标　了解网络计划技术这种先进的施工组织管理技术；熟悉双代号网络计划的绘图规则、绘制方法和基本应用；掌握单代号网络计划的绘制方法、时间参数计算以及网络计划应用。

学习重点　网络计划的绘制、计算与应用。熟悉网络计划的基本概念，具备熟练计算双代号网络计划时间参数的能力；能够识读并绘制一般单位工程、分部工程的双代号网络计划；能够对网络计划进行检查与调整。

学习难点　双代号网络图中基本符号的含义和绘制原则以及工作关系的表示方法，学会正确运用虚箭线；各个时间参数的计算，绘制正确的关键线路。

5.1　网络计划概述

5.1.1　网络计划技术的起源与发展

网络计划技术是一种科学的计划管理方法，它是随着现代科学技术和工业生产的发展而产生的。20 世纪 50 年代，为了适应科学研究和新的生产组织管理的需要，国外陆续出现了一些计划管理的新方法。1956 年，美国杜邦公司研究创立了网络计划技术的关键线路方法，并试用于一个化学工程，取得了良好的经济效果。1958 年美国海军武器计划处在研制"北极星"导弹计划时，应用了计划评审方法进行项目的计划安排、评价、审查和控制，使北极星导弹工程的工期得到有效缩短。20 世纪 60 年代初期，网络计划技术在美国得到了推广，并被引入日本和欧洲其他国家。随着现代科学技术的迅猛发展，管理水平的不断提高，网络计划技术也在不断发展和完善。目前，它广泛地应用于世界各国的工业、国防、建筑、运输和科研等领域，已成为发达国家盛行的一种现代生产管理的科学方法。

我国对网络计划技术的研究与应用起步较早，20 世纪 60 年代中期，由著名数学家华罗庚教授首先在我国的生产管理中推广和应用这些新的计划管理方法，并根据网络计划统筹兼顾、全面规划的特点，将其概括为统筹法。经过多年的实践和应用，网络计划技术在我国的工程建设领域得到了迅速发展，尤其是在大中型工程项目的建设中，其在资源的合理安排、进度计划的编制、优化和控制等方面应用效果显著。目前，网络计划技术已成为我国工程建设领域必不可少的现代化管理方法。

5.1.2　网络计划的概念及基本原理

1. 网络计划的概念

网络计划是以网络图的形式来表达任务构成、工作顺序并加注工作时间参数的一种进度计划。网络图是指由箭线和节点（圆圈）组成的，用来表示工作流程的有向、有序的网状图形。

2. 网络计划方法的基本原理

网络计划首先是应用网络图形来表达一项计划（或工程）中各项工作的开展顺序及其相互间的关系；然后通过计算找出计划中的关键工作及关键线路；继而通过不断改进网络计划，寻求最优方案，并付诸实施；最后在执行过程中进行有效的控制和监督。

在装饰工程施工中，网络计划方法主要用来编制工程项目施工的进度计划和施工企业的生产计划，并通过对计划的优化、调整和控制，达到缩短工期、提高效率、节约劳力、降低消耗的施工管理目标。

3. 网络计划的优点

1）网络图把施工过程中的各有关工作组成了一个有机的整体，能全面而明确地表达出各项工作开展的先后顺序，反映出各项工作之间相互制约和相互依赖的关系。

2）能进行各种时间参数的计算。

3）在名目繁多、错综复杂的计划中找出决定工程进度的关键工作，便于计划管理者集中力量抓主要矛盾，确保工期，避免盲目施工。

4）能够从许多可行方案中，选出最优方案。

5）在计划的执行过程中，某一工作由于某种原因推迟或者提前完成时，可以预见它对整个计划的影响程度，而且能根据变化的情况，迅速进行调整，保证自始至终对计划进行有效的控制与监督。

6）利用网络计划中反映出的各项工作的时间储备，可以更好地调配人力、物力，以达到降低成本的目的。

7）网络计划技术的出现与发展使现代化的计算工具——计算机在工程施工计划管理中得以有效的应用。

5.1.3　横道计划与网络计划的比较

1. 横道计划

（1）优点

1）绘制容易，编制简便。

2）各施工过程表达直观清楚，排列整齐有序。

3）结合时间坐标，各过程起止时间、持续时间及工期一目了然。

4）可以直接在图中进行劳动力、材料、机具等各项资源需要量统计。

（2）缺点

1）不能直接反映各施工过程之间相互联系、相互制约的逻辑关系。

2）不能明确指出哪些工作是关键工作，哪些工作不是关键工作，即不能表明某个施工过程的推迟或提前完成对整个工程进度计划的影响程度。

3）不能计算每个施工过程的各个时间参数，因此也无法指出在工期不变的情况下某些过程存在的机动时间，进而无法指出计划安排的潜力有多大。

4）不能应用计算机进行计算，更不能对计划进行有目标的调整和优化。

2. 网络计划

（1）优点

1）能明确反映各施工过程之间相互联系、相互制约的逻辑关系。

2）能进行各种时间参数的计算，找出关键施工过程和关键线路，便于在施工中抓住主要矛盾，避免盲目施工。

3）可通过计算各过程存在的机动时间，更好地利用和调配人力、物力等各项资源，达到降低成本的目的。

4）可以利用计算机对复杂的计划进行有目的的控制和优化，实现计划管理的科学化。

（2）缺点

1）绘图麻烦，不易看懂，表达不直观。

2）无法直接在图中进行各项资源需要量的统计。

为了克服网络计划的不足之处，在实际工程中可以利用流水网络计划和时标网络计划。

5.1.4　网络计划的分类

1. 按节点和箭线所代表的含义分类

按节点和箭线所代表的含义不同，网络图可分为单代号网络图和双代号网络图两类。

1）单代号网络图。以节点及其编号表示工作，以箭线表示工作之间的逻辑关系的网络图称为单代号网络图，即每一个节点表示一项工作，节点所表示的工作名称、持续时间和工作代号等标注在节点内，如图 5-1 所示。

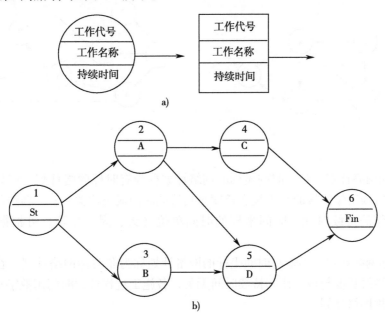

图 5-1 单代号网络图

a）工作的表示方法 b）工程的表示方法

2）双代号网络图。以箭线及其两端节点的编号表示工作的网络图称为双代号网络图，即用两个节点一根箭线代表一项工作，工作名称写在箭线上面，工作持续时间写在箭线下面，在箭线前后的衔接处画上节点、编上号码，并以节点编号 i 和 j 代表一项工作名称，如图 5-2所示。

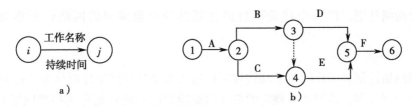

图 5-2 双代号网络图

a）工作的表示方法 b）工程的表示方法

2. 根据计划最终目标分类

根据计划最终目标的多少，网络计划可分为单目标网络计划和多目标网络计划。

1）单目标网络计划。只有一个最终目标的网络计划称为单目标网络计划。单目标网络计划只有一个终节点，如图 5-3 所示。

2）多目标网络计划。由若干独立的最终目标和与其相关的有关工作组成的网络计划称为多目标网络计划。多目标网络计划一般有多个终节点，如图 5-4 所示。

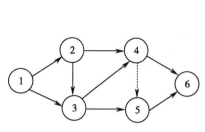

图 5-3　单目标网络计划图

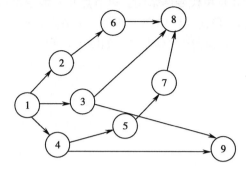

图 5-4　多目标网络计划图

3. 按有无时间坐标分类

1）有时标网络计划。带有时间坐标的网络计划称为有时标网络计划。该计划以横坐标为时间坐标，每项工作箭线的水平投影长度与其持续时间成正比关系，即箭线的水平投影长度就代表该工作的持续时间。时间坐标的时间单位（天、周、月等）可根据实际需要来确定。

2）非时标网络计划。不带有时间坐标的网络计划称为非时标网络计划。在非时标网络计划中，工作箭线长度与该工作的持续时间无关，各施工过程持续时间用数字写在箭线的下方，习惯上简称网络计划。

4. 根据计划的工程对象和使用范围分类

根据计划的工程对象不同和使用范围大小，网络计划可分为局部网络计划、单位工程网络计划和综合网络计划。

1）局部网络计划。以一个分部工程或施工段为对象编制的网络计划称为局部网络计划。

2）单位工程网络计划。以一个单位工程为对象编制的网络计划称为单位工程网络计划。

3）综合网络计划。以一个建筑项目或建筑群为对象编制的网络计划称为综合网络计划。

5. 按工作衔接特点分类

1）普通网络计划。工作间关系均按首尾衔接关系绘制的网络计划称为普通网络计划。

2）搭接网络计划。按照各种规定的搭接时距绘制的网络计划称为搭接网络计划，网络图中既能反映各种搭接关系，又能反映相互衔接关系，如前导网络计划。

3）流水网络计划。充分反映流水施工特点的网络计划称为流水网络计划，包括横道流水网络计划、搭接流水网络计划和双代号流水网络计划。

6. 按网络参数的性质不同分类

1）肯定型网络计划。如果网络计划中各项工作之间的逻辑关系是肯定的，各项工作的持续时间也是确定的，而且整个网络计划有确定的工期，这种类型的网络计划称为肯定型网络计划。其解决问题的方法主要为关键线路法。

2）非肯定型网络计划。如果网络计划中各项工作之间的逻辑关系或工作的持续时间是不确定的，整个网络计划的工期也是不确定的，这种类型的网络计划称为非肯定型网络计划。

5.1.5　网络计划基本原理

1. 逻辑关系

工作之间相互制约或依赖的关系称为逻辑关系。工作中的逻辑关系包括工艺关系和组织关系。

1）工艺关系。生产性工作之间由工艺过程决定的、非生产性工作之间由工作程序决定的先后顺序关系称为工艺关系。如图 5-5 所示，支模Ⅰ→钢筋Ⅰ→浇筑Ⅰ为工艺关系。

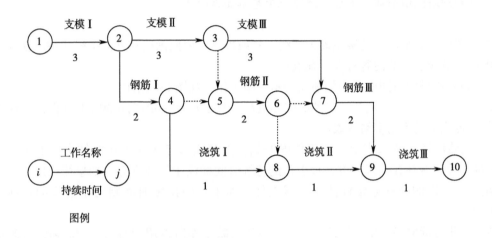

图 5-5　某现浇工程网络图

2）组织关系。工作之间由于组织安排需要或资源（劳动力、原材料、施工机具等）调配需要而规定的先后顺序关系称为组织关系。如图 5-5 中，支模Ⅰ→支模Ⅱ→支模Ⅲ，钢筋Ⅰ→钢筋Ⅱ→钢筋Ⅲ等为组织关系。

2. 紧前工作、紧后工作和平行工作

1）紧前工作。紧排在本工作之前的工作称为本工作的紧前工作。双代号网络图中，本工作和紧前工作之间可能有虚工作。如图 5-5 所示，支模Ⅰ是支模Ⅱ在组织关系上的紧前工作；钢筋Ⅰ和钢筋Ⅱ之间虽然存在虚工作，但钢筋Ⅰ仍然是钢筋Ⅱ在组织关系上的紧前工作；支模Ⅰ则是钢筋Ⅰ在工艺关系上的紧前工作。

2）紧后工作。紧排在本工作之后的工作称为本工作的紧后工作。双代号网络图中，本工作和紧后工作之间可能有虚工作。如图 5-5 所示，钢筋Ⅱ是钢筋Ⅰ在组织关系上的紧后工作；浇筑Ⅰ是钢筋Ⅰ在工艺关系上的紧后工作。

3）平行工作。可与本工作同时进行的工作称为本工作的平行工作。如图 5-5 所示，钢筋Ⅰ和支模Ⅱ互为平行工作。

3. 先行工作和后续工作

1）先行工作。相对于某工作而言，从网络图的第一个节点（起点节点）开始，顺箭头方向经过一系列箭线与节点到达该工作为止的各条通路上的所有工作，都称为该工作的先行工作。如图 5-5 所示，支模Ⅰ、钢筋Ⅰ、浇筑Ⅰ、支模Ⅱ、钢筋Ⅱ均为浇筑Ⅱ的先行工作。

2）后续工作。相对于某工作而言，从该工作之后开始，顺箭头方向经过一系列箭线与节点到网络图最后一个节点（终点节点）的各条通路上的所有工作，都称为该工作的后续工作。如图5-5所示，钢筋Ⅰ的后续工作有浇筑Ⅰ、浇筑Ⅱ、浇筑Ⅲ、钢筋Ⅱ、钢筋Ⅲ。

5.2 双代号网络图

5.2.1 双代号网络图的组成

双代号网络图由箭线、节点、线路三个基本要素组成。

1. 箭线

网络图中一端带箭头的实线即为箭线，一般可分为内向箭线和外向箭线两种。在双代号网络图中，箭线表达的内容有以下几点：

1）在双代号网络图中，一根箭线表示一项工作，如图5-6所示。

2）每一项工作都要消耗一定的时间和资源。只要消耗一定时间的施工过程都可作为一项工作。各施工过程用实箭线表示。

3）箭线的箭尾节点表示一项工作的开始，而箭头节点表示工作的结束。工作的名称（或字母代号）标注在箭线上方，该工作的持续时间标注于箭线下方。如果箭线以垂直线的形式出现，工作的名称通常标注于箭线左侧，而工作的持续时间则写于箭线的右侧，如图5-6所示。

4）在非时标网络图中，箭线的长度不直接反映工作所占用的时间长短。箭线宜画成水平直线，也可画成折线或斜线。水平直线投影的方向应自左向右，表示工作的进行方向。

5）在双代号网络图中，为了正确表达施工过程的逻辑关系，有时必须使用一种虚箭线。这种虚箭线没有工作名称，不占用时间，不消耗资源，只解决工作之间的连接问题，称之为虚工作。虚工作在双代号网络计划中起施工过程之间的逻辑连接或逻辑间断的作用。

2. 节点

1）双代号网络图中，节点表示前面工作结束或后面工作开始的瞬间，既不消耗时间也不消耗资源。

2）节点分起点节点、终点节点、中间节点。网络图的第一个节点为起点节点，表示一项计划的开始；网络图的最后一个节点称为终点节点，表示一项计划的结束；其余节点都称为中间节点，任何一个中间节点既是其紧前各施工过程的结束节点，又是其紧后各施工过程的开始节点，如图5-7所示。

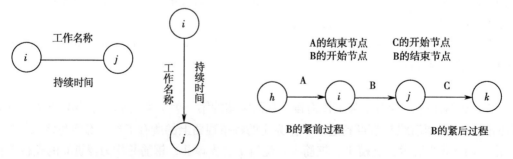

图5-6 双代号网络图工作表示法　　　　图5-7 开始节点与结束节点

3. 线路

网络图中从起点节点开始，沿箭头方向顺序通过一系列箭线与节点，最后到达终点节点的通路称为线路。通常情况下，一个网络图可以有多条线路，线路上各施工过程的持续时间之和为线路时间，它表示完成该线路上所有工作所需要的时间。一般情况下，各条线路时间往往各不相同，其中所花时间最长的线路称为关键线路；除关键线路之外的其他线路称为非关键线路，非关键线路中所花时间仅次于关键线路的线路称为次关键线路。

如图 5-8 所示，该网络图中共有 8 条线路，各条线路持续时间如下。

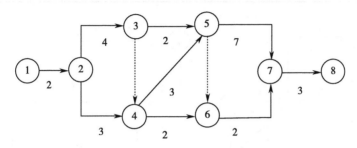

图 5-8　双代号网络图

第一条线路：①→②→③→⑤→⑦→⑧ = 2 + 4 + 2 + 7 + 3 = 18；
第二条线路：①→②→③→⑤→⑥→⑦→⑧ = 2 + 4 + 2 + 2 + 3 = 13；
第三条线路：①→②→③→④→⑤→⑦→⑧ = 2 + 4 + 3 + 7 + 3 = 19；
第四条线路：①→②→③→④→⑥→⑦→⑧ = 2 + 4 + 2 + 2 + 3 = 13；
第五条线路：①→②→③→④→⑤→⑥→⑦→⑧ = 2 + 4 + 3 + 2 + 3 = 14；
第六条线路：①→②→④→⑥→⑦→⑧ = 2 + 3 + 2 + 2 + 3 = 12；
第七条线路：①→②→④→⑤→⑦→⑧ = 2 + 3 + 3 + 7 + 3 = 18；
第八条线路：①→②→④→⑤→⑥→⑦→⑧ = 2 + 3 + 3 + 2 + 3 = 13。

由上述分析计算可知，第三条线路所花时间最长，即为关键线路，它决定该网络计划的计算工期。其他线路都称为非关键线路。关键线路在网络图上一般用粗箭线或双箭线来表示。一个网络图至少存在一条关键线路，也可能存在多条关键线路。在一个网络计划中，关键线路不宜过多，否则按计划工期完成任务的难度就较大。

关键线路不是一成不变的，在一定的条件下，关键线路和非关键线路可以互相转化。例如，当关键线路上的工作时间缩短或非关键线路上的工作时间延长时，就可能使关键线路发生转移。

5.2.2　双代号网络图的绘制

1. 双代号网络图的绘制规则

正确绘制工程的网络图是网络计划方法应用的关键。在绘制双代号网络图时，一般应遵循以下基本原则。

1）双代号网络图必须正确表达已定的逻辑关系。由于网络图是有向、有序网络图形，所以必须严格按照工作之间的逻辑关系绘制，这也是为保证工程质量和资源优化配置及合理使用所必需的。例如，已知工作之间的逻辑关系如表 5-1 所示，若绘出网络图如图 5-9a 所示则是错误的，因为工作 A 不是工作 D 的紧前工作。此时，可用虚箭线将工作 A 和工作 D 的联系断开，如图 5-9b 所示。

表 5-1　逻辑关系表

工　作	紧前工作	工　作	紧前工作
A	—	C	A，B
B	—	D	B

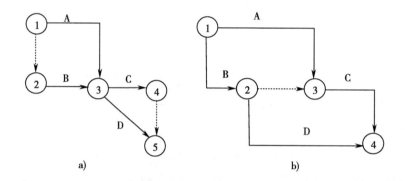

图 5-9　网络图
a）错误画法　b）正确画法

2）在双代号网络图中严禁出现循环回路。在网络图中，从一个节点出发沿着某一条线路移动，又回到原出发节点，即在网络图中出现了闭合的循环路线，称为循环回路。如图 5-10a 中的②→③→⑤→②就是循环回路。正确的表达如图 5-10b 所示。循环回路表示的网络图在逻辑关系上是错误的。

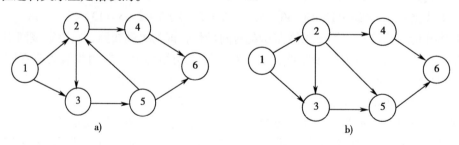

图 5-10　双代号网络图
a）错误画法　b）正确画法

3）双代号网络图中，在节点之间严禁出现双向箭头和无箭头的连接。图 5-11 所示即为错误的工作箭线画法，其工作进行的方向不明确，因而不能满足网络图有向的要求。

4）双代号网络图中严禁出现没有箭头节点的箭线或没有箭尾节点的箭线。图 5-12 所示即为错误的画法。

5）一个网络图中，不允许出现同样编号的节点或箭线。图 5-13a 中两个工作 A、B 均用①→②代号表示是错误的，正确的表达如图 5-13b 所示。此外，箭尾的编号要小于箭头的编号，编号不可重复，可连续编号或跳号。

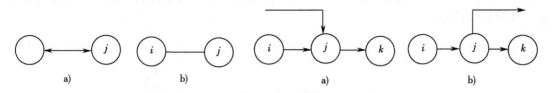

图 5-11　错误的工作箭线画法

a）双向箭头　b）无箭头

图 5-12　错误的画法

a）没有箭尾节点的箭线　b）没有箭头节点的箭线

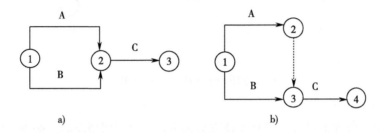

图 5-13　节点编号方法

a）错误　b）正确

6）当网络图的起点节点有多条外向箭线或终点节点有多条内向箭线时，为使图形简洁可应用母线法绘制（图 5-14）。

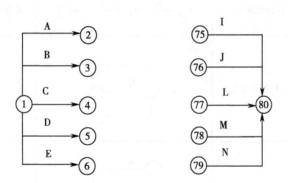

图 5-14　母线法

7）同一个网络图中，同一项工作不能出现两次。如图 5-15a 中工作 C 出现了两次是不允许的，应引进虚工作表达，如图 5-15b 所示。

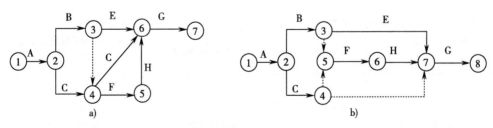

图 5-15　网络图中同一项工作不能出现两次

a）错误做法　b）引入虚工作

8）网络图中尽量避免交叉箭线，当无法避免时，应采用过桥法、断线法或指向法表示，如图5-16所示。

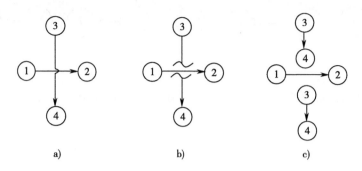

a)   b)   c)

图5-16   箭线交叉的表示方法

a）过桥法   b）断线法   c）指向法

2. 双代号网络图的逻辑关系表示方法

在网络图中，各施工过程之间有多种逻辑关系，在绘制网络图时，必须正确地反映各施工过程之间的逻辑关系，表5-2列举了几种常见的逻辑关系表示方法。

表5-2   网络图中各工作逻辑关系表示方法

序号	工作间的逻辑关系	网络图上的表示方法	说　　明
1	A、B两项工作，依次进行施工		B依赖A，A约束B
2	A、B、C三项工作，同时开始施工		A、B、C三项工作为平行施工方式
3	A、B、C三项工作，同时结束施工		A、B、C三项工作为平行施工方式
4	A、B、C三项工作，只有A完成之后，B、C才能开始		A工作制约B、C工作的开始；B、C工作为平行施工方式
5	A、B、C三项工作，C工作只能在A、B完成之后才能开始		C工作依赖于A、B工作；A、B工作为平行施工方式

（续）

序号	工作间的逻辑关系	网络图上的表示方法	说　明
6	A、B、C、D 四项工作，A、B 完成之后，C、D 才能开始	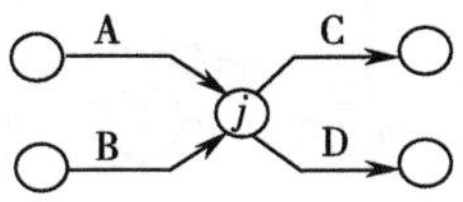	通过中间事件 j 正确地表达了 A、B、C、D 之间的关系
7	有 A、B、C、D 四项工作，A 完成后 C 才能开始，A、B 完成后 D 才能开始	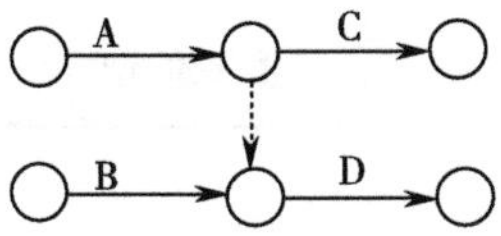	D 与 A 之间引入了逻辑连接（虚工作），只有这样才能正确表达它们之间的约束关系
8	有 A、B、C、D、E 五项工作，A、B 工作完成后 D 工作开始，B、C 工作完成后 E 工作开始	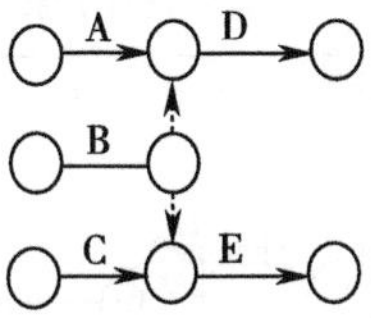	引入两道虚箭线，使 B 工作成为 D、E 共同的紧前工作
9	有 A、B、C、D、E 五项工作，A、B、C 完成后 E 才能开始，A 完成后 D 才能开始	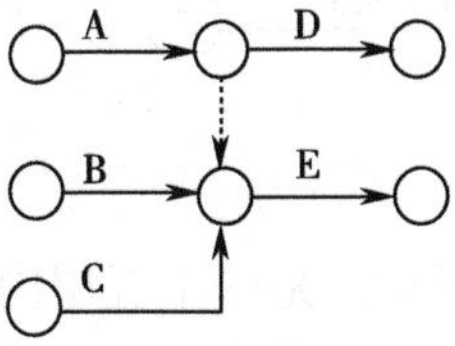	虚工作表示 E 工作受到 A 工作制约
10	A、B 两项工作，按三个施工段进行平行流水施工	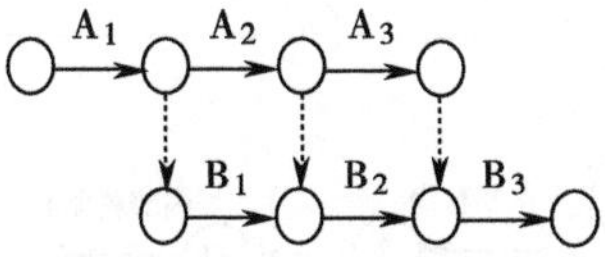	按工种建立两个专业工作队，在每个施工段上进行流水作业，不同工种之间用逻辑搭接关系表示

3. 网络图的排列方式

在绘制网络图的实际应用中，要求网络图按一定的次序组成排列，使其条理清晰、形象直观。排列方式主要有以下几种：

1）按施工过程排列。根据施工顺序把各施工过程按垂直方向排列，施工段按水平方向排列，其特点是相同工种在同一水平线上，突出不同工种的工作情况。例如，某水磨石地面工程分为水泥砂浆找平层、镶玻璃分格条、铺抹水泥石子浆面层、磨平磨光浆面四个施工过程，若按三个施工段组织流水施工，其网络图的排列形式如图 5-17 所示。

2）按施工段排列。同一施工段上的有关施工过程按水平方向排列，施工段按垂直方向排列，其特点是同一施工段的工作在同一水平线上，反映出分段施工的特征，突出工作面的利用情况。其网络图形式如图 5-18 所示。

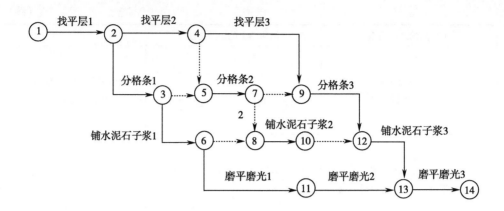

图 5-17　按施工过程排列

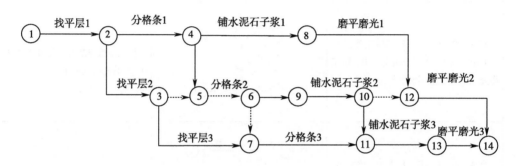

图 5-18　按施工段排列

3）按楼层排列。如图 5-19 所示，是一个五层内装饰工程的施工组织网络图，整个施工分四个施工过程，而这四个施工过程是按自上而下顺序组织施工的。

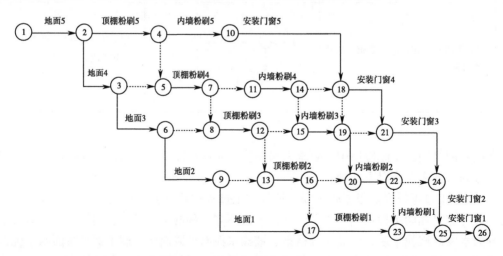

图 5-19　按楼层排列

4）按工程幢号排列。如图 5-20 所示的施工网络计划，它的主要特点是沿水平方向是同一幢号的各个施工过程，一般用于群体工程的施工网络图的绘制。

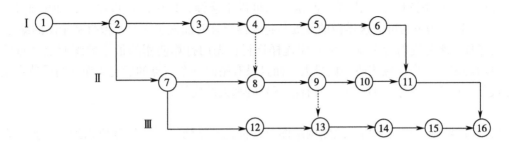

图 5-20　按工程幢号排列

4. 双代号网络图的绘制方式

当已知每一项工作的紧前工作时，可按下述步骤绘制双代号网络图。

1）绘制没有紧前工作的工作箭线，使它们具有相同的开始节点，以保证网络图只有一个起点节点。

2）依次绘制其他工作箭线。这些工作箭线的绘制条件是其所有紧前工作箭线都已经绘制出来。在绘制这些工作箭线时，应按下列原则进行。

① 当所要绘制的工作只有一项紧前工作时，则将该工作箭线直接画在其紧前工作箭线之后即可。

② 当所要绘制的工作有多项紧前工作时，应按以下四种情况分别予以考虑：

a. 对于所要绘制的工作（本工作）而言，如果在其紧前工作中存在一项只作为本工作紧前工作的工作（即在紧前工作栏目中，该紧前工作只出现一次），则应将本工作箭线直接画在该紧前工作箭线之后，然后用虚箭线将其他紧前工作箭线的箭头节点与本工作箭线的箭尾节点分别相连，以表达它们之间的逻辑关系。

b. 对于所要绘制的工作（本工作）而言，如果在其紧前工作中存在多项只作为本工作紧前工作的工作，应先将这些紧前工作箭线的箭头节点合并，再从合并后的节点开始，画出本工作箭线，最后用虚箭线将其他紧前工作箭线的箭头节点与本工作箭线的箭尾节点分别相连，以表达它们之间的逻辑关系。

c. 对于所要绘制的工作（本工作）而言，如果不存在情况 a 和情况 b 时，应判断本工作的所有紧前工作是否都同时作为其他工作的紧前工作（即在紧前工作栏目中，这几项紧前工作是否均同时出现若干次）。如果上述条件成立，应先将这些紧前工作箭线的箭头节点合并，再从合并后的节点开始画出本工作箭线。

d. 对于所要绘制的工作（本工作）而言，如果既不存在情况 a 和情况 b，也不存在情况 c 时，则应将本工作箭线单独画在其紧前工作箭线之后的中部，然后用虚箭线将其各紧前工作箭线的箭头节点与本工作箭线的箭尾节点分别相连，以表达它们之间的逻辑关系。

3）当各项工作箭线都绘制出来之后，应合并那些没有紧后工作的工作箭线的箭头节点，以保证网络图只有一个终点节点（多目标网络计划除外）。

4）按照各道工作的逻辑顺序将网络图绘好以后，要给节点进行编号。编号的目的是赋予每道工作一个代号，便于进行网络图时间参数的计算。当采用计算机进行计算时，工作代号就显得尤为必要。

编号的基本要求是：箭尾节点的号码应小于箭头节点的号码（即 $i<j$），同时任何号码

不得在同一个网络图中重复出现。但是号码可以不连续，即中间可以跳号，如编成1、3、5…或10、15、20…均可。这样做的好处是将来需要临时加入工作时不致打乱全图的编号。

为了保证编号能符合要求，编号应这样进行：先用打算使用的最小数编起点节点的代号，以后的编号每次都应比前一代号大，而且只有指向一个节点的所有工作的箭尾节点全部编好代号，这个节点才能编一个比所有已编号码都大的代号。

5. 绘制网络图应注意的问题

1）层次清晰，重点突出。绘制网络图时，首先遵循网络图的绘制原则绘出一张符合工艺和组织逻辑关系的网络草图，然后检查，整理出一幅条理清楚、层次分明、重点突出的网络计划图。

2）构图形式应简洁、易懂。绘制网络图时，箭线应以水平线为主、竖线为辅，如图5-21a所示，应尽量避免用曲线，图5-21b中②→⑤应避免使用。

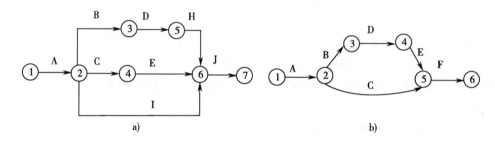

图5-21　构图形式

a）较好　b）较差

3）正确应用虚箭线。绘制网络图时，正确应用虚箭线可以使网络图中逻辑关系更加明确、清楚。

① 用虚箭线切断逻辑关系。如图5-22a所示的A、B工作的紧后工作是C、D工作，如果要切断A工作与D工作的关系，就需增加虚箭线、增加节点，如图5-22b所示。

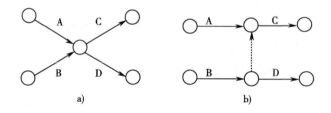

图5-22　用虚箭线切断逻辑关系

a）切断前逻辑关系　b）切断后逻辑关系

② 用虚箭线连接逻辑关系。如图5-23a中B工作的紧前工作是A工作，D工作的紧前工作是C工作。若D工作的紧前工作不仅有C工作而且还有A工作，那么连接A与D的关系就要使用虚箭线，如图5-23b所示。

网络图中应避免使用不必要的虚箭线，如图5-23a中⑤→⑥、④→⑥是多余虚箭线，正确的画法应如图5-23b所示。

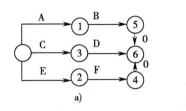 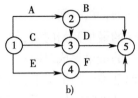

图 5-23　虚箭线的应用

6. 双代号网络图画法实例

【例 5-1】 根据表 5-3 中各施工过程的逻辑关系，绘制双代号网络图。

表 5-3　某工程各施工过程的逻辑关系

施工过程名称	A	B	C	D	E	F	G	H
紧前工作	—	—	—	A	A、B	A、B、C	D、E	E、F
紧后工作	D、E、F	E、F	F	G	G、H	H	I	I

【解】 绘制该网络图，可按下面要点进行：

1）由于 A、B、C 均无紧前工作，A、B、C 为平行施工的三个过程。

2）D 只受 A 控制，E 同时受 A、B 控制，F 同时受 A、B、C 控制，故 D 可直接排在 A后，E 排在 B 后，但用虚箭线同 A 相连，F 排在 C 后，用虚箭线与 A、B 相连。

3）G 在 D 后，但又受控于 E，故 E 与 G应用虚箭线相连，H 在 F 后，但也受控于 E，故 E 与 H 应用虚箭线相连。

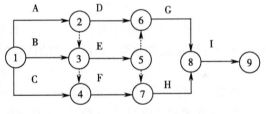

图 5-24　网络图的绘制

4）G、H 交汇于 I。

综上所述，绘出的网络图如图 5-24 所示。

5.2.3　双代号网络图时间参数的计算

分析和计算网络计划的时间参数，是网络计划方法的一项重要技术内容。通过计算网络计划的时间参数，可以确定完成整个计划所需要的时间——计划工期，明确计划中各项工作对整个计划工期的不同影响，从工期的角度区分出关键工作与非关键工作，计算出非关键工作的作业时间有多少机动性（作业时间的可伸缩度）。所以计算网络计划的时间参数，是确定计划工期的依据，是确定网络计划机动时间和关键线路的基础，是计划调整与优化的依据。

双代号网络图时间参数计算的内容主要包括：各项工作的最早开始时间、最迟开始时间、最早完成时间、最迟完成时间、节点的最早时间、节点的最迟时间、工作的总时差及自由时差。网络图时间参数的计算有许多方法，一般常用的有分析计算法、图上计算法、表上计算法、矩阵计算法和电算法等。

1. 时间参数计算常用符号

D_{i-j}——工作 $i-j$ 的持续时间;

ES_{i-j}——工作 $i-j$ 的最早开始时间;

EF_{i-j}——工作 $i-j$ 的最早完成时间;

LS_{i-j}——在总工期已确定的情况下,工作 $i-j$ 的最迟开始时间;

LF_{i-j}——在总工期已确定的情况下,工作 $i-j$ 的最迟完成时间;

ET_i——节点 i 的最早时间;

LT_i——节点 i 的最迟时间;

TF_{i-j}——工作 $i-j$ 的总时差;

FF_{i-j}——工作 $i-j$ 的自由时差。

2. 时间参数的内容及其意义

1)工作的最早开始时间(ES_{i-j})。工作的最早开始时间表示该工作所有紧前工序都完工后,该工作最早可以开工的时刻。根据每一项工作紧前工序情况不同,其计算公式也不相同。

为了计算方便,假设从起点开始的各工作的最早开始时间是零,即有以下公式:

$$ES_{i-j} = \begin{cases} 0 & (\text{工作 } i-j \text{ 无紧前工作,即该工作为开始工作}) \\ ES_{h-i} + D_{h-i} & (\text{工作 } i-j \text{ 有一个紧前工作}) \\ \max\{ES_{h-i} + D_{h-i}\} & (\text{工作 } i-j \text{ 有多个紧前工作}) \end{cases}$$

2)工作的最早完成时间(EF_{i-j})。工作的最早完成时间表示该工作从最早开始时间算起的最早可以完成的时刻。因此,它的计算公式可以表示为:

$$EF_{i-j} = ES_{i-j} + D_{i-j}$$

可见,工作最早完成时间不是独立存在的,它是依附于最早开始时间而存在的。

3)工作最迟完成时间(LF_{i-j})。工作最迟完成时间是指在不影响计划工期的前提下,该工作最迟必须完成的时刻。

工作最迟完成时间的计算受到网络计划工期的限制。一般情况下,网络计划的工期可以分为计算工期 T_c、要求工期 T_r 和计划工期 T_p 三种。

计算工期 T_c 是由各时间参数计算确定的工期,一个网络计划关键线路所花的时间等于网络计划最后工作(无紧后工作的工作)的最早完成时间。

要求工期 T_r 是合同条款、甲方或主管部门对该工程规定的工期。

计划工期 T_p 是根据计算工期和要求工期确定的工期。当规定了要求工期时,$T_p \leq T_r$;当未规定要求工期时,$T_p \leq T_c$。

为了计算方便,通常认为计划工期就等于计算工期,即网络计划的最后工作(无紧后工作的工作)的最迟完成时间就是计划工期。在这一假设条件下,最迟完成时间的计算公式可表示为:

$$LF_{i-j} = \begin{cases} T_p & (i-j \text{ 无紧后工作,即该工作为结束工作}) \\ LF_{j-k} - D_{j-k} & (i-j \text{ 工作只有一个紧后工作}) \\ \min\{LF_{j-k} - D_{j-k}\} & (i-j \text{ 工作有多个紧后工作}) \end{cases}$$

4)工作最迟开始时间 LS_{i-j}。工作最迟开始时间表示在不影响该工作最迟完成的情况下，该工作最迟必须开始的时刻。因此，已知工作最迟完成时间，减去该工作的持续时间即可算出它的最迟开始时间。计算公式为：

$$LS_{i-j} = LF_{i-j} - D_{i-j}$$

5）工作的总时差（TF_{i-j}）。工作的总时差是指在不影响计划工期，即不影响紧后工作的最迟开始或完成时间的前提条件下，该工作存在的机动时间（富余时间）。因此，每项工作的总时差都等于该工作的最迟完成时间减去最早完成时间，或最迟开始时间减去最早开始时间（图 5-25）。其计算公式如下：

$$TF_{i-j} = LF_{i-j} - EF_{i-j}$$

或
$$TF_{i-j} = LS_{i-j} - ES_{i-j}$$

6）自由时差（FF_{i-j}）。自由时差是指在不影响紧后工作的最早开始时间的情况下，该工作存在的机动时间（富余时间）。因此，一项工作的自由时差等于该工作的紧后工作的最早开始时间减去该工作最早完成时间（图 5-26）。其计算公式如下：

$$FF_{i-j} = ES_{j-k} - EF_{i-j}$$

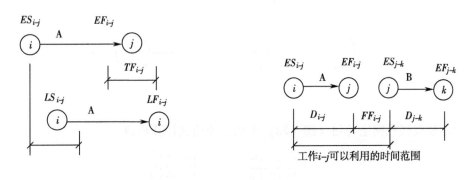

图 5-25　总时差计算简图　　　　　　　图 5-26　自由时差计算简图

工作的自由时差是在其最早完成时间到其紧后工作最早开始时间范围内的机动时间，所以自由时差是总时差的一部分。因此，总时差为零的工作，其自由时差必然为零，可不必计算。

7）节点最早时间（ET_i）。节点最早时间表示该节点前面工作都完工后，其紧后工作最早可以开始施工的时刻，其计算有三种情况。

第一种，起点节点 i 如未规定最早时间，其值应等于零，即：

$$ET_i = 0 \qquad (i = 1)$$

第二种，当节点 j 只有一条内向箭线时，最早时间应为：

$$ET_j = ET_i + D_{i-j}$$

第三种，当节点 j 有多条内向箭线时，其最早时间应为：

$$ET_j = \max\{ET_i + D_{i-j}\}$$

终点节点 n 的最早时间即为网络计划的计算工期，即：$ET_n = T_c$。

8）节点最迟时间（LT_i）。节点最迟时间表示在不影响计划工期的情况下，该节点前面工作最迟必须结束的时间，其计算有三种情况。

第一种，终点节点的最迟时间应等于网络计划的计划工期，即：

$$LT_n = T_p$$

若分期完成的节点，则最迟时间等于该节点规定的分期完成的时间。

第二种，当节点 i 只有一个外向箭线时，最迟时间为：

$$LT_i = LT_j - D_{i-j}$$

第三种，当节点 i 有多条外向箭线时，其最迟时间为：

$$LT_i = \min\{LT_j - D_{i-j}\}$$

3. 时间参数的计算方法

1）分析计算法（也叫公式法）。按分析计算法计算时间参数应在确定了各项工作的持续时间之后进行。虚工作也必须视同工作进行计算，其持续时间为零。时间参数的计算结果应标注在箭线之上，如图 5-27 所示。

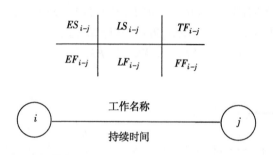

图 5-27 分析计算法计算时间参数

下面以某双代号网络计划（图 5-28）为例，说明其计算步骤。

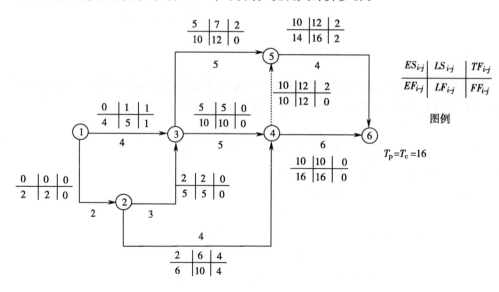

图 5-28 某双代号网络图的计算

① 计算各工作的最早开始时间和最早完成时间。

如图 5-28 所示的网络计划中，各工作的最早开始时间和最早完成时间计算如下。

工作的最早开始时间：

$$ES_{1-2} = ES_{1-3} = 0$$

$$ES_{2-3} = ES_{1-2} + D_{1-2} = 0 + 2 = 2$$

$$ES_{2-4} = ES_{1-2} + D_{1-2} = ES_{2-3} = 2$$

$$ES_{3-4} = \max\left\{\begin{array}{l} ES_{1-3} + D_{1-3} \\ ES_{2-3} + D_{2-3} \end{array}\right\} = \max\left\{\begin{array}{l} 0 + 4 = 4 \\ 2 + 3 = 5 \end{array}\right\} = 5$$

$$ES_{3-5} = ES_{3-4} = 5$$

$$ES_{4-5} = \max\left\{\begin{array}{l} ES_{2-4} + D_{2-4} \\ ES_{3-4} + D_{3-4} \end{array}\right\} = \max\left\{\begin{array}{l} 2 + 4 = 6 \\ 5 + 5 = 10 \end{array}\right\} = 10$$

$$ES_{4-6} = \max\left\{\begin{array}{l} ES_{3-4} + D_{3-4} \\ ES_{2-4} + D_{2-4} \end{array}\right\} = \max\left\{\begin{array}{l} 5 + 5 = 10 \\ 2 + 4 = 6 \end{array}\right\} = 10$$

$$ES_{5-6} = \max\left\{\begin{array}{l} ES_{3-5} + D_{3-5} \\ ES_{4-5} + D_{4-5} \end{array}\right\} = \max\left\{\begin{array}{l} 5 + 5 = 10 \\ 10 + 0 = 10 \end{array}\right\} = 10$$

工作的最早完成时间：

$$EF_{1-2} = ES_{1-2} + D_{1-2} = 0 + 2 = 2$$

$$EF_{1-3} = ES_{1-3} + D_{1-3} = 0 + 4 = 4$$

$$EF_{2-3} = ES_{2-3} + D_{2-3} = 2 + 3 = 5$$

$$EF_{2-4} = ES_{2-4} + D_{2-4} = 2 + 4 = 6$$

$$EF_{3-4} = ES_{3-4} + D_{3-4} = 5 + 5 = 10$$

$$EF_{3-5} = ES_{3-5} + D_{3-5} = 5 + 5 = 10$$

$$EF_{4-5} = ES_{4-5} + D_{4-5} = 10 + 0 = 10$$

$$EF_{4-6} = ES_{4-6} + D_{4-6} = 10 + 6 = 16$$

$$EF_{5-6} = ES_{5-6} + D_{5-6} = 10 + 4 = 14$$

从上述计算可以看出，计算工作的最早时间时应特别注意以下三点：一是计算程序，即从起点节点开始顺着箭线方向，按节点次序逐项工作计算；二是要弄清该工作的紧前工作是哪几项，以便准确计算；三是同一节点的所有外向工作最早开始时间相同。

② 确定网络计划工期。如图 5-28 所示，网络计划未规定要求工期，故其计划工期等于计算工期。该网络计划的计算工期为：

$$T_c = \max\left\{\begin{array}{l} EF_{4-6} \\ EF_{5-6} \end{array}\right\} = \max\left\{\begin{array}{l} 16 \\ 14 \end{array}\right\} = 16$$

③ 计算各工作的最迟完成时间和最迟开始时间。

工作的最迟完成时间：

$$LF_{4-6} = T_c = 16$$

$$LF_{5-6} = LF_{4-6} = 16$$

$$LF_{3-5} = LF_{5-6} - D_{5-6} = 16 - 4 = 12$$

$$LF_{4-5} = LF_{3-5} = 12$$

$$LF_{3-4} = \min\left\{\begin{array}{l} LF_{4-6} - D_{4-6} \\ LF_{4-5} - D_{4-5} \end{array}\right\} = \min\left\{\begin{array}{l} 16 - 6 \\ 12 - 0 \end{array}\right\} = 10$$

$$LF_{2-4} = LF_{3-4} = 10$$

$$LF_{2-3} = \min \begin{Bmatrix} LF_{3-5} - D_{3-5} \\ LF_{3-4} - D_{3-4} \end{Bmatrix} = \min \begin{Bmatrix} 12 - 5 \\ 10 - 5 \end{Bmatrix} = 5$$

$$LF_{1-3} = LF_{2-3} = 5$$

$$LF_{1-2} = \min \begin{Bmatrix} LF_{2-3} - D_{2-3} \\ LF_{2-4} - D_{2-4} \end{Bmatrix} = \min \begin{Bmatrix} 5 - 3 \\ 10 - 4 \end{Bmatrix} = 2$$

工作的最迟开始时间：

$$LS_{4-6} = LF_{4-6} - D_{4-6} = 16 - 6 = 10$$

$$LS_{5-6} = LF_{5-6} - D_{5-6} = 16 - 4 = 12$$

$$LS_{3-5} = LF_{3-5} - D_{3-5} = 12 - 5 = 7$$

$$LS_{4-5} = LF_{4-5} - D_{4-5} = 12 - 0 = 12$$

$$LS_{3-4} = LF_{3-4} - D_{3-4} = 10 - 5 = 5$$

$$LS_{2-4} = LF_{2-4} - D_{2-4} = 10 - 4 = 6$$

$$LS_{1-3} = LF_{1-3} - D_{1-3} = 5 - 4 = 1$$

$$LS_{2-3} = LF_{2-3} - D_{2-3} = 5 - 3 = 2$$

$$LS_{1-2} = LF_{1-2} - D_{1-2} = 2 - 2 = 0$$

从上述计算可以看出，计算工作的最迟时间时应特别注意以下三点：一是计算程序，即从终点节点开始逆着箭线方向，按节点次序逐项工作计算；二是要弄清该工作紧后工作有哪几项，以便正确计算；三是同一节点的所有内向工作最迟完成时间相同。

④ 计算各工作的总时差。

$$TF_{1-2} = LS_{1-2} - ES_{1-2} = 0 - 0 = 0$$

$$TF_{1-3} = LS_{1-3} - ES_{1-3} = 1 - 0 = 1$$

$$TF_{2-3} = LS_{2-3} - ES_{2-3} = 2 - 2 = 0$$

$$TF_{2-4} = LS_{2-4} - ES_{2-4} = 6 - 2 = 4$$

$$TF_{3-5} = LS_{3-5} - ES_{3-5} = 7 - 5 = 2$$

$$TF_{3-4} = LS_{3-4} - ES_{3-4} = 5 - 5 = 0$$

$$TF_{4-5} = LS_{4-5} - ES_{4-5} = 12 - 10 = 2$$

$$TF_{5-6} = LS_{5-6} - ES_{5-6} = 12 - 10 = 2$$

$$TF_{4-6} = LS_{4-6} - ES_{4-6} = 10 - 10 = 0$$

从以上计算可以看出总时差的特性：

a. 凡是总时差为最小的工作就是关键工作，由关键工作连接构成的线路为关键线路，关键线路上各工作时间之和即为总工期。如图5-28所示，工作1-2、2-3、3-4、4-6为关键工作，线路1-2-3-4-6为关键线路。

关键线路具有以下特点：

● 当合同工期等于计划工期时，关键线路上的工作总时差等于零。

● 关键线路是从网络计划起始节点到结束节点之间持续时间最长的线路。

● 关键线路在网络计划中不一定只有一条，有时存在两条或两条以上。

● 当非关键线路上的工作时间延长且超过它的总时差时，非关键线路就变成了关键线路。

在工程进度管理中，应把关键工作作为重点来抓，保证各项工作如期完成，同时注意挖掘非关键工作的潜力，合理安排资源，节省工程费用。

b. 当网络计划的计划工期等于计算工期时，凡总时差大于零的工作为非关键工作，凡是具有非关键工作的线路即为非关键线路。非关键线路与关键线路相交时的相关节点把非关键线路划分成若干个非关键线路段，各段有各段的总时差，相互没有关系。

c. 总时差的使用具有双重性，它既可以被该工作使用，又属于非关键线路所共有。当某项工作使用了全部或部分总时差时，则将引起通过该工作的线路上所有工作总时差重新分配。例如图 5-28 中，非关键线路段 $1-3-5$ 中，$TF_{1-3}=1$，$TF_{3-5}=2$，如果工作 $3-5$ 使用了 2 天机动时间，则工作 $1-3$ 就没有总时差可利用；反之若工作 $1-3$ 使用了 1 天机动时间，则工作 $3-5$ 就只有 1 天时差可以利用了。

⑤ 计算各工作的自由时差。

$$FF_{1-2} = ES_{2-3} - ES_{1-2} - D_{1-2} = 2 - 0 - 2 = 0$$
$$FF_{1-3} = ES_{3-5} - ES_{1-3} - D_{1-3} = 5 - 0 - 4 = 1$$
$$FF_{2-3} = ES_{3-4} - ES_{2-3} - D_{2-3} = 5 - 2 - 3 = 0$$
$$FF_{2-4} = ES_{4-5} - ES_{2-4} - D_{2-4} = 10 - 2 - 4 = 4$$
$$FF_{3-5} = ES_{5-6} - ES_{3-5} - D_{3-5} = 10 - 5 - 5 = 0$$
$$FF_{4-5} = ES_{5-6} - ES_{4-5} - D_{4-5} = 10 - 10 - 0 = 0$$
$$FF_{3-4} = ES_{4-6} - ES_{3-4} - D_{3-4} = 10 - 5 - 5 = 0$$
$$FF_{4-6} = T_p - ES_{4-6} - D_{4-6} = 16 - 10 - 6 = 0$$
$$FF_{5-6} = T_p - ES_{5-6} - D_{5-6} = 16 - 10 - 4 = 2$$

通过计算不难看出自由时差有如下特性：

a. 自由时差为某非关键工作独立使用的机动时间，利用自由时差，不会影响其紧后工作的最早开始时间。例如图 5-28 中，工作 $1-3$ 有 1 天自由时差，如果使用了 1 天机动时间，也不影响紧后工作 $3-5$ 和工作 $3-4$ 的最早开始时间。

b. 非关键工作的自由时差必小于或等于其总时差。

2）节点计算法。节点时间参数只有两个，即节点最早时间 ET_i 和节点最迟时间 LT_i。按节点计算法计算时间参数，其计算结果应标注在节点之上，如图 5-29 所示。

图 5-29　节点参数

用节点法计算时间参数时，首先计算网络计划各个节点的两个时间参数，然后以这两个时间参数为基础，计算各工作的总时差和自由时差，从而找出关键工作、关键线路以及非关键工作的机动时间。下面以图 5-30 为例，说明其具体计算步骤。

① 计算各节点最早时间。

$$ET_1 = 0$$

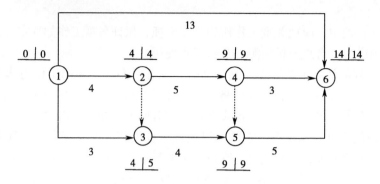

图 5-30　网络计划节点时间参数计算

$$ET_2 = ET_1 + D_{1\text{-}2} = 0 + 4 = 4$$

$$ET_3 = \max\begin{Bmatrix} ET_2 + D_{2\text{-}3} \\ ET_1 + D_{1\text{-}3} \end{Bmatrix} = \max\begin{Bmatrix} 4 + 0 \\ 0 + 3 \end{Bmatrix} = 4$$

$$ET_4 = ET_2 + D_{2\text{-}4} = 4 + 5 = 9$$

$$ET_5 = \max\begin{Bmatrix} ET_4 + D_{4\text{-}5} \\ ET_3 + D_{3\text{-}5} \end{Bmatrix} = \max\begin{Bmatrix} 9 + 0 \\ 4 + 4 \end{Bmatrix} = 9$$

$$ET_6 = \max\begin{Bmatrix} ET_1 + D_{1\text{-}6} \\ ET_4 + D_{4\text{-}6} \\ ET_5 + D_{5\text{-}6} \end{Bmatrix} = \max\begin{Bmatrix} 0 + 13 \\ 9 + 3 \\ 9 + 5 \end{Bmatrix} = 14$$

② 计算各节点最迟时间。

$$LT_6 = T_p = ET_6 = 14$$

$$LT_5 = LT_6 - D_{5\text{-}6} = 14 - 5 = 9$$

$$LT_4 = \min\begin{Bmatrix} LT_6 - D_{4\text{-}6} \\ LT_5 + D_{4\text{-}5} \end{Bmatrix} = \min\begin{Bmatrix} 14 - 3 \\ 9 - 0 \end{Bmatrix} = 9$$

$$LT_3 = LT_5 - D_{3\text{-}5} = 9 - 4 = 5$$

$$LT_2 = \min\begin{Bmatrix} LT_4 - D_{2\text{-}4} \\ LT_3 - D_{2\text{-}3} \end{Bmatrix} = \min\begin{Bmatrix} 9 - 5 \\ 5 - 0 \end{Bmatrix} = 4$$

$$LT_1 = \min\begin{Bmatrix} LT_6 - D_{1\text{-}6} \\ LT_2 - D_{1\text{-}2} \\ LT_3 - D_{1\text{-}3} \end{Bmatrix} = \min\begin{Bmatrix} 14 - 13 \\ 4 - 4 \\ 5 - 3 \end{Bmatrix} = 0$$

③ 根据节点时间参数计算工作时间参数。

a. 工作最早开始时间等于该工作的开始节点的最早时间。

$$ES_{i\text{-}j} = ET_i$$

b. 工作最早完成时间等于该工作的开始节点的最早时间加上持续时间。

$$EF_{i\text{-}j} = ET_i + D_{i\text{-}j}$$

c. 工作最迟完成时间等于该工作的完成节点的最迟时间。

$$LF_{i\text{-}j} = LT_j$$

d. 工作最迟开始时间等于该工作的完成节点的最迟时间减去持续时间。

$$LS_{i-j} = LT_j - D_{i-j}$$

④ 节点时间参数与工作总时差的关系。根据总时差的含义以及节点时间参数与工序时间参数的关系，可以推导出用两个节点时间参数表示工作总时差的公式：

$$TF_{i-j} = LT_j - ET_i - D_{i-j}$$

具体推导过程：$TF_{i-j} = LF_{i-j} - EF_{i-j} = LF_{i-j} - ES_{i-j} - D_{i-j} = LT_j - ET_i - D_{i-j}$

该公式说明，任一工序的总时差都等于该工作结束节点的最迟时间减去开始节点的最早时间，再减去本工作的持续时间。

⑤ 节点时间参数与工作自由时差的关系。根据自由时差的含义以及节点时差参数与工序时间参数的关系，可以推导出用两个节点时间参数表达工作自由时差的公式：

$$FF_{i-j} = ET_j - ET_i - D_{i-j}$$

具体推导过程为：$FF_{i-j} = ES_{j-k} - EF_{i-j} = ES_{j-k} - ES_{i-j} - D_{i-j} = ET_j - ET_i - D_{i-j}$

该公式说明，任一工序 $i-j$ 的自由时差都等于该工作结束节点 j 的最早时间减去开始节点 i 的最早时间，再减去本工作的持续时间。

比较总时差与自由时差的计算公式可以看出，一项工作的总时差与自由时差的差值就等于该工作的结束节点的最迟时间与最早时间的差值，即：

$$TF_{i-j} - FF_{i-j} = LT_j - ET_i - D_{i-j} - (ET_j - ET_i - D_{i-j}) = LT_j - ET_j$$

根据这一理论，一方面可以简化时间参数的计算过程，另一方面还可以对已经计算的总时差和自由时差进行检查。该理论可以详细表述为：当某一工作的结束节点的最早时间与最迟时间相等时，该工作的总时差和自由时差一定相等。如图 5-30 所示的网络计划中，根据节点时间参数计算工作的六个时间参数如下。

a. 工作最早开始时间：

$$ES_{1-6} = ES_{1-2} = ES_{1-3} = ET_1 = 0$$
$$ES_{2-4} = ET_2 = 4$$
$$ES_{3-5} = ET_3 = 4$$
$$ES_{4-6} = ET_4 = 9$$
$$ES_{5-6} = ET_5 = 9$$

b. 工作最早完成时间：

$$EF_{1-6} = ET_1 + D_{1-6} = 0 + 13 = 13$$
$$EF_{1-2} = ET_1 + D_{1-2} = 0 + 4 = 4$$
$$EF_{1-3} = ET_1 + D_{1-3} = 0 + 3 = 3$$
$$EF_{2-4} = ET_2 + D_{2-4} = 4 + 5 = 9$$
$$EF_{3-5} = FT_3 + D_{3-5} = 4 + 4 = 8$$
$$EF_{4-6} = ET_4 + D_{4-6} = 9 + 3 = 12$$
$$EF_{5-6} = ET_5 + D_{5-6} = 9 + 5 = 14$$

c. 工作最迟完成时间：

$$LF_{1-6} = LT_6 = 14$$
$$LF_{1-2} = LT_2 = 4$$
$$LF_{1-3} = LT_3 = 5$$

$$LF_{2-4} = LT_4 = 9$$
$$LF_{3-5} = LT_5 = 9$$
$$LF_{4-6} = LT_6 = 14$$
$$LF_{5-6} = LT_6 = 14$$

d. 工作最迟开始时间：

$$LS_{1-6} = LT_6 - D_{1-6} = 14 - 13 = 1$$
$$LS_{1-2} = LT_2 - D_{1-2} = 4 - 4 = 0$$
$$LS_{1-3} = LT_3 - D_{1-3} = 5 - 3 = 2$$
$$LS_{2-4} = LT_4 - D_{2-4} = 9 - 5 = 4$$
$$LS_{3-5} = LT_5 - D_{3-5} = 9 - 4 = 5$$
$$LS_{4-6} = LT_6 - D_{4-6} = 14 - 3 = 11$$
$$LS_{5-6} = LT_6 - D_{5-6} = 14 - 5 = 9$$

e. 总时差：

$$TF_{1-6} = LT_6 - ET_1 - D_{1-6} = 14 - 0 - 13 = 1$$
$$TF_{1-2} = LT_2 - ET_1 - D_{1-2} = 4 - 0 - 4 = 0$$
$$TF_{1-3} = LT_3 - ET_1 - D_{1-3} = 5 - 0 - 3 = 2$$
$$TF_{2-4} = LT_4 - ET_2 - D_{2-4} = 9 - 4 - 5 = 0$$
$$TF_{3-5} = LT_5 - ET_3 - D_{3-5} = 9 - 4 - 4 = 1$$
$$TF_{4-6} = LT_6 - ET_4 - D_{4-6} = 14 - 9 - 3 = 2$$
$$TF_{5-6} = LT_6 - ET_5 - D_{5-6} = 14 - 9 - 5 = 0$$

f. 自由时差：

$$FF_{1-6} = ET_6 - ET_1 - D_{1-6} = 14 - 0 - 13 = 1$$
$$FF_{1-2} = ET_2 - ET_1 - D_{1-2} = 4 - 0 - 4 = 0$$
$$FF_{1-3} = ET_3 - ET_1 - D_{1-3} = 4 - 0 - 3 = 1$$
$$FF_{2-4} = ET_4 - ET_2 - D_{2-4} = 9 - 4 - 5 = 0$$
$$FF_{3-5} = ET_5 - ET_3 - D_{3-5} = 9 - 4 - 4 = 1$$
$$FF_{4-6} = ET_6 - ET_4 - D_{4-6} = 14 - 9 - 3 = 2$$
$$FF_{5-6} = ET_6 - ET_5 - D_{5-6} = 14 - 9 - 5 = 0$$

3）图上计算法。图上计算法简称图算法，是指按照各项时间参数计算公式的程序，直接在网络图上计算时间参数的方法。由于计算过程在图上直接进行，不需列计算公式，既快又不易出错，计算结果直接标注在网络图上，一目了然，同时也便于检查和修改，因此比较常用。

① 计算工作的最早开始时间和最早完成时间。以起点节点为开始节点的工作，其最早开始时间一般记为0，如图5-31所示的工作1-2和工作1-3。

其余工作的最早开始时间可采用"沿线累加、逢圈取大"的计算方法求得，即从网络图的起点节点开始，沿每一条线路将各工作的作业时间累加起来，在每一个圆圈（节点）处，取到达该圆圈的各条线路累计时间的最大值，就是以该节点为开始节点的各工作的最早开始时间。

工作的最早完成时间等于该工作最早开始时间与本工作持续时间之和。

将计算结果标注在箭线上方各工作图例对应的位置（图5-31）。

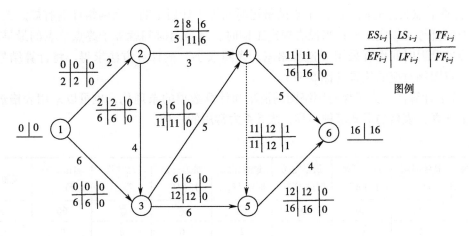

图 5-31 图上计算法

② 计算工作的最迟完成时间和最迟开始时间。以终点节点为完成节点的工作，其最迟完成时间就等于计划工期，如图 5-31 所示的工作 4－6 和工作 5－6。

其余工作的最迟完成时间可采用"逆线累减、逢圈取小"的计算方法求得，即从网络图的终点节点逆着每条线路将计划工期依次减去各工作的持续时间，在每一个圆圈处取后续线路累减时间的最小值，就是以该节点为完成节点的各工作的最迟完成时间。

工作的最迟开始时间等于该工作最迟完成时间与本工作持续时间之差。

将计算结果标注在箭线上方各工作图例对应的位置（图 5-31）。

③ 计算工作的总时差。工作的总时差等于该工作的最迟开始时间减去工作的最早开始时间，或者等于该工作的最迟完成时间减去工作的最早完成时间。工作的总时差可采用"迟早相减、所得之差"的计算方法求得，并将计算结果标注在箭线上方各工作图例对应的位置（图 5-31）。

④ 计算工作的自由时差。工作的自由时差等于紧后工作的最早开始时间减去本工作的最早完成时间，可在图上相应位置直接相减得到，并将计算结果标注在箭线上方各工作图例对应的位置（图 5-31）。

⑤ 计算节点最早时间。起点节点的最早时间一般记为 0，如图 5-32 所示的①节点。其余节点的最早时间也可采用"沿线累加、逢圈取大"的计算方法求得。将计算结果标注在相应节点图例对应的位置（图 5-32）。

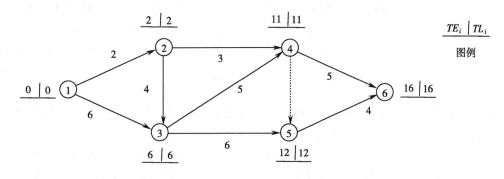

图 5-32 网络图时间参数计算

⑥ 计算节点最迟时间。终点节点的最迟时间等于计划工期。当网络计划有规定工期时，其最迟时间就等于规定工期；当没有规定工期时，其最迟时间就等于终点节点的最早时间。其余节点的最迟时间也可采用"逆线累减、逢圈取小"的计算方法求得。将计算结果标注在相应节点图例对应的位置（图5-32）。

4）表上计算法。为了保持网络图的清晰和计算数据的条理化，也可以采用表格进行时间参数的计算，表格的形式多种多样，表5-4为常用的一种。

表5-4 时间参数计算表

工作代号 $i-j$	持续时间 D_{i-j}	最早开始时间 ES_{i-j}	最早完成时间 EF_{i-j}	最迟完成时间 LF_{i-j}	最迟开始时间 LS_{i-j}	总时差 TF_{i-j}	自由时差 FF_{i-j}	关键工作
①	②	③	④	⑤	⑥	⑦	⑧	⑨
1 – 2	2	0	2	2	0	0	0	✓
1 – 3	6	0	6	6	0	0	0	✓
2 – 3	4	2	6	6	2	0	0	✓
2 – 4	3	2	5	11	8	6	6	
3 – 4	5	6	11	11	6	0	0	✓
3 – 5	6	6	12	12	6	0	0	✓
4 – 5	0	11	11	12	12	1	1	
4 – 6	5	11	16	16	11	0	0	✓
5 – 6	4	12	16	16	12	0	0	✓

现仍以图5-31所示网络计划图为例，说明表上计算法的计算方法和步骤。

第一步：首先将网络图的各项工作的代码按由小到大的顺序填写在时间参数计算表格的第①栏内，将工作的持续时间依次填写在表格的第②栏内。

第二步：自上而下计算各工作的最早可能时间，包括最早开始时间和最早完成时间两个参数。计算过程中，一定要注意各工作的紧前工作的情况。

如：工作1–2，开始节点编号为1，但是整个网络计划没有以1节点为结束节点的工作，因此工作1–2无紧前工作，根据时间参数的内容及意义可得 $ES_{1-2}=0$，将数据填于第③栏中。有了工作最早开始时间，加上持续时间即可得到工作最早完成时间，即 $EF_{1-2}=0+2=2$，将数据填于第④栏中。

工作2–3、2–4开始于同一个节点，最早开始时间是一样的，而在网络计划中，以2节点为结束节点的工作有一个，则工作2–3、2–4有一个紧前工作，所以这两个工作的最早可能开始时间为工作1–2的最早完成时间，$ES_{2-3}=ES_{2-4}=EF_{1-2}=2$，将数据填于第③栏中。同样方法，$EF_{2-3}=ES_{2-3}+D_{2-3}=2+4=6$，$EF_{2-4}=ES_{2-4}+D_{2-4}=2+3=5$，填写于第④栏。

第三步：确定计算工期。计算工期为第④栏内结束于最后一个节点的各工作最早完成时间的最大值，即 $T_c=\max\{EF_{4-6},EF_{5-6}\}=16$。

第四步：自下而上计算工作最迟完成时间，以最迟完成时间为依据，减去工作持续时间算出最迟开始时间，填于第⑤栏和第⑥栏。计算过程中一定要注意，应从下往上计算且注意各工作的紧后工作情况。

首先计算结束于最后节点工作的最迟完成时间，工作 4-6、5-6 都结束于最后一个节点，整个网络计划没有以 6 节点为开始节点的工作，所以工作 4-6、5-6 无紧后工作，又因为结束于同一个节点的最迟完成时间是一样的，因此 $LF_{4-6} = LF_{5-6} = T_c = 16$，填于第⑤栏。第⑤栏数据减去第②栏数据得到最迟开始时间，填于第⑥栏。

　　第五步：计算工作总时差。因为 $TF_{i-j} = LF_{i-j} - EF_{i-j} = LS_{i-j} - ES_{i-j}$，所以表上计算工作总时差就等于第⑤栏数据减去第④栏数据或第⑥栏数据减去第③栏数据，填入第⑦栏相应位置。

　　第六步：计算自由时差。因为自由时差是不影响紧后工序最早可能开始的情况下该工作存在的机动时间，因此 $FF_{i-j} = ES_{j-k} - EF_{i-j}$，例如计算工作 3-5 的自由时差，其紧后工作为 5-6，查出 $ES_{5-6} = 12$，所以 $FF_{3-5} = ES_{5-6} - EF_{3-5} = 12 - 12 = 0$，以此类推。计算结果填于表中相应位置。

　　第七步：标明关键工作和关键线路。从表中找出总时差为零的工作，在第⑨栏相应的位置注上"✓"，表示该工作为关键工作。把关键工作按代码大小连接起来就成为关键线路。

　　4. 关键线路和关键工作的确定

　　1）关键工作。在网络计划中，总时差最小的工作为关键工作；当计划工期等于计算工期时，总时差为零的工作为关键工作。

　　当进行节点时间参数计算时，凡满足下列三个条件的工作必为关键工作。

$$\begin{cases} LT_i - ET_i = T_p - T_c \\ LT_j - ET_j = T_p - T_c \\ LT_j - ET_i - D_{i-j} = T_p - T_c \end{cases}$$

　　2）关键节点。在双代号网络计划中，关键线路上的节点称为关键节点。关键工作两端的节点必为关键节点，但两端为关键节点的工作不一定是关键工作。关键节点的最迟时间与最早时间的差值最小。当网络计划的计划工期等于计算工期时，关键节点的最早时间与最迟时间必然相等。例如在图 5-32 中，节点①、②、③、④、⑤、⑥就是关键节点。关键节点必然处在关键线路上，但由关键节点组成的线路不一定是关键线路。例如在图 5-32 中，由关键节点②、④、⑤组成的线路就不是关键线路。

　　当利用关键节点判别关键线路和关键工作时，还要满足下列公式：

$$ET_i + D_{i-j} = ET_j$$

或

$$LT_i + D_{i-j} = LT_j$$

　　如果两个关键节点之间的工作符合上述公式，则该工作必然为关键工作，它应该在关键线路上。否则，该工作就不是关键工作，关键线路也就不会从此处通过。

　　在双代号网络计划中，当计划工期等于计算工期时，关键节点具有以下一些特性，掌握好这些特性，有助于确定工作的时间参数。

　　①开始节点和完成节点均为关键节点的工作，不一定是关键工作。例如在图 5-31 所示网络计划中，节点②和节点④为关键节点，但工作 2-4 为非关键工作。由于其两端为关键节点，机动时间不可能为其他工作所利用，故其总时差和自由时差均为 6。

　　②以关键节点为完成节点的工作，其总时差和自由时差必然相等。例如在图 5-31 所示网络计划中，工作 2-4 的总时差和自由时差均为 6；工作 4-5 的总时差和自由时差均为 1。

③ 当关键节点间有多项工作，且工作间的非关键节点无其他内向箭线和外向箭线时，该线路上各项工作的总时差均相等，除以关键节点为完成节点的工作自由时差等于总时差外，其余工作的自由时差均为零。

④ 当两个关键节点间有多项工作，且工作间的非关键节点有外向箭线而无其他内向箭线时，则两个关键节点间各项工作的总时差不一定相等。在这些工作中，除以关键节点为完成节点的工作自由时差等于总时差外，其余工作的自由时差均为零。

5.3 单代号网络图

单代号网络图是以节点及其编号表示工作，以箭线表示工作之间逻辑关系的网络图。由于它具有绘图简便、逻辑关系明确、易于修改等优点，因此在国内外日益受到普遍重视。其应用范围和表达功能也在不断发展和扩大。

5.3.1 单代号网络图的组成

1. 节点

单代号网络图中的每一个节点表示一项工作，节点宜用圆圈或矩形表示。节点所表示的工作名称、持续时间和工作代号等应标注在节点内，如图 5-33 所示。

单代号网络图中的节点必须编号。编号标注在节点内，其号码可间断，但严禁重复。箭线的箭尾节点编号应小于箭头节点的编号。一项工作必须有唯一的一个节点及相应的一个编号。

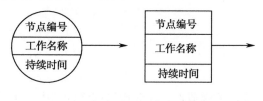

图 5-33　单代号网络图中工作表示方法

2. 箭线

单代号网络图中的箭线表示紧邻工作之间的逻辑关系，既不占用时间，也不消耗资源。箭线应画成水平直线、折线或斜线。箭线水平投影的方向应自左向右，表示工作的行进方向。工作之间的逻辑关系包括工艺关系和组织关系，在网络图中均表现为工作之间的先后顺序。

3. 线路

单代号网络图中，各条线路应用该线路上的节点编号从小到大依次表述。单代号网络图如图 5-34 所示。

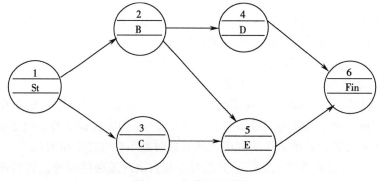

图 5-34　单代号网络图

5.3.2　单代号网络图与双代号网络图的比较

1）单代号网络图绘制简便，逻辑关系明确，并且表示逻辑关系时，可以不借助虚箭线，因而较双代号网络图绘制简单。

2）单、双代号网络图的符号虽然一样，但含义正好相反。单代号网络图以节点表示工作，双代号网络图以箭线表示工作。

3）单代号网络图在表达进度计划时，不如双代号网络计划形象，特别是在应用带有时间坐标的网络计划中。

4）双代号网络图在应用计算机进行计算和优化过程更为简便，这是因为在双代号网络图中，用两个代号表示一项工作，可以直接反映其紧前工作或紧后工作的关系。而单代号网络图就必须按工作列出紧前、紧后工作关系，这在计算机中需要更多的存储单元。

5）单代号网络图的编号不能确定工作间的逻辑关系，而双代号网络图可以通过节点编号明确工作之间的逻辑关系。如在双代号网络图中，②－③一定是③－⑥的紧前工作。

由此可看出，双代号网络图比单代号网络图的优点突出。但是，由于单代号网络图绘制简便，此外一些发展起来的网络技术，如决策网络、搭接网络等都是以单代号网络图为基础的，因此越来越多的人开始使用单代号网络图。近年来，通过对单代号网络图进行改进，可以画成时标形式，这样更利于单代号网络图的推广与应用。

5.3.3　单代号网络图的绘制方法

1）正确表达已定的逻辑关系。在单代号网络图中，工作之间逻辑关系的表示方法比较简单。表 5-5 所示为用单代号表示的几种常见的逻辑关系。

2）单代号网络图中，严禁出现循环回路。

3）单代号网络图中，严禁出现双向箭头或无箭头的连线。

4）单代号网络图中，严禁出现没有箭尾节点的箭线和没有箭头节点的箭线。

5）绘制网络图时，箭线不宜交叉；当交叉不可避免时，可采用过桥法或指向法绘制。

6）单代号网络图应只有一个起点节点和一个终点节点；当网络图中有多个起点节点或多个终点节点时，应在网络图的两端分别设置一项虚工作，作为该网络图的起点节点和终点节点。

表 5-5　单代号网络图逻辑关系表示方法

序号	工作间的逻辑关系	单代号网络图的表示方法
1	A、B、C 三项工作依次完成	(A) → (B) → (C)
2	A、B 完成后进行 D	(A) (B) → (D)

（续）

序号	工作间的逻辑关系	单代号网络图的表示方法
3	A 完成后，B、C 同时开始	
4	A 完成后进行 C，A、B 完成后进行 D	

5.3.4 单代号网络计划时间参数的计算

单代号网络计划时间参数的含义和计算原理与双代号网络计划基本相同。但由于单代号网络图是用节点表示工作（图 5-35），箭线只表示工作间的逻辑关系，因此，计算时间参数时，并不像双代号网络图那样，要区分节点时间和工序时间。在单代号网络计划中，除标注出各项工作的 6 个时间参数外，还要在箭线上方标注出相邻两个工作的时间间隔。时间间隔就是一项工作的最早完成时间与其紧后工作最早开始时间之间存在的差值，用 $LAG_{i,j}$ 表示。

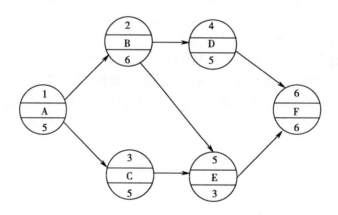

图 5-35　单代号网络图

单代号网络计划时间参数总共有 6 个，包括工作最早开始时间、工作最早结束时间、工作最迟结束时间、工作最迟开始时间、工作总时差和工作自由时差。

单代号网络计划时间参数的计算方法有分析计算法、图上计算法、表上计算法、矩阵计算法及电算法等。

（1）单代号网络图时间参数常用符号

D_i——工作 i 的持续时间；

ES_i——工作 i 的最早开始时间；

EF_i——工作 i 的最早完成时间;

LS_i——工作 i 的最迟开始时间;

LF_i——工作 i 的最迟完成时间;

TF_i——工作 i 的总时差;

FF_i——工作 i 的自由时差;

$LAG_{i,j}$——相邻两项工作 i 和 j 之间的时间间隔。

（2）单代号网络图时间参数的计算步骤

1）计算工作的最早开始和最早完成时间。

① 工作 i 的最早开始时间 ES_i 应从网络计划的起点节点开始,顺着箭线方向依次逐项计算。

② 起点节点 i 的最早开始时间如无规定时,其值应等于零,即:

$$ES_i = 0 (i = 1)$$

③ 各项工作最早开始和结束时间的计算公式为:

$$ES_j = \max\{ES_i + D_i\} = \max\{EF_i\}$$

$$EF_j = ES_j + D_j$$

式中　ES_j——工作 j 最早开始时间;

EF_j——工作 j 最早完成时间;

D_j——工作 j 的持续时间;

ES_i——工作 j 的紧前工作 i 最早开始时间;

EF_i——工作 j 的紧前工作 i 最早完成时间;

D_i——工作 j 的紧前工作 i 的持续时间。

④ 确定网络计划计算工期 T_c。网络计划中,结束节点所表示的工作的最早完成时间,就是网络计划的计算工期,若 n 为终点节点,则 $T_c = EF_n$。

2）相邻两项工作之间时间间隔的计算。相邻两项工作之间存在着时间间隔,i 工作与 j 工作的时间间隔记为 $LAG_{i,j}$。时间间隔指相邻两项工作之间,后项工作的最早开始时间与前项工作的最早完成时间之差,其计算公式为:

$$LAG_{i,j} = ES_j - EF_i$$

式中　$LAG_{i,j}$——工作 i 与其紧后工作 j 之间的时间间隔;

ES_j——工作 i 的紧后工作 j 的最早开始时间;

EF_i——工作 i 的最早完成时间。

3）计算工作的最迟完成和最迟开始时间。工作的最迟完成时间也就是在不影响计划工期的情况下,该工作最迟必须结束的时间。它等于其紧后工作最迟开始时间的最小值,计算公式如下:

$$LF_n = T_c = T_p \quad （n 为结束节点,当计划工期等于计算工期时）$$

$$LF_n = T_r = T_p \quad （n 为结束节点,当有要求工期且为计划工期时）$$

$$LF_i = \min\{LS_j\}$$

工作的最迟开始时间等于该工作的最迟完成时间减去它的持续时间,计算公式为:

$$LS_i = LF_i - D_i$$

4）工作总时差的计算。工作总时差的计算应从网络计划的终点节点开始，逆着箭线方向按节点编号从大到小的顺序依次进行。

① 网络计划终点节点所代表的工作的总时差（TF_n）应等于计划工期 T_p 与计算工期 T_c 之差，即：

$$TF_n = T_p - T_c$$

当计划工期等于计算工期时，该工作的总时差为零。

② 其他工作的总时差应等于本工作与其各紧后工作之间的时间间隔加该紧后工作的总时差所得之和的最小值，即：

$$TF_i = \min\{LAG_{i,j} + TF_j\}$$

式中　TF_i——工作 i 的总时差；

　　$LAG_{i,j}$——工作 i 与其紧后工作 j 之间的时间间隔；

　　TF_j——工作 i 的紧后工作 j 的总时差。

5）自由时差的计算。工作 i 的自由时差 FF_i 的计算应符合下列规定。

① 终点节点所代表的工作的自由时差即 FF_n 应为：

$$FF_n = T_p - EF_n$$

式中　FF_n——终点节点 n 所代表的工作的自由时差；

　　T_p——网络计划的计划工期；

　　EF_n——终点节点 n 所代表的工作的最早完成时间（即计算工期）。

② 其他工作 i 的自由时差 FF_i 应为：

$$FF_i = \min\{LAG_{i,j}\}$$

6）关键工作和关键线路的确定。

① 单代号网络图关键工作的确定同双代号网络图。

② 利用关键工作确定关键线路。如前所述，总时差最小的工作为关键工作。将这些关键工作相连，并保证相邻两项关键工作之间的时间间隔为零而构成的线路就是关键线路。

③ 利用相邻两项工作之间的时间间隔确定关键线路。从网络计划的终点节点开始，逆着箭线方向依次找出相邻两项工作之间时间间隔为零的线路，即为关键线路。

【例 5-2】试计算图 5-35 所示单代号网络计划的时间参数。

【解】第一步，计算工作最早时间。计算时，由网络图的起点节点开始，从左到右依次向终点节点方向进行。计算过程见表 5-6。

表 5-6　工作最早时间计算

工作代号	工作名称	紧前工作	工作持续时间 D_i	工作最早开始时间 ES_i	工作最早完成时间 EF_i
①	A	—	5	0	$0+5=5$
②	B	A	6	5	$5+6=11$
③	C	A	5	5	$5+5=10$
④	D	B	5	11	$11+5=16$
⑤	E	B、C	3	$\max\{11, 10\}=11$	$11+3=14$
⑥	F	D、E	6	$\max\{16, 14\}=16$	$16+6=22$

从最早结束时间可以得到网络计划的计算工期为 22。

第二步，计算前后工作的时间间隔 $LAG_{i,j}$。

$$LAG_{1-2} = ES_2 - EF_1 = 5 - 5 = 0$$
$$LAG_{1-3} = ES_3 - EF_1 = 5 - 5 = 0$$
$$LAG_{2-4} = ES_4 - EF_2 = 11 - 11 = 0$$
$$LAG_{2-5} = ES_5 - EF_2 = 11 - 11 = 0$$
$$LAG_{3-5} = ES_5 - EF_3 = 11 - 10 = 1$$
$$LAG_{4-6} = ES_6 - EF_4 = 16 - 16 = 0$$
$$LAG_{5-6} = ES_6 - EF_5 = 16 - 14 = 2$$

第三步，计算工作最迟时间。计算时，由网络图的终点节点开始，从右到左依次向起点节点方向进行。计算过程见表 5-7。

表 5-7　工作最迟时间计算

工作代号	工作名称	紧后工作	工作持续时间 D_i	工作最迟结束时间 LF_i	工作最迟开始时间 LS_i
⑥	F	—	6	22	22 − 6 = 16
⑤	E	F	3	16	16 − 3 = 13
④	D	F	5	16	16 − 5 = 11
③	C	E	5	13	15 − 5 = 8
②	B	D、E	6	min {11, 13} = 11	11 − 6 = 5
①	A	B、C	5	min {5, 8} = 5	5 − 5 = 0

第四步，计算工作总时差。终点节点所代表的工作的总时差等于计划工期与计算工期之差，本例中没有给出要求工期，故计划工期与计算工期相等，则 $TF_6 = 0$。其他工作的总时差等于本工作与其紧后工作之间的时间间隔加该紧后工作的总时差所得之和的最小值，计算过程如下：

$$TF_5 = LAG_{5-6} + TF_6 = 2 + 0 = 2$$
$$TF_4 = LAG_{4-6} + TF_6 = 0 + 0 = 0$$
$$TF_3 = LAG_{3-5} + TF_5 = 1 + 2 = 3$$
$$TF_2 = \min\{LAG_{2-4} + TF_4, LAG_{2-5} + TF_5\} = \min\{0+0, 0+2\} = 0$$
$$TF_1 = \min\{LAG_{1-2} + TF_2, LAG_{1-3} + TF_3\} = \min\{0+0, 0+3\} = 0$$

第五步，计算工作自由时差。本例中没有给出要求工期，故计划工期与计算工期相等，则终点节点所代表的工作的自由时差等于零，即 $FF_6 = 0$。其他工作的自由时差等于其与紧后工作之间时间间隔的最小值，计算过程如下：

$$FF_5 = LAG_{5-6} = 2$$
$$FF_4 = LAG_{4-6} = 0$$
$$FF_3 = LAG_{3-5} = 1$$
$$FF_2 = \min\{LAG_{2-4}, LAG_{2-5}\} = \min\{0, 0\} = 0$$
$$FF_1 = \min\{LAG_{1-2}, LAG_{1-3}\} = \min\{0, 0\} = 0$$

将上述时间参数的计算结果标注于单代号网络计划的相应位置，如图 5-36 所示。

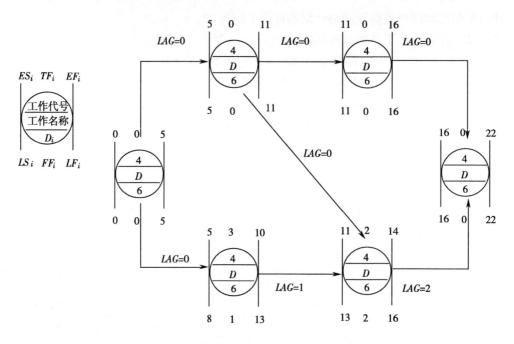

图 5-36　单代号网络图时间参数计算结果

5.4　双代号时标网络计划

　　双代号时标网络计划（以下简称时标网络计划）是以时间坐标为尺度表示工作时间的网络计划。它具有形象直观、计算量小的突出优点，在工程实践中应用比较普遍。其编制方法和使用方法日益受到应用者的普遍重视。

5.4.1　时标网络计划的特点及适用范围

　　1. 时标网络计划的特点

　　1）时标网络计划中，箭线的水平投影长度直接代表该工作的持续时间，能够清楚地表明计划的时间过程。

　　2）时标网络计划能在图上直接显示各项工作的开始与结束时间、工作自由时差及关键线路。

　　3）在时标网络计划中，不容易发生闭合回路的错误。

　　4）可以利用时标网络计划图直接统计资源的需要量，以便进行资源优化和调整。

　　5）因为箭线受时标的约束，故绘图不易，修改也较困难，往往要重新绘图。不过使用计算机较易解决这一问题。

　　2. 时标网络计划的适用范围

　　1）工作项目较少，且工艺过程比较简单的施工计划，能快速绘制与调整。

　　2）年、季、月等周期性网络计划。

　　3）作业性网络计划。

　　4）局部网络计划。

　　5）使用实际进度前锋线进行进度控制的网络计划。

5.4.2 时标网络计划的绘制

1. 绘制的基本规则

1）时标网络计划应以实箭线表示工作，以虚箭线表示虚工作，以波形线表示工作的自由时差。无论哪一种箭线，均应在其末端绘出箭头。

2）当工作中有时差时，按图 5-37 所示的方式表达，波形线紧接在实箭线的末端；当虚工作有时差时，按图 5-38 方式表达，不得在波形线之后画实线。

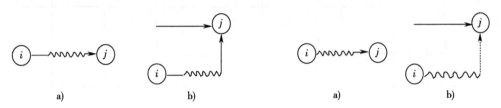

图 5-37 工作中含有时差时的表示方法   图 5-38 虚工作中含有时差时的表示方法

3）时标网络计划中所有符号在时间坐标上的水平投影位置，都必须与其时间参数相对应。节点中心必须对准相应的时标位置。虚工作必须以垂直方向的虚箭线表示，有自由时差时加波形线表示。

2. 编制方法

时标网络计划一般按工作的最早开始时间绘制。因此，在编制时标网络计划时应使每一个节点和每一项工作（包括虚工作）尽量向左靠，直至不出现从右向左的逆向箭线为止。其绘制方法有间接绘制法和直接绘制法。

1）间接绘制法。间接绘制法是先计算网络计划的时间参数，再根据时间参数在时间坐标上进行绘制的方法，其绘制步骤和方法如下。

第一步：按逻辑关系绘制双代号网络计划草图，如图 5-39 所示。

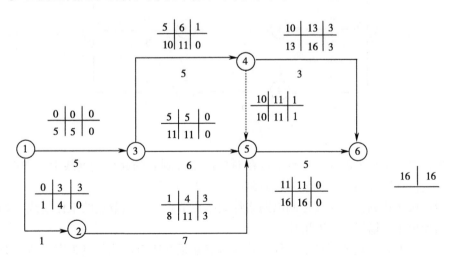

图 5-39 双代号网络计划

第二步：计算工作最早时间。

第三步：绘制时标表，如图 5-40 所示。

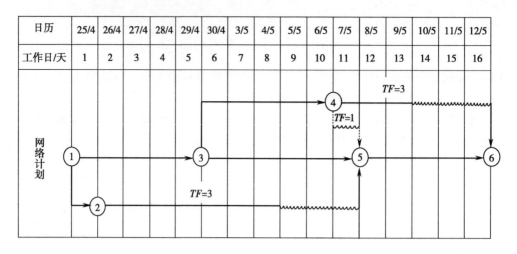

图 5-40　时标网络计划

第四步：在时标表上，按最早开始时间确定每项工作的开始节点位置（图形尽量与草图一致）。

第五步：按各工作的时间长度绘制相应工作的实线部分，使其在时间坐标上的水平投影长度等于工作时间；虚工作因为不占时间，故只能以垂直虚线表示。

第六步：用波形线把实线部分与其紧后工作的开始节点连接起来，以表示自由时差。

完成后的时标网络计划如图 5-40 所示。

2）直接绘制法。直接绘制法是不计算网络计划时间参数，直接在时间坐标上进行绘制的方法。现以图 5-41 所示网络图为例，说明直接绘制法绘制时标网络计划的步骤。

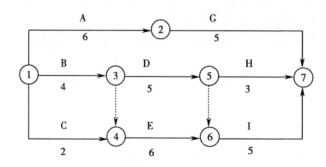

图 5-41　双代号网络计划

第一步：将网络计划的起点节点定位在时标网络计划表的起始刻度线上。如图 5-42 所示，节点①定位在时标网络计划表的起始刻度线"0"位置。

第二步：按工作的持续时间绘制以网络计划起点节点为开始节点的工作箭线。如图 5-42 所示，分别绘出工作箭线 A、B 和 C。

第三步：除网络计划的起点节点外，其他节点必须在所有以该节点为完成节点的工作箭线均绘出后，定位在这些工作箭线中最迟的箭线末端。当某些工作箭线的长度不足以到达该节点时，须用波形线补足，箭头画在与该节点的连接处。比如：节点②直接定位在工作箭线 A 的末端；节点③直接定位在工作箭线 B 的末端；节点④的位置需要在绘出虚箭线 3-4 之

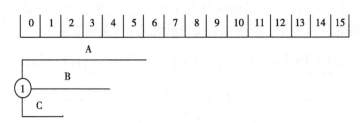

图 5-42　直接绘制法

后，定位在工作箭线 C 和虚箭线 3 – 4 中最迟的箭线末端，即坐标"4"的位置上。此时，工作箭线 C 的长度不足以到达节点④，因而用波形线补足，如图 5-43 所示。

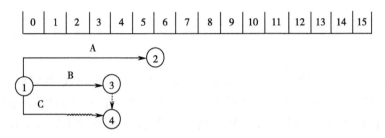

图 5-43　直接绘制法

第四步：当某个节点的位置确定之后，即可绘制以该节点为开始节点的工作箭线。例如在本例中，在图 5-43 基础之上，可以分别以节点②、节点③和节点④为开始节点绘制工作箭线 G、工作箭线 D 和工作箭线 E，如图 5-44 所示。

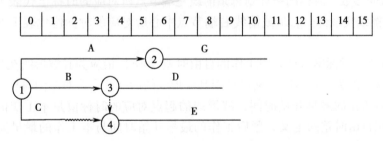

图 5-44　直接绘制法

第五步：利用上述方法从左到右依次确定其他各个节点的位置，直至绘出网络计划的终点节点。例如在本例中，在图 5-44 基础之上，可以分别确定节点⑤和节点⑥的位置，并在它们之后分别绘制工作箭线 H 和工作箭线 I，如图 5-45 所示。

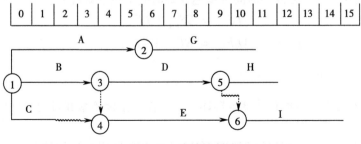

图 5-45　直接绘制法

第六步：根据工作箭线 G、工作箭线 H 和工作箭线 I 确定终点节点的位置。本例所对应的时标网络计划如图 5-46 所示，图中双箭线表示的线路为关键线路。

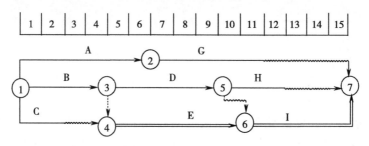

图 5-46　双代号时标网络计划

5.4.3　关键线路的确定和时间参数的判读

1. 关键线路的确定

自终点节点逆箭线方向朝起点节点观察，自始至终不出现波形线的线路为关键线路。其原因是如果某条线路自始至终都没有波形线，这条线路就不存在自由时差，也就不存在总时差，自然就没有机动余地，当然就是关键线路；或者说，这条线路上的各工作的最迟开始时间与最早开始时间是相等的，这样的线路特征也只有关键线路才能具有。

2. 工期的确定

时标网络计划的计算工期，应是其终点节点与起点节点所在位置的时标值之差。

3. 时间参数的判读

1）最早时间参数。时标网络计划每条箭线左端节点所对应的时标值代表工作的最早开始时间 ES_{i-j}，箭线实线部分右端或箭线右端节点中心所对应的时标值代表工作的最早完成时间 EF_{i-j}。

2）自由时差。时标网络计划中工作的自由时差（FF）值应为其波形线在坐标轴上的水平投影长度。这是因为双代号时标网络计划其波形线的后面节点所对应的时标值，是波形线所在工作的紧后工作的最早开始时间，波形线的起点对应的时标值是本工作的最早完成时间，因此，按照自由时差的定义，紧后工作的最早开始时间与本工作的最早完成时间的差（即波形线在坐标轴上的水平投影长度）就是本工作的自由时差。

3）总时差。时标网络计划中工作的总时差应自右向左，在其紧后工作的总时差都被判定后才能判定。其值等于其紧后工作总时差的最小值与本工作自由时差之和，即：

$$TF_{i-j} = \min\{TF_{j-k}\} + FF_{i-j}$$

4）最迟时间参数。最迟开始时间和最迟完成时间应按下式计算：

$$\begin{cases} LS_{i-j} = ES_{i-j} + TF_{i-j} \\ LF_{i-j} = EF_{i-j} + TF_{i-j} \end{cases}$$

5.4.4　时标网络计划坐标体系

时标网络计划的坐标体系有计算坐标体系、工作日坐标体系和日历坐标体系三种。

1. 计算坐标体系

计算坐标体系主要用于网络计划时间参数的计算。采用该坐标体系便于时间参数的计算，但不够明确。如按照计算坐标体系，网络计划所表示的计划任务从第 0 天开始，就不容易理解。实际上应从第 1 天开始或明确开始日期。

2. 工作日坐标体系

工作日坐标体系可明确表示各项工作在整个工程开工后第几天（上班时刻）开始和第几天（下班时刻）完成。但不能表示出整个工程的开工日期和完工日期以及各项工作的开始日期和完成日期。

在工作日坐标体系中，整个工程的开工日期和各项工作的开始日期分别等于计算坐标体系中整个工程的开工日期和各项工作的开始日期加 1；而整个工程的完工日期和各项工作的完成日期就等于计算坐标体系中整个工程的完工日期和各项工作的完成日期。

3. 日历坐标体系

日历坐标体系可以明确表示出整个工程的开工日期和完工日期以及各项工作的开始日期和完成日期，同时还可以考虑扣除节假日休息时间。

如图 5-47 所示的时标网络计划中同时标出了 3 种坐标体系。其中上面为计算坐标体系，中间为工作日坐标体系，下面为日历坐标体系。

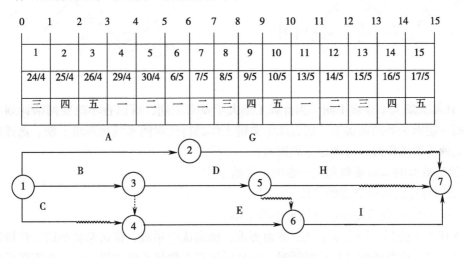

图 5-47　双代号时标网络计划

5.5　网络计划的优化

网络计划的优化是指在满足既定约束条件下，按选定目标，通过不断改进网络计划来寻找满意方案。其目的是通过依次改善网络计划，使工程按期完工，并在现有资源的限制条件下，均衡合理地使用各种资源，以较小的消耗取得最大的经济效益。

5.5.1　工期优化

工期优化是指在满足既定约束条件下，按要求工期目标，通过延长或缩短网络计划初始方案的计算工期，以达到要求工期目标，保证按期完成任务。

（1）工期优化的方法

网络计划的初始方案编制好后，将其计算工期与要求工期相比较，会出现以下情况：

1）计算工期小于或等于要求工期。如果计算工期小于要求工期不多或两者相等，则一般不必进行工期优化。如果计算工期小于要求工期较多，则要考虑与施工合同中的工期提前奖等条款相结合，确定是否进行工期优化。若需优化，优化的方法是：延长关键线路上资源占用量大或直接费用高的工作的持续时间；重新选择施工方案，改变施工机械，调整施工顺序，重新分析逻辑关系；编制网络图，计算时间参数；反复多次进行，直至满足要求工期。

例如：某双代号网络计划如图 5-48 所示，若要求工期为 28 天，试对该网络计划进行调整优化。该网络计划关键线路为 $1-2-3-4-5$，总工期为 23 天，比要求工期少 5 天，故可增加关键线路时间 5 天。将工作 $3-4$ 的时间由 8 天调整为 10 天，工作 $4-5$ 的时间由 3 天调整为 6 天，绘制调整后的网络计划，重新计算各工作的时间参数。如图 5-49 所示，关键线路仍为 $1-2-3-4-5$，计算工期 $T_c = 28$ 天 $= T_r$，满足要求。

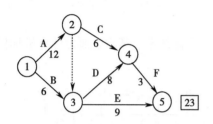

图 5-48　调整前的网络计划

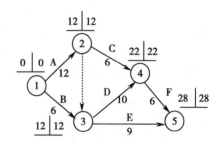

图 5-49　调整后的网络计划

2）计算工期大于要求工期。当计算工期大于要求工期，可以在不改变网络计划中各项工作之间的逻辑关系的前提下，通过压缩关键工作的持续时间来满足要求工期。选择应缩短持续时间的关键工作时，应考虑下列因素：

① 缩短持续时间对质量和安全影响不大的工作。

② 缩短有充足备用资源的工作。

③ 缩短持续时间所需增加费用最小的工作。

将所有工作按其是否满足上述三方面要求，确定优选系数，优选系数小的工作较适宜压缩。选择关键工作并压缩其持续时间时，应选择优选系数最小的关键工作。若需要同时压缩多个关键工作的持续时间，则它们的优选系数之和（组合优选系数）最小者应优先作为压缩对象。

（2）工期优化的计算

工期优化的计算，应按下述步骤进行：

1）计算并找出初始网络计划的计算工期、关键线路及关键工作。

2）按要求工期计算应缩短的时间。

$$\Delta T = T_c - T_r$$

3）缩短持续时间所需增加的费用最少的工作。

4）将应优先缩短的关键工作压缩至最短时间，并找出关键线路，若被压缩的工作变成了非关键工作，则应将其持续时间延长，使之仍为关键工作。

5）若计算工期满足要求工期的要求，则优化完成，否则应重复以上步骤，直到满足工期的要求，或工期已不能再缩短为止。

6）当所有关键工作的持续时间都已达到其能缩短的极限，而工期仍不能满足要求时，则应对计划的原技术方案、组织方案进行修改，对计划作出调整。经反复修改方案和调整计划均不能达到要求工期时，应对要求工期重新审定。

由于在优化过程中，不一定需要全部时间参数值，只需寻求出关键线路，为此介绍一种关键线路直接寻求法——标号法。根据计算节点最早时间的原理，设网络计划起始节点①的标号值为 0，即 $b_1 = 0$；中间节点 j 的标号值等于该节点的所有内向工作（即指向该节点的工作）的开始节点 i 的标号值 b_i 与该工作的持续时间之和的最大值，即：

$$b_j = \max\{b_i + D_{i-j}\}$$

能求得最大值的节点 i 为节点 j 的源节点，将源节点及 b_i 标注于节点上，直至最后一个节点。从网络计划终点开始，自右向左按源节点寻求关键线路，终节点的标号值即为网络计划的计算工期。

【例 5-3】已知某工程双代号网络计划如图 5-50 所示，当要求工期为 40 天时，试进行工期优化。

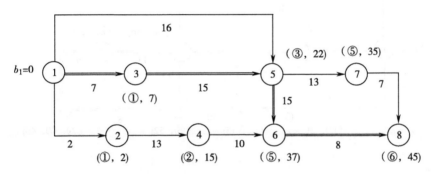

图 5-50　优化前的网络计划

【解】① 用标号法确定关键线路及正常工期。

② 计算应缩短的时间：

$$\Delta T = T_c - T_r = 45 - 40 = 5（天）$$

缩短关键工作的持续时间。先将⑤→⑥缩短 5 天，由 15 天缩至 10 天，用标号法计算，计算工期为 42 天，如图 5-51 所示。总工期仍有 42 天，故⑤→⑥工作只需缩短 3 天，其网络图用标号法计算，如图 5-52 所示，可知有两条关键线路，两条线路上均需缩短 42 - 40 = 2（天）。

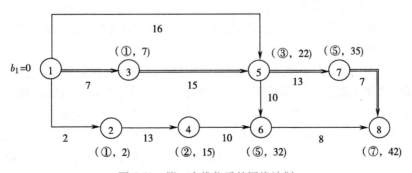

图 5-51　第一次优化后的网络计划

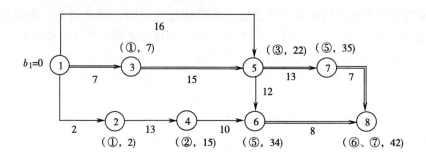

图 5-52　第二次优化后的网络计划

③ 进一步缩短关键工作的持续时间。选③→⑤工作缩短 2 天，由 15 天缩至 13 天，则两条线路均缩短 2 天。用标号法计算后得工期为 40 天，满足要求。优化后的网络计划如图 5-53 所示。

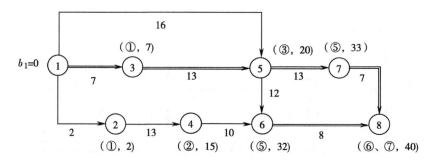

图 5-53　优化后的网络计划

5.5.2　资源优化

在通常情况下，网络计划的资源优化分为两种，即"资源有限—工期最短"的优化和"工期固定—资源均衡"的优化。前者是在满足资源限制条件下，通过调整计划安排，使工期延长最少的过程；而后者是在工期保持不变的条件下，通过调整计划安排，使资源需用量尽可能均衡的过程。进行资源优化的前提条件是：

① 在优化过程中，原网络计划各工作之间的逻辑关系不改变。

② 在优化过程中，原网络计划的各工作的持续时间不改变。

③ 除规定可中断的工作外，一般不允许中断工作，应保持其连续性。

④ 网络计划中各工作单位时间的资源需要量为常数，即资源均衡，而且是合理的。

（1）"资源有限—工期最短"的优化

"资源有限—工期最短"的优化是通过计划安排，以满足资源限制的条件，并使工期延长最少的过程。"资源有限—工期最短"的资源优化工作要达到两个目标：其一是削去原计划中资源供应高峰，使资源需要量满足供应限值要求。因此，这种优化方法又可称为削高峰法。所谓削高峰是指在资源出现供应高峰的时段内移走某些工作，减少高峰时段内的资源需要量，满足资源限值。其二是削高峰时，始终坚持使工期最短的原则。计划工期是由关键线路及其关键工序确定的，移动关键工序将会延长工期。

（2）资源分配的原则

①关键工作优先满足，按每日资源需要量大小，从大到小顺序供应资源。

②非关键工作的资源供应按时差从大到小供应，同时考虑资源和工作是否中断。

（3）优化步骤

1）"资源有限—工期最短"的优化，宜对"时间单位"作资源检查，当出现第 t 个时间单位资源需用量 R_t 大于资源限量 R_a 时，应进行计划调整。

调整计划时，应对资源冲突的各工作做新的顺序安排。顺序安排的选择标准是"工期延长时间最短"，其值应按下列公式计算。

① 双代号网络计划：

$$\Delta D_{m'-n',i'-j'} = \min\{\Delta D_{m-n,i-j}\}$$
$$\Delta D_{m-n,i-j} = EF_{m-n} - LS_{i-j}$$

式中　$\Delta D_{m'-n',i'-j'}$——在各种顺序安排中，最佳顺序安排所对应的工期延长时间的最小值，它要求将 $LS_{i'-j'}$ 最大的工作 $i'-j'$ 安排在 $EF_{m'-n'}$ 最小的工作 $m'-n'$ 之后进行；

　　　　$\Delta D_{m-n,i-j}$——在资源冲突的各工作中，工作 $i-j$ 安排在工作 $m-n$ 之后进行，工期所延长的时间。

② 单代号网络计划：

$$\Delta D_{m',i'} = \min\{\Delta D_{m,i}\}$$
$$\Delta D_{m,i} = EF_m - LS_i$$

式中　$\Delta D_{m',i'}$——在各种顺序安排中，最佳顺序安排所对应的工期延长时间的最小值；

　　　　$\Delta D_{m,i}$——在资源冲突的各工作中，工作 i 安排在工作 m 之后进行，工期所延长的时间。

2）"资源有限—工期最短"的优化，应按下述规定步骤调整工作的最早开始时间：

① 计算网络计划每"时间单位"的资源需用量。

② 从计划开始日期起，逐个检查每个时间单位资源需用量是否超过资源限量，如果在整个工期内每个"时间单位"均能满足资源限量的要求，可行优化方案就编制完成了。否则必须进行计划调整。

③ 分析超过资源限量的时段（每"时间单位"资源需用量相同的时间区段），计算 $\Delta D_{m'-n',i'-j'}$ 值或 $\Delta D_{m',i'}$ 值，依据它确定新的安排顺序。

④ 对调整后的网络计划安排重新计算每个时间单位的资源需用量。

⑤ 重复上述②～④步骤，直至网络计划整个工期范围内每个时间单位的资源需用量均满足资源限量为止。

5.5.3　费用优化

费用优化又称工期成本优化或时间成本优化，是指寻求工程总成本最低时的工期安排，或按要求工期寻求最低成本的计划安排过程。通常在寻求网络计划的最佳工期大于规定工期或在执行计划过程中需要加快施工进度时，需要进行工期与成本优化。

1. 工程费用与工期的关系

工程项目的总费用由直接费和间接费组成。

直接费是指工程施工过程中直接消耗在工程项目上的活劳动和物化劳动，包括人工费、材料费、机械使用费以及冬雨期施工增加费、特殊地区施工费、夜间施工增加费等。直接费一般情况下是随着工期的缩短而增加的。施工方案不同，则直接费不同，即使施工方案相同，工期不同，直接费也不同。

间接费是与整个工程有关的，不能或不宜直接分摊给每道工序的费用，它包括企业经营管理的费用、现场临时办公设施费、公用和福利事业费及占用资金应付的利息等。间接费一般与工程工期成正比，即工期越长，间接费用越高，工期越短，间接费用越低。

如果把直接费和间接费加在一起，必有一个总费用最少时所对应的工期，这就是费用优化所寻求的目标。

在考虑工程总费用时，还应考虑工期变化带来的其他损益，包括因拖延工期而罚款的损失或提前竣工而得的奖励，甚至要考虑因提前投产而获得的收益和资金的时间价值等。

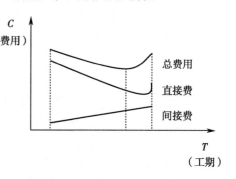

图 5-54　工期—费用关系示意图

工期与费用的关系如图 5-54 所示。图中工程成本曲线是由直接费曲线和间接费曲线叠加而成的。曲线上的最低点就是工程计划的最优方案之一，此方案工程成本最低，相对应的工程持续时间称为最佳工期。

（1）直接费曲线

直接费曲线通常是一条由左上向右下的下凹曲线，如图 5-55 所示。因为直接费总是随着工期的缩短而更快增加的，在一定范围内与时间成反比关系。如果缩短时间，即加快施工速度，要采取加班加点和多班作业，采用高价的施工方法和机械设备等，直接费用也跟着增加。然而工作时间缩短至某一极限，则无论增加多少直接费，也不能再缩短工期。此极限称为临界点，此时的时间称为最短持续时间，此时费用称为最短时间直接费。反之，如果延长时间，则可减少直接费。然而时间延长至某一极限，则无论将工期延至多长，也不能再减少直接费。此极限称为正常点，此时的时间称为正常持续时间，此时的费用称为正常时间直接费。

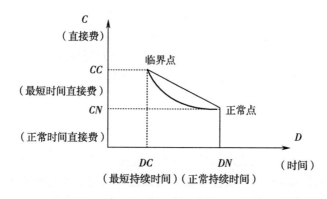

图 5-55　时间与直接费用的关系示意图

连接正常点与临界点的曲线，称为直线费曲线。直线费曲线实际并不像图中那样圆滑，而是由一系列线段组成的折线并且越接近最高费用（极限费用）其曲线越陡。为了计算方便，可以近似地将它假定为一条直线，如图 5-55 所示。把因缩短工作持续时间（赶工）每一单位时间所需增加的直接费，简称为直接费用率，按下式计算：

$$\Delta C_{i-j} = \frac{CC_{i-j} - CN_{i-j}}{DN_{i-j} - DC_{i-j}}$$

式中 ΔC_{i-j}——工作 $i-j$ 的直接费用率；

$\quad\quad CC_{i-j}$——将工作 $i-j$ 持续时间缩短为最短持续时间后，完成该工作所需的直接费用；

$\quad\quad CN_{i-j}$——在正常条件下完成工作 $i-j$ 所需的直接费用；

$\quad\quad DN_{i-j}$——工作 $i-j$ 的正常持续时间；

$\quad\quad DC_{i-j}$——工作 $i-j$ 的最短持续时间。

从上式可以看出，工作的直接费用率越大，则将该工作的持续时间缩短一个时间单位，相应增加的直接费就越多；反之，工作的直接费用率越小，则将该工作的持续时间缩短一个时间单位，相应增加的直接费就越少。

每项施工计划（任务）都是由若干相互联系的工作所组成，计划的直接费可以看成是组成该计划的全部工作的直接费之和。每项工作的实施往往又有多个方案可供选择，各种方案对整个计划的直接费和工期的影响是不同的。因此，预先分析计划中各项工作的直接费与持续时间的关系是十分必要的，它是进行网络计划费用优化的前提条件。

（2）间接费曲线

间接费曲线为表示间接费用与时间成正比关系的曲线，通常用直线表示。其斜率表示间接费用在单位时间内的增加或减少值。间接费用与施工单位的管理水平、施工条件、施工组织等有关。

2. 费用优化的方法与步骤

进行费用优化，应首先求出不同工期情况下对应的不同直接费用，然后考虑相应的间接费用的影响和工期变化带来的其他损益，最后通过叠加即可求得不同工期对应的不同的总费用，从而找出总费用最低时所对应的最佳工期。费用优化应按下列步骤进行。

1）按工作的正常持续时间计算确定关键线路、工期、总费用。

2）按规定计算直接费用率。

3）当只有一条关键线路时，应找出直接费用率最小的一项关键工作，作为缩短持续时间的对象；当有多条关键线路时，应找出组合直接费用率最小的一组关键工作，作为缩短持续时间的对象。

4）缩短找出的关键工作或一组关键工作的持续时间，其缩短值必须符合不能压缩成非关键工作和缩短后其持续时间不小于最短持续时间的原则。

5）计算相应的费用增加值。

6）考虑工期变化带来的间接费及其他损益，在此基础上计算总费用。

7）重复以上 3）~6）步骤，一直计算到总费用最低为止。

3. 费用优化的其他注意事项

为减少费用优化的计算过程，对于费用优化时选定的压缩对象（一项关键工作或一组关键工作），可以首先比较其直接费用率或组合直接费用率与工程间接费用率的大小。

1）如果被压缩对象的直接费用率或组合直接费用率大于工程间接费用率，说明压缩关键工作的持续时间会使工程总费用增加，此时应停止缩短关键工作的持续时间，在此之前的方案即为优化方案。

2）如果被压缩对象的直接费用率或组合直接费用率等于工程间接费用率，说明压缩关键工作的持续时间不会使工程总费用增加，故应缩短关键工作的持续时间。

3）如果被压缩对象的直接费用率或组合直接费用率小于工程间接费用率，说明压缩关键工作的持续时间会使工程总费用减少，故应缩短关键工作的持续时间。

 思考练习题

1. 什么是双代号网络图和单代号网络图？双代号网络图和单代号网络图的区别是什么？
2. 网络计划中有哪几种逻辑关系？有什么区别？试举例说明。
3. 双代号网络图由哪些要素组成？试简述各个要素的含义和特征。
4. 实箭线和虚箭线有什么不同？虚箭线在网络计划中起什么作用？
5. 线路的分类有哪些？什么叫关键线路和关键工作？
6. 正确绘制双代号网络图必须遵守哪些绘图规则？
7. 试说明工作总时差和自由时差的区别与联系。
8. 什么是时标网络计划？
9. 网络计划的优化有几部分内容？什么叫最佳工期？
10. 根据下表给出的各施工过程的逻辑关系，绘制双代号网络图并进行节点的编号。

施工过程	A	B	C	D	E	F	G	H	I	J	K
紧前工作	—	A	A	A	B	C	D	E、C	F	F、G	H、I、J
紧后工作	B、C、D	E	F、H	G	H	I、J	J	K	K	K	—
持续时间	2	3	4	5	6	2	2	5	5	6	3

11. 根据下表给出的数据，绘制双代号网络图，并且用图上计算法计算各工序的时间参数：ES_{i-j}，EF_{i-j}，LF_{i-j}，LS_{i-j}，TF_{i-j}，FF_{i-j}。

工作代号	持续时间	工作代号	持续时间	工作代号	持续时间
1 – 2	21	4 – 5	35	8 – 10	12
1 – 3	42	5 – 6	25	8 – 11	8
1 – 6	30	5 – 7	26	9 – 10	8
2 – 4	9	6 – 8	12	10 – 11	6
3 – 5	0	7 – 8	14	11 – 12	6
3 – 6	11	8 – 9	0	12 – 13	8

第6章

建筑装饰施工组织设计

学习目标　了解工程施工组织的基本理论；掌握编制各类施工组织设计和管理文件的基本原理，结合实际运用现代技术、经济、管理的方法，熟练地编制施工组织文件，提高从事工程施工组织和管理的工作能力。

学习重点　编制施工方案，编制施工材料计划，配置合理的劳动力和机械设备，选择合理的辅助施工方案。

学习难点　编制施工方案；编制技术措施；编制材料及机械设备计划。

6.1 建筑装饰施工组织设计文件的编制

6.1.1 编制前期准备工作

1）认真阅读项目文件和施工图纸，熟知工程的特点、规模、性质、风格、施工内容、质量及工期要求、技术难点和施工重点。

2）实地踏勘施工现场，核查施工现场可能对施工造成不利的因素，掌握施工项目周边环境特点、施工暂设、二次搬运等条件。针对施工的难点做好记录，详细记录项目中的疑难问题。

3）参加项目答疑会，听取建设单位的意见以及关于施工项目的相关部署。

4）施工组织设计编制要有针对性。

① 熟知"工程概况"各项指标，尤其是工程项目的主要分部分项工程及工程施工特点，它是我们拟定和编制项目施工组织设计的准备、部署、施工工艺及各项保证措施、各项工作计划的前提和依据。

② 根据各区段的施工特点划分施工区段；准确列出主要分部分项工程量表；按照规范要求排定主要施工顺序、主要工艺流程；说明工程施工所需工种的工作范围；科学划分施工现场平面布置；制订协调与业主、设计、监理、建筑各专业的配合措施等。

③ 对施工质量和工期等做出承诺。

④ 确定施工组织设计文件编制的内容、顺序、结构形式，必须对施工项目需要的项目部人员、组织结构、劳动力、材料、机具设备、施工工艺、进度计划等几大要素做出安排。

⑤ 针对工程项目施工中实际存在的难点、重点问题，必须编制出相应的对应措施和解决办法。

⑥ 施工组织设计必须有项目经理部主要成员工程履历、资质证明文件，项目经理履历及资质证明文件。

5）施工组织设计编制要有可操作性。

① 在拟定工程施工项目部人员的组成时，所需任职人员的安排必须全面，避免缺职，以免造成现场管理失控。与项目施工各部管理，各保证体系的人员职务安排必须前后一致，确保项目部各管理系统清晰、明确、高效、运作畅通。

② 拟定施工质量目标、工期目标、各项保证措施时，必须切合工程施工的特点需要。如：外装饰冬季施工，场地限制，降低成本，落实施工中采用新技术、新工艺等。

③ 施工所需的各类计划不能遗漏。劳动力计划，施工机具、设备计划的数量、品种、规格，要满足工作量、工期和施工管理的需要。施工材料总量计划应根据施工图纸分析做好。施工材料计划中应有各种材料符合国家规定的质量检验标准及环保标准。

④ 对施工中的重点和难点，需要进行技术攻关的项目，应拟定相应的解决或攻关措施。

⑤ 施工质量、施工安全、环保文明施工保障等重要部分，从管理体系到具体管理措施应编制全面。

⑥ 根据施工项目编制分项工程所需的施工方案。

6.1.2　施工组织设计编制依据

1. 施工组织设计法规文件依据

施工组织设计是保障工程项目科学、有序、高效实施的具有统揽全局意义的文件，编制文件的依据必须真实有效。编制依据包括规划文件、工程施工合同、招（投）标文件、施工图说明、国家现行有关工程建设的法律法规、行政规章和地方政府的有关规定，有关工程建设的技术经济文件和技术标准、规范、规程等。

（1）法律文件

1）主要质量、环境、安全法律法规。

《中华人民共和国建筑法》《中华人民共和国合同法》《中华人民共和国消防法》《中华人民共和国工程建设强制性标准》《中华人民共和国安全生产法》《建设工程质量管理条例》《建设工程施工现场管理规定》《建筑装饰装修管理规定》《工程建设标准强制性条文》《建设项目环境保护管理条例》。

2）主要国家验收规范。

《建设工程监理规范》（GB/T 50319—2013）、《建设工程文件归档整理规范》（GB/T 50328—2001）、《建设工程项目管理规范》（GB/T 50326—2006）、《建筑地面工程施工质量验收规范》（GB 50209—2010）、《建筑工程施工质量验收统一标准》（GB 50300—2013）、《建筑涂饰工程施工及验收规程》（JGJ/T 29—2015）、《建筑装饰装修工程质量验收规范》（GB 50201—2001）、《民用建筑工程室内环境污染控制规范（2013 版）》（GB 50325—2010）、《木结构工程施工质量验收规范》（GB 50206—2012）、《住宅装饰装修工程施工规范》（GB 50327—2001）。

3）主要环境标准。

《环境空气质量标准》（GB 3095—2012）、《声环境质量标准》（GB 3096—2008）、《民用建筑工程室内环境污染控制规范（2013 版）》（GB 50325—2010）、《建筑施工场界环境噪声排放标准》（GB 12523—2011）、《环境管理体系要求及使用指南》（GB/T 24001—2016）。

4）主要职业健康安全标准。

《建筑施工安全检查标准》（JGJ 59—2011）、《施工现场临时用电安全技术规范》（JGJ 46—2005）、《建筑施工高处作业安全技术规范》（JGJ 80—2016）、《建筑机械使用安全技术规程》（JGJ 33—2012）、《危险化学品重大危险源识别》（GB 18218—2009、《消防安全标识设置要求》（GB 15630—1995）、《用电安全导则》（GB/T 13869—2008）、《安全网》（GB 5725—2009）、《安全带》（GB 6095—2009）、《职业健康安全管理体系要求》（GB/T 28001—2011）。

（2）规划文件

规划文件包括国家批准的项目建设文件、项目调研、论证及可行性研究报告、工程项目一览表、投产交付使用的期限和投资计划，工程所需设备、材料的采购计划，项目建设地点所在地区主管部门的有关批件、承包商资质文件等。

（3）合同文件

招（投）标文件及勘察（设计）合同，工程施工合同，材料和设备供货合同等。

2. 施工组织设计技术文件依据

（1）设计文件

设计文件包括已批准的设计任务书，初步设计和技术设计或扩大初步设计说明书，建设区的测量平面图、建筑总平面图；总概算或修正概算、建筑竖向设计等。

（2）建筑场地工程勘察和技术经济资料

建筑场地工程勘察和技术经济资料包括：工程项目所在地域的地形、地貌、工程地质及水文地质、气象等自然条件；建设地区的建筑安装企业，预制件、制品供应情况，工程材料、设备的供应情况，交通运输、水、电供应情况，当地的文化教育、商品服务设施情况等技术经济条件。

（3）类似工程的有关资料以及现行操作规程和有关技术规定

类似工程的有关资料以及现行操作规程和有关技术规定包括：类似建设项目的施工组织总设计和有关总结资料；国家现行的施工及验收规范，操作规程、定额、技术规定和技术经济指标。

3. 施工组织设计管控依据

1）必须从实际需要出发。要符合现场的实际情况，有实现性。制订方案在资源、技术上提出的要求应该与当时已有的条件或在一定时间能争取到的条件相吻合，在切实可行的范围内才能制订出符合实际的施工组织方案。

2）满足合同要求的工期。要按工期要求交付工程项目，按时投入生产，发挥投资效益，这对工程项目投资人的发展具有重大意义，所以在制订施工方案时，必须保证在竣工时间上符合合同的要求，并能争取提前完成。为此，在施工组织上必须统筹安排，均衡施工，技术上采用先进的施工技术、施工工艺、新材料，在管理上使用互联网＋最新的管理理论进行动态管理和控制。

3）确保工程质量和施工安全。工程建设是百年大计，要求工程质量树品牌，施工生产保安全。因此，在制订方案时应充分考虑工程质量和施工安全，提出保证工程质量和施工安全的技术组织措施，确保施工过程符合技术标准、操作规范和安全规程的要求。

4）组织施工要有科学性。编制工程施工劳动力计划、施工机具计划、材料计划、施工进度计划等的编制目标应达到节能降耗和高效利用的要求。

6.1.3 建筑装饰工程施工组织方案

装饰工程项目施工方案包括以下内容：施工方法的确定、施工机具和设备的选择、施工顺序的安排、科学的施工组织、合理的施工进度、现场的平面布置及各种技术措施。施工方案前两项属于施工技术问题，后四项属于科学施工组织和管理问题。

（1）施工顺序的安排

施工顺序的安排是编制施工方案的重要内容之一，施工顺序安排得好，可以加快施工进度，减少人工和机械的停歇时间，并能充分利用工作面，避免施工干扰，达到均衡、连续的施工，实现科学组织施工，做到不增加资源，加快工期，降低施工成本。

（2）施工方案的制订

施工方案的制订是施工组织方案的核心内容，对于组织施工具有决定性作用。施工方案一经确定，机具设备的配备、选择就只能满足它的要求，施工组织也只有在确定的施工方案基础上进行。

（3）施工机械的选择

正确拟订施工方案和选择施工机械是合理组织施工的关键，二者又有紧密的联系。施工方案在技术上必须满足保证施工质量，提高劳动生产率，加快施工进度和充分利用机械功能的要求，做到技术上先进，经济上合理。而施工机械的选择在很大程度上会影响到施工方案的执行。

（4）施工组织管理

施工组织是施工项目在施工过程中对各种资源合理协调管理。施工项目是通过施工活动完成的，进行这种活动需要有大量的各种各样的建筑材料、施工机械、机具和具有一定生产经验与劳动技能的施工人员，并且要把这些资源按照施工技术规律与组织规律以及设计文件的要求，在空间上按照一定的位置，在时间上按照先后顺序，在数量上按照不同的比例，将它们合理地组织起来，完成工程施工合同的约定。

（5）施工现场平面布置

科学的布置现场可使施工机械、材料减少工地二次搬运和频繁移动施工机械产生的费用，可提高物资现场搬运和使用的效率。

（6）技术组织措施

技术组织是保证施工方案实施的措施。它包括加快施工进度，保证工程质量和施工安全，降低施工成本的各种技术措施。如采用新材料、新工艺、先进技术，建立安全质量保证体系及责任制，编写工序作业指导书，实行标准化作业，采用网络技术编制施工进度等。

6.2　建筑装饰工程施工部署

6.2.1　施工作业流程及平面布置

1. 施工区段划分

由于建筑装饰工程楼层多、工艺多、面积大，根据现场的实际情况以及施工作业区域的特点，考虑到各工序的衔接及人员调配的灵活性，并充分使各作业面能最大效率地展开施工，提高工作效率，保证工程进度，可分别组织施工班组同时进场作业，各班组之间既相互独立，又服从统一调度，各班组在适当时候可进行对调或充实。同时，各施工段内可分区域实施流水作业，并注意与其他相关单位的交叉配合工作，周密部署，严格控制，积极协调，实现工程各项指标。

2. 施工作业顺序安排

装饰施工部署按照"先安装后装饰、先基层后面层、先湿后干、先上后下、先里后外"的原则，实行平面分区，平行施工的施工方法；按照系统工程原理，精心组织各工种、各工序的作业，对工程的施工过程、进度、资源、质量、安全、成本实行全面管理和动态控制。

根据楼层的移交时间，从高区至低区的顺序进行放线打眼、电梯厅墙面钢架安装、管道井砌砖等工作，在相关单位配合管线敷设、设备安装及地暖布置完成后，办理会签手续进行下道工序的施工，即轻钢龙骨吊顶基层、水泥砂浆找平、防水施工等，通过隐蔽验收进行后序施工，遵循"顶、墙、地"的施工程序。在互不影响，避免干扰的前提下，各施工区域内应按如下基本顺序进行作业：

基层清理——放线定位——相关单位安装管线、设备施工——墙、地面湿作业找平防水施工——顶棚、墙面基层骨架施工——窗帘盒等顶棚造型施工——半成品装饰造型施工——墙面、顶棚面层板安装——大理石、地砖、墙砖铺贴——墙面、顶棚批刮腻子——线条、门、饰面板等细木制品安装——水、电、风等末端设备安装调试——墙面、顶棚刷涂料——木制品油漆、墙纸安装——地板铺贴——窗帘、标牌安装——收尾清理——工程预验收——竣工交付。分项工程作业流程图如图 6-1 所示。

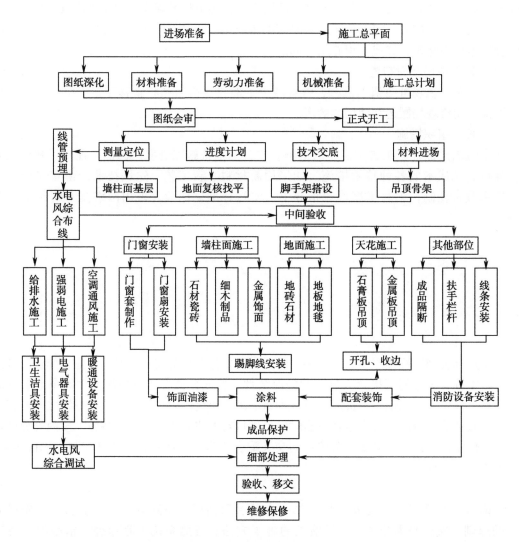

图 6-1 分项工程作业流程图

实际操作中，各栋楼的移交时间以及各施工区域所面临的具体情况会发生局部变化，会存在工序交接上的多样性和灵活性，施工中应根据需要进行相应调整。

3. 施工平面布置

（1）原则

平面布置要充分利用原有地形、地物，少占农田，因地制宜，以降低工程成本；充分考虑水文、地质、气象等自然条件的影响；场区规划必须科学合理；场内运输形式的选择及线路的布设，应尽量减少二次倒运和缩短运距；一切设施和布局，必须满足施工进度、方法、工艺流程及科学组织生产的需要；必须符合安全生产、保安防火和文明施工的规定和要求。

（2）内容

垂直运输设备（含混凝土泵）、起重吊装机具的布置（若选用塔吊应标明轨距及中心距拟建工程外墙面的距离，回转半径及服务范围）和混凝土砂浆搅拌台（站）的具体位置；各种生产生活临时设施的位置，应标明设施名称、尺寸；各种材料、成品、半成品（包括构件、砂、石、砌体材料、架料、模板等）存放场地各种加工场的布置；施工围墙、场内运输道路和现场出入口的布置；施工临时供水、排水、供电管线走向的布置；其他需要布置的内容，如安全、消防设施等。

6.2.2　编制分部工程施工方案

1. 防水施工方案

图 6-2　防水施工工艺流程

表 6-1　防水施工方案

控制项目		施 工 要 点
施工准备		1. 卫生间防水分项工程施工前应由施工单位编写卫生间防水施工方案，由监理单位及建设单位审批通过后方可施工 2. 防水材料要有正规的出厂合格证及性能检验报告，进场后必须进行复检，合格后方可使用 3. 结构施工时卫生间穿楼板管道预留洞的位置要准确，管道安装前要用线坠吊线检查，确保管道周围缝隙小于 30mm，个别位置准确的孔洞用水钻开孔，严禁随意剔凿 4. 卫生间墙体根部应制作高度小于 200mm 的混凝土现浇带，现浇带楼板要一次整体浇筑 5. 热水及暖气管道穿楼板要使用套管，套管顶部应高出装饰地面 50mm，下部应与楼板底面相平，安装前应准确计算其长度。穿过楼板的套管管道之间缝隙应用阻燃密实材料和防水油膏填实，端面要光滑 6. 居室地面施工时在卫生间门口处预留出 300mm 宽做防水，待卫生间防水层施工完毕后和防水保护层一起施工
操作过程	管道安装	地漏标高由地面做法和门口至地漏坡度（坡度小于 3%）确定，施工时要严格控制。安装管道时要将止水圈套在管道上（止水圈由 PVC-U 管道生产商配套供应）。所有穿越卫生间楼板的管道安装完毕并验收合格后，必须及时堵洞，堵洞时要严格细致地进行孔洞清理，将地漏、上下水等各管道周围的木楔、砖块等用来临时固定管子的杂物彻底清除

（续）

控制项目		施 工 要 点
操作过程	支模堵洞	堵洞用的模板可采用木模板或定型底模。支模后用水冲洗孔洞，先用表面处理剂（如：EC-1界面处理剂）满涂预留洞口四周，再分两次灌缝。第一次先把止水圈提起，用加微膨胀剂的半干硬性细石混凝土灌入并捣实，混凝土强度等级应比楼板混凝土强度提高1个标号，其厚度为楼板厚度的1/2。第二次落下止水圈，用等级相同的混凝土填缝，使其与楼板齐平。填缝混凝土要及时养护，达到一定强度后（一般5天）进行管道根部24小时蓄水试验，合格后再做找平层
	找平层施工	为使找平层和基层结合牢固，应将基层的浮灰、油污等处理干净，找平层施工时应边扫素水泥浆边抹灰，卫生间周圈墙角处抹成$R=30$mm的圆弧，管道周围留凹槽，内嵌油膏，分两次抹压，最后压光压平，找平层要及时养护，以防找平层开裂、空鼓或起砂
	防水层施工	待找平层完全干透后，将找平层彻底清扫干净。应先在管根、地漏、四周墙根周围涂刷一道涂膜附加层内加玻璃丝布，管道周围直径为300mm，墙角处沿墙高和楼板水平方向各150mm。待干到不粘手时，开始整体涂刷防水涂漠。整体涂刷要分层进行，每层涂膜厚度要均匀，涂刷方向要一致，不得漏涂。相邻两层涂膜涂刷方向应相互垂直，时间间隔根据环境温度和涂膜固化程度控制。各整体防水层在墙根处应向上卷起至少200mm，门口铺出300mm宽，防水层厚度要符合设计要求
	防水层验收（闭水试验）	防水层施工完毕后，必须进行闭水试验，试验时间为24小时以上。自顶板下方观测管道周边和其他墙边角处等部位无渗水、湿润现象，经监理单位和建设单位验收合格后办理隐蔽验收记录
	保护层施工	防水层上的保护层要一次成活，施工时要做好成品保护，防止破坏防水层。保护层向地漏找坡坡度不小于3%
注意事项		1. 堵洞前管道周围缝隙不得小于30mm，个别位置准确的孔洞要用水钻开孔，严禁随意剔凿，以保证堵洞质量 2. 卫生间墙体根部应做不小于200mm高的混凝土现浇带，现浇带与楼板要结合牢固，以防卫生间墙体渗漏 3. 穿楼板用的套管，其顶部一定要高出装饰地面50mm 4. 找平层施工时基层必须处理干净，防止找平层结合不牢。阴阳角要做成圆弧状，防水层施工时找平层一定要清扫干净，特别是管根、墙根等部位 5. 涂刷涂膜时厚度要均匀一致，不宜太厚，前后两次涂刷方向应相互垂直，总厚度必须符合设计要求 6. 闭水试验合格后要及时进行保护层施工，以防人为破坏 7. 埋入地面的冷热水管道严禁从卫生间门口进入卫生间，应沿墙暗铺至墙面防水层上面穿墙进入卫生间 8. 卫生间门口外300mm范围内可不做地盘管

2. 木门安装施工方案

图6-3　木门安装施工工艺流程

表 6-2　木门安装施工方案

控制项目	施工要点
施工测量放线、准备	对需要安装木门的墙面进行检查，检查门口位置的准确度，并在墙上弹出墨线，门洞口结构凸出门框线时进行剔凿处理 门框应根据图纸位置和标高安装，合理设置木砖数量，轻质隔墙应预设带木砖的混凝土块，以保证其门安装的牢固性
安装副门框	副门框在墙面抹灰前固定安装，成品副门套与墙体的固定用木板块或夹板辅助垫牢，所有垫块必须经过防腐处理，副门套与墙体的空隙用发泡剂填实，水泥砂浆抹平。平整度、垂直度应符合验收要求
安装木门框	将木门框用木楔临时固定在门窗洞口内相应位置 用吊线坠校正框的正、侧面垂直度，用水平尺校正框冒头的水平度 用砸扁钉帽的钉子钉牢在木砖上，钉帽要冲入木框内 1～2mm，每块木砖要钉两处
安装门扇	量出樘口净尺寸，考虑留缝宽度。确定门扇的高、宽尺寸，先画出中间缝处的中线，再画出边线，并保证挺宽一致 若门扇高、宽尺寸过大，则刨去多余部分。修刨时应先锯余头，再行修刨。门扇为双扇时，应先做打叠高低缝，并以开启方向的右扇压左扇 试装门扇时，应先用木楔塞在门扇的下边，然后再检查缝隙。合格后画出合页的位置线，剔槽装合页 门框内侧与门扇相碰之处应安装消声条
安装小五金	所有小五金必须用木螺丝固定安装，严禁用钉子代替。使用木螺丝时，先用手锤钉入全长的 1/3，接着用螺丝刀拧入。当木门窗为硬木时，先钻孔径为木螺丝直径 0.9 倍的孔，孔深为木螺丝全长的 2/3，然后再拧入木螺丝 铰链距门窗扇上下两端的距离为扇高的 1/10，且避开上下冒头，安好后必须灵活 门锁距地面高 0.9～1.05m，应错开中冒头和边挺的榫头 门窗拉手应位于门窗扇中线以下 门扇开启后易碰墙的门，为固定门扇，应安装门吸 小五金应安装齐全，位置适宜，固定可靠

3. 轻钢龙骨石膏板吊顶施工方案

图 6-4　轻钢龙骨石膏板吊顶施工工艺流程

表 6-3　轻钢龙骨石膏板吊顶施工方案

控制项目	施工要点
抄平、放线	根据现场提供的标高控制点，按施工图纸各区域的标高，首先在墙面、柱面上弹出标高控制线，一般按 ±0.000 以上 1.40m 左右为宜，抄平最好采用水平仪等仪器，在水平仪抄出大多数点后，其余位置可采用水管抄标高。要求水平线、标高一致、准确

（续）

控制项目	施工要点
排版、分格线	根据实际测到的各房间尺寸，按市场采购的板材情况，进行各房间的纸面石膏板排版（包括龙骨排版布置），绘制排版平面图，尽量保证板材少切割、龙骨易于安装。然后依据实际排板情况，在楼板底弹出主龙骨位置线，便于吊筋安装，保证龙骨安装成直线、吊筋安装垂直 龙骨排版布置应充分考虑天棚造型、灯具安装、空调孔等位置，主龙骨应尽量错开这些位置 第二层板安装时，其长边所形成的接缝应与第一层板的长边缝错开，至少错开300mm。其短边所形成的板缝，也要与第一层板的短边错开，相互错开的距离至少是相邻两根次龙骨的中距
安装边龙骨	根据抄出的标高控制线以及图纸标高要求，在四周墙体、柱体上铺钉边龙骨，以便控制天棚龙骨安装。边龙骨安装要求牢固、顺直、标高位置准确，安装完毕后应复核标高位置是否正确
吊筋安装	吊顶采用ϕ8吊筋，吊筋间距控制在1200mm以内，要求安装牢固，吊杆布置横平竖直，膨胀头不得裸露在结构表面
安装主龙骨	相邻两根主龙骨接头位置应错开，错开以1200mm为宜；相邻主龙骨应背向安装，相邻主龙骨挂件应采用一正一反安装，防止龙骨倾覆；龙骨连接应采用专用连接件，并用螺栓锁紧；主龙骨中距为1000~1100mm 主龙骨安装应拉线进行龙骨粗平工作，房间面积较大时（面积大于20m²），主龙骨安装应起拱（短向长的1/200），调整好水平后应立即拧紧主挂件的螺栓，并按照龙骨排版图在龙骨下端弹出次龙骨位置线
安装次龙骨、横撑龙骨	按照龙骨布置排版图安装次龙骨，次龙骨安装完毕后安装横撑龙骨。次龙骨安装时要求相邻次龙骨接头错开，接头位置不能在一条直线上，防止石膏板安装后吊顶下塌 横撑龙骨安装要求位于纸面石膏板的长边接缝处，横撑龙骨下料尺寸一定要准确，确保横撑龙骨与次龙骨连接紧密、牢固 次龙骨和横撑龙骨安装后应进行吊顶龙骨精平，拉通线进行检查、调整。房间尺寸过大时，为防止通线下坠，宜在房间内适当增加标高标志杆（木枋），保证通线水平准确 次龙骨与主龙骨、次龙骨之间、次龙骨与横撑龙骨连接应采用专用连接件连接，并保证连接牢固、紧密
安装石膏板	饰面板应在自由状态下固定，防止出现弯棱、凸鼓的现象 石膏板的长边（既包封边）应沿纵向次龙骨铺设 自攻螺丝与防潮板板边的距离，以10~15mm为宜，切割的板边以15~20mm为宜 固定次龙骨的间距，一般为300mm，钉距以150~170mm为宜，螺丝应与板面垂直，弯曲、变形的螺丝应剔除 面层板接缝应错开，不得在一根龙骨上；二层面板安装时应该与一层错缝，风口处石膏板套割安装 防潮板与龙骨固定时，应从一块板的中间向板的四边进行固定，不得多点同时作业 螺丝钉头宜略埋入板面，钉眼应做防锈处理并用石膏腻子抹平

4. 顶棚乳胶漆施工方案

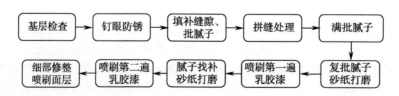

图6-5　顶棚乳胶漆施工工艺流程

表 6-4　顶棚乳胶漆施工方案

控制项目	施工要点
基层检查	1. 石膏板吊顶：检查吊顶是否平整；灯槽及窗帘盒是否顺直；钉眼是否外露；石膏板是否破损等工序的质量问题 2. 原始结构：在涂饰前应涂刷抗碱封闭底漆；基层的含水率不得大于 10%；基层腻子应平整、坚实、牢固，无粉化、起皮和裂缝
钉眼防锈	对石膏板吊顶的自攻螺丝或结构面出现的钉眼进行防锈处理
嵌缝	用裁纸刀将石膏板接缝处纸面刮出坡口缝（一般预留 5mm） 第一道腻子：用嵌缝石膏在板接缝内满填刮平，应用穿孔纸带封住接缝，用嵌缝石膏轻轻覆盖。第一遍腻子为耐水腻子 第二道腻子：轻抹板面并修边，应覆盖螺钉部位 第三道腻子：抹一层嵌缝石膏腻子；应湿润新抹腻子的边缘，并用抹子修边；满批腻子为防裂腻子。表面腻子凝固后，用 360# 砂纸打磨 如果是粉刷墙面，直接满批腻子找平、修边，腻子干透后，用 360# 砂纸打磨
满刮腻子、打磨	第一遍满刮粉刷石膏找平，要求均匀刮平，不留腻子 第二遍粉刷石膏找平，待第一遍粉刷完全干燥后进行 第三遍粉刷石膏找平，待第二遍粉刷层干透后进行，要求整体平整度、垂直度达到最高标准 第一遍满刮腻子、打磨：用 2m 靠尺先检查，要求刮薄、刮匀不留腻子。腻子干燥后，用砂纸磨平磨光 第二遍满刮腻子及磨光：收缩裂缝不平处，重新补腻子，腻子干燥后，打磨平整并清扫干净 第三遍满刮腻子及磨光：不平整的部位再用腻子抹平，腻子干燥后，再打磨平整，清扫粉尘
刷乳胶漆	刷第一遍乳胶漆：搅拌均匀后，用排刷涂刷，要求无漏刷、无明显接槎，同一独立面应用同一批号的乳胶漆 第二、三遍乳胶漆的磨光，控制措施同第一遍
质量要求	应涂饰均匀、粘结牢固，不得漏涂、透底、起皮和掉粉 颜色应均匀一致；不允许出现泛碱、咬色、流坠、疙瘩现象；表面无砂眼、无刷纹；装饰线、分色线直线度允许偏差为 1mm

5. 地面砂浆找平施工方案

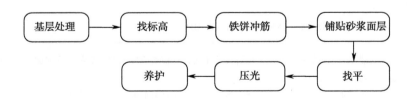

图 6-6　地面砂浆找平施工工艺流程

表 6-5　地面砂浆找平施工方案

控制项目	施 工 要 点
基层处理	把沾在基层上的浮浆、落地灰等用錾子或钢丝刷清理掉，再用扫帚将浮土清扫干净，应在抹灰的前一天洒水湿润后，刷素水泥浆或界面处理剂，随刷随铺设砂浆，避免间隔时间过长，形成空鼓
找标高	根据水平标准线和设计高度，在四周墙、柱上弹出面层的水平标高控制线 按线拉水平线抹找平墩（60mm×60mm 见方，与面层完成面同高，用同种混凝土），双向间距不大于 2m，有坡度要求的房间应按设计要求拉线，抹出坡度墩 面积较大的房间为保证房间地面平整，还要做冲筋，以做好的灰饼为标准，抹条形冲筋，高度与灰饼同高，形成控制标高的"田"字格，用刮尺刮平，作为砂浆面层厚度控制的标准
铺设	铺设前应将基底湿润，并在基底上刷一道素水泥浆或界面结合剂，将搅拌均匀的砂浆从房间内退着往外铺设。砂浆的稠度不应大于 35mm
搓平	用木刮杠将砂浆刮平，立即用木抹子搓平，并随时用 2m 靠尺检查平整度
压光	第一遍抹压：在搓平后立即用铁抹子轻轻抹压一遍直到出浆为止，面层均匀，与基层结合紧密牢固 第二遍抹压：当面层砂浆初凝后（上人有脚印但不下陷），用铁抹子把凹坑、砂眼处填实抹平，注意不得漏压，以消除表面气泡、孔隙等缺陷
养护	应在施工完成后 12h 左右覆盖和洒水养护，每天不少于 2 次，严禁上人，养护期不得少于 7d

6. 地面石材面层施工方案

图 6-7　地面石材面层施工工艺流程

表 6-6　地面石材面层施工方案

控制项目	施 工 要 点
熟悉图纸 复核材料	以排版图和加工单为依据，熟悉了解各部位的尺寸和做法，弄清洞口、边角等部位之间的关系。复核大理石编号与排版图的编号以及实际到场大理石能否满足现场需要
标高控制 基层处理	在房间的主要部位弹出互相垂直的控制十字线，用以检查和控制大理石板块的位置，十字线可以弹在混凝土垫层上并引至墙面底部。若设计有图案要求时，应按照设计图案弹出准确分格线，并做好标记，防止差错 清理粘在基层上的浮浆、落地灰，同时润湿地面
试拼、试排	在正式铺设前，对每一房间的大理石（或花岗石）板块应按图案、颜色、纹理试拼。试拼后按两个方向编号排列，然后按编号放整齐 在房间内的两个相互垂直的方向铺两条干砂，其宽度大于板块，厚度不小于 3cm。根据图纸要求把大理石板块排好，以便检查板块之间的缝隙，核对板块与墙面、柱、洞口等的相对位置
铺砂浆	在清理完毕的基底上刷一道素水泥浆或界面结合剂，随刷随铺设搅拌均匀的干硬性水泥砂浆

（续）

控制项目	施工要点
铺大理石	一般房间应先里后外进行铺设，即先从远离门口的一边开始，按照试拼编号依次铺砌，逐步退至门口。铺前将板块预先浸湿阴干后备用，在铺好的干硬性水泥砂浆上先试铺合适后，翻开石板，在水泥砂浆上浇一层水灰比为 0.5 的素水泥浆，然后正式镶铺。安放时四角同时往下落，用橡皮锤或木锤轻击木垫板（不得用木锤直接敲击大理石板），根据水平线用水平尺找平，铺完第一块向两侧和后退方向顺序镶铺，如发现空隙应将石板掀起用砂浆补实再行安装。大理石板块之间接缝要严，不留缝隙。大面积铺设时应分时段、分部位铺贴
养护及保护	大理石铺贴完毕后应进行养护，养护时间不得小于 7d，用纤维板或地毯进行面层保护

7. 地面瓷砖面层施工方案

图 6-8　地面瓷砖面层施工工艺流程

表 6-7　地面瓷砖面层施工方案

控制项目		施 工 要 点
施工准备		墙面抹灰及墙裙做完 内墙面弹好水准基准墨线（如：+500mm 或 +1000mm 水平线） 门窗框要固定好，并用 1:3 水泥砂浆将缝隙堵塞严实。门框边缝所用嵌塞材料应符合设计要求，且应塞堵密实并事先粘好保护膜 门框保护好，防止手推车碰撞 穿楼地面的套管、地漏做完，地面防水层做完，并完成蓄水试验办好验收手续 按面砖的尺寸、颜色进行选砖，并分类存放备用，做好排砖设计 大面积施工前应先放样并做样板，确定施工工艺及操作要点，并向施工人员做好交底。样板完成后必须经鉴定合格后方可按样板要求大面积施工
操作过程	基层处理	把沾在基层上的浮浆、落地灰等用铲子或钢丝刷清理掉，再用扫帚将浮土清扫干净
	找标高	根据水平标准线和设计厚度，在四周墙、柱上弹出面层的水平标高控制线
	排砖	将房间依照砖的尺寸和留缝大小，排出砖的放置位置，并在基层地面弹出十字控制线和分格线。排砖应符合设计要求，当设计无要求时，宜避免出现板块小于 1/4 边长的边角料
	铺设结合层砂浆	铺设前应将基底湿润，并在基底上刷一道素水泥浆或界面结合剂，随刷随铺搅拌均匀的干硬性水泥砂浆
	铺砖	将砖放置在干拌料上，用橡皮锤找平，之后将砖拿起，在干拌料上浇适量素水泥浆，同时在砖背面涂厚度约为 1mm 的素水泥浆，再将砖放置在找平了的干拌料上，用橡皮锤按标高控制线和方正控制线坐平、坐正 铺砖时应先在房间中间按照十字线铺设十字控制砖，之后按照十字控制砖向四周铺设，并随时用 2m 靠尺和水平尺检查平整度。大面积铺贴时应分段、分部位铺贴。如设计有图案要求时，应按照设计图案弹出准确分格线，并做好标记，防止差错

（续）

控制项目		施 工 要 点
操作过程	养护	当砖面层铺贴完24h内应开始浇水养护，养护时间不得小于7d
	勾缝	当砖面层的强度达到可上人的时候，用同种、同强度等级、同色的水泥膏或1:1水泥砂浆进行勾缝，要求缝清晰、顺直、平整、光滑、深浅一致，缝应低于砖面0.5～1mm

8. 木地板安装施工方案

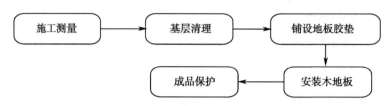

图6-9 木地板安装施工工艺流程

表6-8 木地板安装施工方案

控制项目		施 工 要 点
作业条件		材料检验已经完毕并符合要求；隐蔽工程经验收且合格 施工前，应做好水平标志，以控制铺设的高度和厚度 对所有作业人员进行了技术交底 作业时的施工条件（工序交叉、环境状况等）应满足施工质量可达到标准的要求 抹灰工程和管道试压等施工完毕后进行
操作过程	基层清理	把沾在基层上的浮浆、落地灰等用铲子或钢丝刷清理掉，再用扫帚将浮土清扫干净
	铺设地板胶垫	地面均匀满铺地板胶垫，不重叠，不漏铺
	安装木地板	从墙的一边开始铺拼实木地板，靠墙的地板应使用地板专用弹簧卡离开墙面10mm左右，与门槛石、落地窗收口处用T形不锈钢卡条压紧，保证平整、牢固、不变形，以后逐块排紧。实木地板面层的接头应按设计要求留置 铺实木地板时应从房间内退着往外铺设。不符合模数的板块，其不足部分在现场根据实际尺寸将板块切割后镶补，并应用胶粘剂加强固定。现场地插、新风口等位置按实物开槽，要求开缝光滑顺直
	成品保护	清理安装完毕的木地板，用干净的保护膜和纸板或夹板进行成品保护

9. 墙面瓷砖面层施工方案

图6-10 墙面瓷砖面层施工工艺流程

表 6-9　墙面瓷砖面层施工方案

控制项目		施工要点
施工准备		对所覆盖的隐蔽工程进行验收且合格 施工前，应做好水平标志以控制铺设的高度和厚度，可采用竖尺、拉线、弹线等方法 门框已安装到位并通过验收
操作过程	基层处理	基层要求坚实平整，无浮灰、松软层和油污，大的空洞需预先修补
	弹线	对粘贴瓷砖的每个墙面均应弹出立线，在弹线之前应先检查墙的平整度和室内尺寸，瓷砖粘贴层厚度一般为 3～4mm。按瓷砖尺寸加砖缝，粘贴墙面两侧竖向定位瓷砖带，然后以此作为标准线逐层粘贴
	拉控制线	在每面墙上两侧竖向定位瓷砖带，粘贴时分层挂线，使薄钢片勾住拉紧，这条拉紧的线就是表面平整线，它既能控制每行砖的平整度，也能控制每行砖的水平度。 　　选用已弹好的立线，在下面用拖板尺垫平、垫牢，使它和墙面底砖下线相平，然后在拖板尺上划出尺杆，其目的是决定能否赶整砖。如赶不上，不能切割窄砖，应该计算好，用割两块砖的办法来消除窄条现象，并应将切割的砖适当粘在不明显处，这样能使墙面砖比较整齐。在尺杆定位后，要在竖线上、下端适当处钉入钉子，挂线成为竖向表面平整线。表面平整线、横向水平线两端用薄钢片作为钩形，勾在两端砖上拉紧使用。挂好后，经检查无误，在水平方向由左向右，在竖向由下往上，才能层层开始粘贴瓷砖
	料浆配制	将瓷砖粘结粉徐徐加入一定量的水中，水灰比约为 1:4，边加入边搅拌到适宜的稠度为止，静置 10min 后再搅拌均匀即可使用，注意在料浆配制时，一次不可配制太多，以初凝（5h 左右）前用完为好
	铺贴面砖	将搅拌好的料浆以齿形镘刀涂在基面上，使之均匀分布并梳成条纹状，以便排出空气，在瓷砖背面薄刮一层料浆，在基层料浆干燥前将瓷砖粘结在基面上，注意瓷砖的整个背面与瓷砖粘结剂完全密合，不留空隙。瓷砖粘结前一般不需要泡水预湿，只需将瓷砖表面浮土清理干净即可
擦缝		清理表面残渍，用竹签划缝，并用棉纱擦净，贴完一面墙后要将横竖缝划出来 墙面瓷砖勾缝用白色水泥浆或是用色粉调制和面砖同色的浆，待嵌缝材料硬化后再清洗表面

10. 墙面石材干挂施工方案

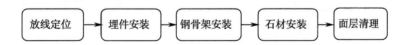

图 6-11　墙面石材干挂施工工艺流程

表 6-10　墙面石材干挂施工方案

控制项目	施工要点
放线定位	对墙面饰面干挂进行轴线、标高复核定位并依次将轴线和 1000mm 标高线标在墙面上做好钢骨架基层的定位
埋件安装	依据定位线安装固定钢骨架的钢板埋件；如基层为砖墙，必须用穿墙螺栓固定预埋钢板

（续）

控制项目	施工要点
钢骨架安装	主龙骨间距小于1200mm，次龙骨间距同板块 龙骨安装前必须用线锤吊直，若没有达到要求的标准，应在安装板前更正过来 龙骨应根据图纸排放，图纸应充分考虑板的接口，准备充足配件 将镀锌槽钢竖向电焊固定在预埋板上，在安装好的竖筋上再按照石材分层线，水平焊接已按照石材分格安装尺寸钻好孔的角钢，此孔为固定不锈钢挂件所预留。钢骨架基层安装完毕，所有焊接部位均刷防锈漆两度，将不锈钢连接件拧在水平的镀锌角钢上
石材安装	根据施工图现场测量墙的实际尺寸并在墙上标出板的边缘尺寸，并检查板的上、下端以确保锁定装置有龙骨支持，用激光水平仪就整个安装区域定一水平位置，然后根据定下的水平位置在龙骨上或墙上标志板的位置，图纸上需标明锁定装置在板上的位置 石材拆包整理，将有缺边掉角、裂纹和局部污染变色的花岗石板材挑选出来，对完好的花岗石进行套方检查，规格尺寸如有偏差，应磨边修整。能用的石材按规格、品种、颜色分别堆放，并按设计要求将石材按规定部位顺次摆开在地上，选色、对花纹、色调不一致要挑出，力求颜色一致，然后根据预排，依据安装配置图的先后顺序编号标在板上，同时核对石材的实际尺寸，需要切割处理的要先调整安排好，力求对号入座，符合设计和规范要求。石材正、背面及四个侧面应涂刷防水胶漆以防碱性物质的渗透，表面应涂刷石材保新剂等做防污处理 石材安装采用70×50×4不锈钢挂件，挂件与钢架横向L50×5角钢之间采用φ10×25不锈钢螺栓连接规格板采用2个挂件与钢架连接，挂件布置在石材边200mm处，超过1200mm长的板采用3只挂件 石材侧边安装开槽最大深度20mm，槽内填满云石胶 石材前后位置调整可利用连接件上的腰型孔，上下位置调整可采用塑料垫块等一些辅助配料，塑料垫块与石材间用云石胶粘结，完成后要求密封拼接

11. 墙面墙布裱糊施工方案

图6-12 墙面墙布裱糊施工工艺流程

表6-11 墙面墙布裱糊施工方案

控制项目	施工要点
基层处理 混凝土及抹灰基层处理	对基层粉刷石膏要找平三次，满刮腻子三遍打磨砂纸。刮腻子时，将混凝土或抹灰面清扫干净，使用胶皮刮板满刮一遍。做到凸处薄刮，凹处厚刮，大面积找平。处理好的底层应该平整光滑，阴阳角线方正度、垂直度无误差，无裂痕、崩角，无砂眼麻点，通体淡白，无杂色，无色差

（续）

控制项目		施工要点
基层处理	木质基层处理	木基层要求接缝不显接搓，接缝、钉眼应用腻子补平并满刮油性腻子一遍（第一遍），用砂纸磨平。第一遍满刮腻子主要是找平大面；第二遍可用石膏腻子找平，腻子的厚度应减薄，可在该腻子五六成干时，用塑料刮板有规律地压光，最后用干净的抹布轻轻将表面灰粒擦净
	石膏板基层处理	纸面石膏板比较平整，批腻子主要是在对缝处和螺钉孔处。对缝批抹腻子后，还需用棉纸带贴缝，以防止对缝处的开裂。在纸面石膏板上，应用腻子满刮一遍找平大面，再第二遍腻子进行修整
涂刷墙布专用水性基膜		涂刷基膜是为了增加粘结力，防止处理好的基层受潮弄污。在涂刷防潮基膜时，室内应无灰尘，且应防止灰尘和杂物混入该基膜中。基膜一般是一遍成活，但不能漏刷、漏喷
裱贴		裱贴壁布时，首先要选定裱贴起始点，保证墙布垂直，用电加热熨斗紧贴墙布使墙布与墙面压实，均匀移动熨斗使墙布均匀受热，待墙布背面不干胶与墙面形成粘结后依次均匀向下熨烫。原则是同一面墙先上后下，先水平后垂直，先大面后细部。裱贴时剪刀和长刷可放在围裙袋中或手边。墙布无缝裱糊，墙体断面处将布整体裁开。裁布用专业美工刀片，顺直无线头
		裱糊前，应尽可能卸下墙上灯具、插座、开关等面板，首先要切断电源，用火柴棒或细木棒插入螺丝孔内，以便在裱糊时识别，以及在裱糊后切割留位。不易拆下的配件，不能在壁布上剪口再贴上去。操作时，将壁布轻轻糊于电灯开关上面，并找到中心点，从中心点开始切割十字，一直切到墙体边。然后用手按出开关体的轮廓位置，慢慢拉起多余的壁布
		墙布上墙后不得触摸，自然晾干，晾干后用塑料薄膜纸进行整体覆盖保护

12. 软包饰面安装施工方案

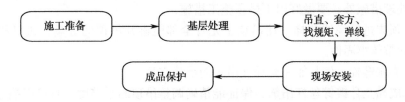

图 6-13 软包饰面安装施工工艺流程

表 6-12 软包饰面安装施工方案

控制项目	施 工 要 点
施工准备	根据设计图纸要求，结合现场实际尺寸，确定软包饰面成品尺寸及使用部位，编号下单，厂家进行加工墙面机电管线、软包基层通过隐蔽验收，满足施工条件
基层处理	基层隐蔽要求合格后，安装 9mm 厚夹板做软包墙面基层，木饰面防火涂料三遍，厚度要均匀，满足防火要求，基层牢固，平整度满足规范要求
吊直、套方、找规矩、弹线	对照料单，把房间需要软包墙面的装饰尺寸、造型等通过吊直、套方、找规矩、弹线等工序弹至墙面基层上
现场安装	根据下料单及排版图，对照材料编号落实到每个户型，经过试拼，满足设计要求效果后进行安装 采用泡沫填充剂结合气钉加固的方法进行固定，气钉固定处将厚型织组布挑出，防止钉帽裸露表面 饰面平整度、垂直度、接缝等符合规范要求，软包饰面安装牢固，饰面安装保持整洁
成品保护	除尘清理，粘贴保护膜和处理胶痕，必要时用 3mm 厚夹板进行覆盖保护

13. 玻璃隔断安装施工方案

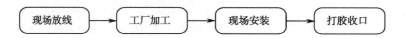

图 6-14　玻璃隔断安装施工工艺流程

表 6-13　玻璃隔断安装施工方案

控制项目	施工要点
现场放线	根据设计施工图的要求，按现场位置情况，编制玻璃隔断尺寸加工清单。加工清单上要编制楼号、层数、房间号及卫生间编号
工厂加工	玻璃厂家根据玻璃隔断尺寸加工清单、设计的材料要求及设计图纸的加工要求进行加工，加工后编制与加工清单编号一致的编号
现场安装	现场安装前首先核对工厂的玻璃制品加工编号，然后在卫生间的墙面、地面进行放线，画定安装玻璃固定件的位置进行钻孔；玻璃就位校正位置；安装玻璃及固定件
打玻璃胶	对于固定的玻璃隔板，安装固定件后打透明的无酸玻璃胶收口

6.2.3　装饰施工技术难点保证措施

1. 顶棚吊顶防裂措施

对于大面积和大跨度的石膏板，这些部位的吊顶施工容易因温度效应产生伸缩裂缝或因施工措施不当导致影响装饰美观的裂缝。为了有效防止裂缝的产生，除严格按设计图纸要求的吊顶节点处理措施外，要做好以下吊顶施工措施：

1）对吊顶先进行弹线放样，使吊顶主龙骨全部能避开吊顶的灯具、风口和检修孔等，以保证吊顶的整体牢固性。

2）采用膨胀螺栓，使其能完全保证吊顶的承载重量。

3）采用成品全牙镀锌丝杆吊筋，保证能精确调整吊顶的平整度，且可以缩短工期。

4）加强吊顶施工中各项工序的质量检查，螺栓、吊筋、主龙骨和副龙骨安装及封吊顶面板，每道工序均严格把关，仔细测量，确保均要达到优良标准方可进行下道工序施工。

5）加强与安装单位的联系，在每个施工部位张贴该部位的检查验收质量跟踪表，待业主、监理及安装单位签字后，吊顶施工人员方可进行后面工序的施工，以免出现吊顶封板后安装单位还要爬顶施工，从而影响吊顶质量。

6）采取在风口、检修孔等周边加主、副龙骨的措施来加固质量，确保以后检修时不会造成质量问题。

7）除正常的工艺施工外，吊顶涂料施工应加大专项的检查力度，安排施工人员在批腻子时采用大靠尺带平，砂纸打磨及找平时采用挂灯贴顶检查（此方法在对质量较高的吊顶中常用，吊顶任何不平部位将一览无遗），保证吊顶平整。

8）乳胶漆的阴阳角，除采用拉发基专用贴护角防止裂缝外，基层批腻子时还将专门弹线控制，并用大靠尺带平，这样可保证施工结束后，所有的阴阳角挺直、方正。

9）大面积平顶最好按设计要求封两层石膏板，所有吊顶上的灯孔、空调孔应在放线时根据现场综合布局，尽量选用成品铝合金检修孔，防止吊顶封板后再调整造成振动开裂。

10）为防止走廊吊顶因过长而产生变形裂缝，建议在不影响装饰效果的基础上，将过道吊顶分割成几个独立小段，以减少吊顶收缩应力。各段之间采用假风口等形式进行连接，保证吊顶不会因收缩应力过大而产生裂缝等质量通病。对于重要部位的吊顶石膏板缝隙处理，采用玻璃纤维网格胶带取代穿孔纸带，玻璃纤维网格胶带成品已浸过胶液，具有一定的挺度，并在一面涂有不干胶，方便粘胶，同时具备优异的拉结性能，可以更有效地阻止板缝开裂。

2. 石材六面防护处理措施

（1）防护处理的必要性

施工用石材属于天然材料，存在物理性能及化学性能上的缺陷，如裂缝、空洞、与水泥或其他物质产生反应等，同时，施工现场条件复杂，容易污染，因此，在施工前必须进行有效的防护措施，以确保成品质量。

（2）防护处理工艺

石材背面防渗防碱处理：首先对石材进行基面清洁，使其干净、干燥、无油污，用刷子或非雾化喷枪进行涂覆。石材渗透封闭剂应在石材背面及四个侧面均匀涂覆，每层每升约涂 $8 \sim 16 m^2$，涂层数依基面类型而定，剂料涂刷后应干置 1h 以上。

石材面密封养护处理：首先进行基面清洁，使其洁净，无蜡、无油，用滚筒进行密封护剂涂覆。一般需涂刷两遍，第一层用量要多，可按 $10 \sim 20 m^2/L$ 进行涂刷，第二层在 $15 \sim 30min$ 后第一层涂刷被吸收后再行涂刷，涂层应均匀，应去除层内的气泡。

（3）结晶处理工艺

切缝补胶：先对已铺设石材做切缝处理，清除缝内杂物，用同颜色的进口大理石胶将石材缝补均匀，自然晾干。然后用翻新研磨片处理石材铺设和施工形成的高低剪口。

修补细缝：剪口处理完成后，对每块石材表面进行全面检修，修补石材表面的裂缝和空洞。

修复研磨：选用粗号研磨片对石材表面进行全面研磨两遍，然后选用水磨软片对石材进行细磨，用进口石材药水进行最后一道镜面研磨，使药水加热深入石材形成结晶镜面。

3. 装饰收口部位的处理措施

收口是通过对装饰面的边、角以及衔接部分的工艺处理，以达到弥补饰面装修的不足之处，增加装饰效果的目的。用饰面材料遮盖、避免基层材料外露影响装修效果；或者用专门的材料对装饰面之间的过渡部位进行装饰，以增强装修的效果。收口线不能有明显断头，交圈要求连贯、规整和协调。每条收口线在转弯、转角处能连接贯通，圆滑自然，不断头、不错位、宽度均匀一致。收口的方法主要有压边、留缝、碰接、榫接等方法。

1）天花线、装饰线、新风口等收口用装饰构件遮盖需要收口的饰面，简化了饰面在收口位置的处理。使用装饰线进行收口时，由于饰线与饰面的接触面相对较小，且因为变形易产生空鼓、脱落等质量问题。因此，除了使用粘结剂固定外，还应尽量使用螺丝、钉子等进行加固。如果因为饰面的要求不能使用螺丝、钉子等加固时，应想办法增大饰线与饰面的接触面积，或者采用暗榫来进行固定。

2）窗帘盒、筒子板和水泥面处裂缝，用嵌缝胶来处理收口缝，既达到了收口的要求，还可使饰面具有一定的收缩性。

3）石材、面砖、玻璃等收口方式通常采用留缝收口，再勾缝处理。

4）木饰面材料收口的碰接边刨成一定角度的斜角，然后彼此搭接。碰口的部位一般使用胶水等粘结剂进行固定；当碰口的位置发生翘曲空鼓变形时，用针筒将胶水注入空鼓的部位，然后压平固定。

5）墙布与门套线、踢脚线收口，用踢脚线、门套线压住墙布，木饰面用发泡胶粘结，注意发泡胶不要溢出，污染墙布。

6）地板与门槛石收口，用5mm厚十字不锈钢条收口。十字条一边镶嵌于门槛石侧边，与石材完成面平齐，一边镶嵌于木地板内上口与地板完成面平齐，保证衔接自然、平整、密实、牢固。

7）地板与卧室墙面收口，用地板专用弹簧卡一边抵住墙面，一边卡住地板，弹簧卡间隔100mm放置，使地板与墙体保持10mm缝隙，用踢脚线压住，保证地板整体平整度与密实度，不空鼓、不变形。

8）通风槽与地板、石材收口，通风槽安装要方正、平直，上口低于石材、地板完成面2mm。地板、石材开孔与通风槽外口一致，盖板自然放下。

6.3　建筑装饰资源要素配置计划

6.3.1　人力资源计划

从实际出发，对工程劳动力来源、组织和数量等进行动态管理，保证生产计划和施工项目进度计划的实现，使人力资源得到充分利用，降低工程成本。

1. 人力资源配置要求

1）按照各工程的工程量及施工总工期、质量目标、施工进度计划配置。

2）各工种施工班组按其施工进度计划和工种需要数量配置。

3）从单位工程、分项工程施工流水段的划分，施工进度安排，所需完成的各项工作量，完成工作的持续时间，以及劳动力的综合素质方面考虑，合理安排各工种劳动力，各分项工程按工程量分组，流水施工，确保按期保质完成施工任务。

4）对于新招收的工人要提前进行岗前安全、技术等方面的培训。

2. 人力资源组织与管理

由同一工种的工人组成的班组，专业班组只完成其专业范围内的施工过程，这样有利于提高专业施工水平，提高熟练程度和劳动效率，保证工程质量。主要劳动力技术素质按劳务层划分为三类：

第一类为专业化强的技术工种，其中包括电焊工、电工、水管工、测量工等，这些人员均应参加过类似工程的施工，具有丰富的经验，持有相应上岗操作证的人员技术等级高，专业化强，能满足工程施工要求。

第二类为装饰技术工种，其中包括木工、油漆工、贴面工等，均应具有类似工程的施工经验。

第三类为非技术工种，此类人员主要用于普工、保卫、成品保护及各工种的辅助用工。

6.3.2 施工机械设备计划

针对各装饰工程的实际情况，结合各分项工程、各工种工序的需要，合理配备先进的机具设备，最大限度地体现技术的先进性和机具的适用性，充分满足施工工艺的需要，从而保证工程质量和装饰效果。

根据工程施工部署，按施工分层、分工种、多层次进行配备，注意根据不同的要求配备不同类型、不同标准的机具设备，以保证质量为原则，努力降低施工成本。机具设备配备要素见表6-14。

表6-14 机具设备配备要素

序号	原则要求	主 要 因 素
1	技术先进性	机具设备技术性能优越、生产率高
2	使用可靠性	机具设备在使用过程中能稳定地保持其应有的技术性能，安全可靠地运行
3	便于维修性	机具设备便于检查、维护和修理
4	运行安全性	机具设备在使用过程中具有对施工安全的保障性能
5	经济实惠性	机具设备在满足技术要求和生产要求的基础上，达到最低费用
6	适应性	机具设备能适应不同工作条件，并具有一机多用的性能
7	其他方面	成套性、节能性、环保性、灵活性

施工机械设备的配置要求包括：

1）施工现场设置专职机械管理人员，懂技术，会管理，会维修，施工现场内的各种机具设备有管理制度牌，操作规程和技术措施及操作人员岗位责任制牌，各种机械设备的布置符合平面图要求。

2）施工现场各种机械机具禁止非专业人员操作。施工现场各种机具设备有防雨、防砸设施，机具传动系统外漏部分必须有防护装置。

3）进入施工现场的机械设备，要有正规的技术防范性能和安全质量检测合格证，机械安装、使用、检测、保养、验收应有记录，专人负责。

4）实行施工机具领用登记制度，以"谁领用、谁保管、谁负责"为原则，防止出现不正常的损坏和遗失。调度好各工序机具的使用，可避免一些工序机具闲置，提高施工机具的使用率，同时还须加强对施工机具的保养，使用前应仔细检查机具，使用过程中若发生故障应及时排除。

表6-15 ~ 表6-17为某工程的各项资源配备。

表6-15 拟投入本工程的主要施工机械设备

序号	机械设备名称	型号规格	数量	产地	年份	功率	性能	用途
1	手电钻	博世 GBM 400	20 把	德国	2012	0.4	良好	墙顶封板
2	冲击钻	博世 GSB 20-2	10 把	德国	2012	0.7	良好	墙顶打眼
3	电锤钻	博世 GBH 2-26E	5 把	德国	2012	0.8	良好	水电打眼

（续）

序号	机械设备名称	型号规格	数量	产地	年份	功率	性能	用途
4	砂轮切割机	博世 GCO 14-2	5 台	德国	2012	2.3	良好	金属切割
5	空压机	巨霸 AU2025	5 台	美国	2010	1.5	良好	喷漆气钉枪
6	电焊机	金象	5 台	国产	2012	5	良好	石材干挂
7	修边机	牧田	2 把	日本	2011	0.35	良好	细部修理
…								
24	靠尺	多种	20 把	国产	2011	无	良好	检测专用
25	塞尺	多种	20 把	国产	2010	无	良好	测量缝隙
26	激光测距仪	博世 DLE 70	2 部	德国	2012	无	良好	标距测量
27	墨线激光测量仪	牧田 K20	5 台	日本	2012	无	良好	测量放线
28	经纬仪	北光 DJJ2-2	1 台	国产	2010	无	良好	轴线测量
29	激光水平仪	博世 BL2L	1 台	德国	2010	无	良好	配合测量
30	卷尺	多种	100 把	国产	2011	无	良好	施工测量
31	钢板尺	多种	30 把	国产	2011	无	良好	细部测量

表 6-16　项目部办公设备总体控制计划

序号	名　称	单　位	数　量
1	台式电脑	台	4
2	手提电脑	台	5
…			
11	对讲机	台	15
12	面包车	辆	1
13	CI 形象标识	项	2

表 6-17　消防劳保用品配置计划表

序号	名　称	单　位	数　量
1	干粉灭火器	件	400
2	安全带	件	若干
…			
10	防护用栏杆	米	若干
11	安全帽	件	150

注：各施工段消防劳保用品配置主要依据各施工段的楼层数、各施工段施工人员数进行配置；施工过程中各施工段的施工人员可以依据各楼栋施工的实际情况进行灵活调整，其劳保用品主要依据现场总体人数进行配置，施工过程中再进行有效调整。

6.3.3　材料采购计划

1. 材料采购管理

施工过程就是材料消耗的过程，使用过程中材料管理的中心任务就是"按时、按量、保质、高效"地保证施工材料顺利到达施工现场，加强材料的检验、复查工作，确保材料符合质量、环保要求，妥善保管进场的材料，严格、合理地调配使用各种材料，降低材料消耗，实现项目管理目标。

（1）材料采购程序

材料采购程序如图 6-15 所示。

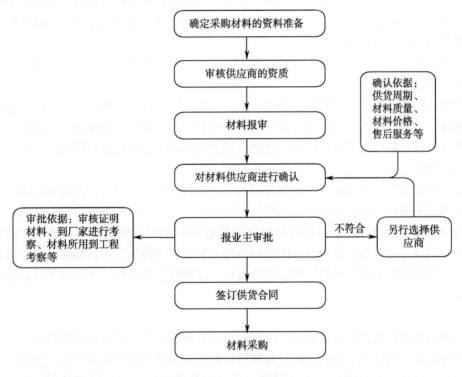

图 6-15　材料采购程序

（2）主要材料进场计划

主要材料、辅助材料、半成品材料、机具是施工顺利进行的必要的物质基础，工程材料的准备与适量的储备，是工程正常连续施工及工期得到保证的前提。

材料的进场要按照施工进度计划要求，根据不同材料的名称、规格、使用时间、材料储备等，编制材料需要计划进度表，有计划、有步聚地组织材料进场，提前编制成品、半成品材料的订货计划，对一些特殊材料，取样后报总承包单位、业主单位、监理单位审批，尽快落实货源，尽早备料，避免影响施工进度。

工程材料供应计划是根据招标文件中工程量清单并结合设计图纸计算得出，如清单工程量和现场工作量有出入时，尚需根据现场实际情况予以相应调整。

表 6-18 为某工程主要材料进场计划表。

表 6-18　主要材料进场计划表

序号	材料名称	预计进场时间段	备　注
1	砌块及水泥、砂浆	2014 年 1 月初	分批进场、随叫随到、现场保证足够三天的用量
2	轻钢龙骨及配件	2014 年 1 月中—2 月底	满足现场堆放及使用，要求分批进场
…			
15	地板及踢脚线	2014 年 6 月初—2014 年 8 月中	满足现场堆放及使用，要求分批进场

（3）材料进场的验收程序

从材料采购开始就要控制质量，要选派有丰富采购经验的材料员，专门负责工程的材料采购任务。材料采购完成后，经质量工程师、专业工程师联合验收合格后，再向总承包、业主、监理单位进行报验，待层层验收均合格后方可用于施工，否则无论哪一级报验未合格，材料都必须退场，不得选用。

验收前首先索要产品合格证、材料计划表等有关资料，逐项与实物核对，确认无误后方可办理入场手续。

对有特殊质量要求的材料要同技术负责人一同验收、并做好验收记录，凡要复试的材料，如钢材、水泥、砂石、外加剂、防水材料、板材、防火材料、油漆涂料，必须由监理单位派人员参加进行第三方见证取样后，送到有相关资质的检测单位进行测试，并索要复试结果及时做好记录。

验收合格的材料，要按施工平面布置图的要求进行堆垛码放整齐，并挂标示牌。

2. 现场材料管理措施

在与分包方签订合同时，应明确分包方采购物资的范围、样品、样本报批、供应商评价、采购合同签署等内容；分包方采购的材料由分包方负责验证，项目部对分包方验证情况进行监督；分包方负责提供质量证明、检验报告、试验报告等文件，项目部予以验证并保存验证记录。

（1）材料检验细则

材料进场后项目部首先进行自检。项目部自检合格后，填写装饰材料报验单，并同时报送相应的备案证、合格证、采购合同及其材料质量保障协议书给监理单位检查验收。

监理单位检查验收合格后，签署材料、设备进场使用审批单，同意该材料进场（堆）存放，否则必须立即清理出场或封存。

项目部填写材料试验委托单，在监理单位派人员监督下取样送检。材料试验委托单必须监理单位签章方为有效。

项目部须及时向业主、建筑师和监理单位提供材料试验报告单，否则该材料不得用于工程。

（2）主要材料检测标准

装饰材料严格按照有关规范要求进行取样检测。取样前应通知监理工程师现场见证，取样后应在监理工程师的见证下将试样封存送往检测中心，在检测结果出来后，报送监理单位进行审批。不合格材料不能用在工程上。

3. 场外半成品加工管理

场外半成品加工材料，主要是指木门、玻璃隔断、楼梯栏杆、特殊造型的金属制品等专业分承包工程，项目部除了在材料的采购过程要加强控制，在材料进场到完工都要进行全程监控。半成品材料进场流程如图 6-16 所示。

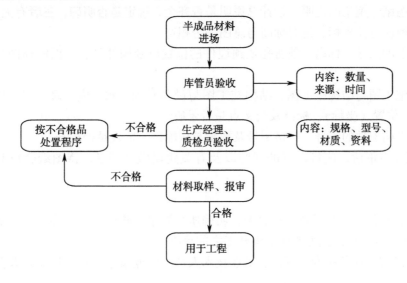

图 6-16　半成品材料进场流程图

6.4　建筑装饰工程技术保证措施

6.4.1　技术标准管理制度

1）施工过程中，要配备齐全工程施工所需的各种规范、标准、规程、规定，以供施工中严格执行。

2）施工过程中，要建立项目的技术标准体系，编制技术标准目录，由项目资料员在项目技术负责人指导下完成。

3）标准管理工作由项目技术负责人主持，项目资料员具体负责。

4）配给专业队、质检、安全等有关技术人员使用的技术标准、规范、规定、规程，须按登记发放。

5）当某标准作废时，标准化管理人员应及时通知有关人员，交旧发新，防止作废标准继续使用。

6.4.2　施工图审核制度

1. 图纸自审制度

1）图纸自审由项目经理部技术负责人负责组织。

2）接到图纸后，项目经理部技术负责人应及时安排或组织技术部门有关人员及有经验的技术工人进行自审，并提出各专业自审记录。

3）及时召集有关人员组织内部会审，针对各专业自审发现的问题及建议进行讨论，弄清设计意图和工程的特点及要求。

4）图纸自审的主要内容：

① 各专业施工图的张数、编号、与图纸目录是否相符。

② 施工图纸、施工图说明、设计总说明是否齐全，规定是否明确，三者有无矛盾。

③ 平面图所标注坐标、绝对标高与总图是否相符。

④ 图面上的尺寸、标高、预留孔及预埋件的位置以及构件平、立面配筋图与剖面图有无错误。

⑤ 建筑施工图与结构施工图，结构施工图与设备基础、水、电、暖、卫、通等专业施工图的轴线、位置（坐标）、标高及交叉点是否矛盾。

⑥ 图纸上构配件的编号、规格型号及数量与构配件一览表是否相符。

5）图纸经自审后，应将发现的问题以及有关建议做好记录，待图纸会审时提交讨论解决。

2. 图纸会审制度

1）图纸会审的目的是了解设计意图，明确质量要求，将图纸上存在的问题和错误、各专业之间的矛盾等，尽最大可能在工程开工之前解决。

2）项目经理、项目技术负责人、专业技术人员、内业技术人员、质检员及其他相关人员参加会审。

3）会审时间一般应在工程项目开工前进行，特殊情况（如图纸不能及时供应时）也可边开工边组织会审。

4）会审一般由建设单位组织，项目部应根据施工进度要求督促业主尽快组织会审。

5）图纸会审的主要内容：

① 审查施工图设计是否符合国家有关技术、经济政策和有关规定。

② 审查施工图的基础工程设计与地基处理有无问题，是否符合现场实际地质情况。

③ 审查建设项目坐标、标高与总平面图中标注是否一致，与相关建设项目之间的几何尺寸关系以及轴线关系和方向等有无矛盾和差错。

④ 审查图纸及说明是否齐全和清楚明确，核对建筑、结构、上下水、暖卫、通风、电气、设备安装等图纸是否相符，相互间的关系尺寸、标高是否一致。

⑤ 审查建筑平、立、剖面图之间关系是否矛盾或标注是否遗漏，建筑图本身平面尺寸是否有差错，各种标高是否符合要求，与结构图的平面尺寸及标高是否一致。

⑥ 审查建设项目与地下构筑物、管线等之间有无矛盾。

⑦ 审查结构图本身是否有差错及矛盾，结构图中是否有钢筋明细表，若无钢筋明细表，钢筋混凝土关于钢筋构造方面的要求在图中是否说明清楚，如钢筋锚固长度与抗震要求长度等。

⑧ 审查施工图中有哪些施工特别困难的部位，采用哪些特殊材料、构件与配件，货源如何组织。

⑨ 对设计采用的新技术、新结构、新材料、新工艺和新设备的可能性和应采用的必要措施进行商讨。

⑩ 设计中的新技术、新结构限于施工条件和施工机械设备能力以及安全施工等因素，要求设计单位予以改变部分设计的，审查时必须提出，共同研讨，求得圆满的解决方案。

6）图纸会审程序：

① 会审由建设单位召集进行，并由建设单位分别通知设计单位、监理单位、施工单位（施工单位的分包由施工单位通知）参加。

② 会审分"专业会审"和"综合会审"，解决专业自身和专业与专业之间存在的各种矛盾及施工配合问题。无论"专业"或"综合"会审，在会审之前，应先由设计单位交底，交代设计意图、重要及关键部位，采用的新技术、新结构、新工艺、新材料、新设备等的做法、要求、达到的质量标准，而后再由各单位提出问题。

③ 会审时，由项目内业技术人员提出自审时的统一意见并做记录。会审后整理好图纸会审记录，由各参加会审单位盖章后生效。

④ 根据实际情况，图纸也可分阶段会审，如地下室工程、主体工程。当图纸问题较多、较大时，施工中间可重新会审，以解决施工中发现的设计问题。

7）图纸会审记录内容：

① 工程项目名称（分阶段会审时要标明分项工程阶段）。

② 参加会审的单位（要全称）及其人员名字（禁止用职称代替）。

③ 会审地点（地点要具体），会审时间（年、月、日）。

④ 建设单位和施工单位对设计图纸提出的问题由设计予以答复修改的内容；施工单位为便于施工，针对施工安全或建筑材料等问题要求设计单位修改部分设计的会审结果与解决方法；会审中尚未得到解决或需要进一步商讨的问题。

8）会审记录的发送。盖章生效的图纸会审记录由技术人员移交给项目资料员，由资料员发送。会审记录发送建设单位（业主）、设计单位、监理单位和施工单位。

6.4.3 编制施工组织设计（专项方案）

按照国家现行有关技术政策、技术标准、施工及验收规范、工程质量检验评定标准及操作规程的要求，扣件式钢管脚手架施工方案、临时用电施工方案、模板专项施工方案、施工现场应急预案、物料提升机安装与拆除方案、主体施工方案、塔吊专项方案要单独编制，并按照审核程序通过后方可实施。

6.4.4 制定施工作业指导书

1）施工作业指导书以施工难度较大、技术复杂的分部分项工程或新技术项目为对象编制，是具体指导分部分项工程施工的技术文件。

2）施工作业指导书以单位工程施工组织设计中确定的施工方案和施工方法为编制依据，按不同的分部分项工程编制技术先进、管理科学和经济合理的施工方案和方法，是对施工组织设计的进一步细化。

3）分部分项工程作业指导书由项目技术负责人主持编制，项目内业技术人员以及有关人员参加编制。

4）分部分项工程作业指导书由项目技术负责人审批并督促实施。

5）分部分项工程作业指导书的编制包括以下内容：

① 施工方案和施工方法。

② 施工进度计划。

③ 劳动力计划及劳动组织。

④ 机具设备计划，特别是主要施工机具。

⑤ 主要材料需用量计划。

⑥ 技术组织措施，包括保证工程质量，安全生产，雨期、冬期施工技术措施，降低成本等技术措施。

6）经批准后的施工作业指导书由内业技术员交资料员登记发放。

7）施工作业指导书的发放范围：技术、质检、生产、安全等部门，项目技术负责人、内业技术人员、有关施工队及工长、资料员自留存档等。

6.4.5 执行施工技术交底

在工程正式施工前，通过技术交底使参与施工的技术人员和工人熟悉和了解所承担工程任务的特点、技术要求、施工工艺、工程难点及施工操作要点以及工程质量标准，做到心中有数。

1. 技术交底的范围划分

项目技术交底分三级：项目技术负责人向项目工程技术及管理人员进行施工组织设计交底（必要时扩大到班组长）并做好记录；技术员向班组进行分部分项工程交底；班组长向工人交底。

1）单位工程施工组织设计经批准后，由项目技术负责人向项目全体工程技术和管理人员进行施工组织设计交底，交底参加人员也可扩大到班（组）长，视具体情况确定。

2）技术员对班（组）技术交底，是各级技术交底的关键，必须向班（组）长（必要时全体人员）和有关人员反复细致地进行交底。

3）班（组）长向工人技术交底：班（组）长应结合承担的具体任务向班（组）成员交待清楚施工任务、关键部位、质量要求、操作要点、分工及配合、安全等事项。

2. 技术交底的要求

1）除领会设计意图外，必须满足设计图纸和变更的要求，执行和满足施工规范、规程、工艺标准、质量评定标准和建设单位的合理要求。

2）整个施工过程包括各分部分项工程的施工均须做技术交底，对一些特殊的关键部位、技术难度大的隐蔽工程，更应认真做技术交底。

3）对易发生质量事故和工伤事故的工种和工程部位，在技术交底时应着重强调各种事故的预防措施。

4）技术交底必须是书面形式，交底内容字迹要清楚、完整，要有交底人、接受人签字。

5）技术交底必须在工程施工前进行，作为整个工程和分部分项工程施工前准备工作的一部分。

3. 技术交底的内容

（1）项目部技术交底的主要内容

1）单位工程施工组织设计或施工方案。

2）重点单位工程和特殊分部分项工程的设计图纸；根据工程特点和关键部位指出施工中应注意的问题；保证施工质量和安全所必须采取的技术措施。

3）交叉作业过程中如何协作配合，在技术上、措施上如何协调一致。

4）在工程中初次采用的新结构、新技术、新工艺、新材料及新的操作方法以及特殊材料使用过程中的注意事项。

5）土建、设备安装与装饰工艺的衔接，施工中如何穿插与配合。

6）交代图纸审查中所提出的有关问题及解决方法。

7）设计变更和技术核定中的关键问题。

8）冬、雨期特殊条件下施工采取哪些技术措施。

9）技术组织措施计划中，技术性较强、经济效果较显著的重要项目。

（2）施工队技术交底的主要内容

1）施工图纸。

2）施工组织设计或施工方案。

3）重要的分部（项）工程的具体部位，标高和尺寸，预埋件、预留孔洞的位置及规格。

4）土建与水、电、暖、设备安装之间，各工种之间，队与队之间在施工中交叉作业的部位和施工方法。

5）流水和立体交叉作业施工阶段划分。

6）重要部位，冬、雨期施工特殊条件下施工的操作方法及注意事项。

7）保证质量、安全的措施。

8）单位工程测量定位，建筑物主要轴线、尺寸和标高。

9）单位工程平面布置图。

10）砂浆、防水和防腐材料等配合比及试件、试块的取样、养护方法等。

11）焊接程序和工艺。

4. 技术交底记录的归档

技术交底记录的归档，实行谁负责交底，谁就负责填写交底记录并负责将记录移交给项目资料员存档。

6.4.6　施工技术记录控制

1. 单位工程施工记录制度

1）单位工程施工记录是在建工程整个施工阶段有关施工技术方面的记录；在工程竣工若干年后，其耐久性、可靠性、安全性发生问题而影响其功能时，是查找原因，制订维修、加固方案的依据之一。

2）单位工程施工记录由项目部各专业责任工程师负责逐日记载，直至工程竣工。人员调动时，应办理交接手续，以保证其完整性。

3）单位工程施工记录的主要内容包括：

① 工程的开、竣工日期以及主要分部分项工程的施工起止日期，技术资料供应情况。

② 因设计与实际情况不符，由设计（或建设）单位在现场解决的设计问题及施工图修改的记录。

③ 重要工程的特殊质量要求和施工方法。

④ 在紧急情况下采取的特殊措施的施工方法。

⑤ 质量、安全、机械事故的情况，发生原因及处理方法的记录。

⑥ 有关领导或部门对工程所作的生产、技术方面的决定或建议。

⑦ 气候、气温、地质以及其他特殊情况（如停电、停水、停工待料）的记录等。

4）施工记录的记载方法。项目部技术负责人在各分部工程施工完成后，将逐日记录的施工、技术处理等情况加以整理，择其关键记述，填写在单位工程施工记录表上，并经主任工程师或技术科有关负责人审核并签名后，纳入施工技术资料存档。

2. 技术核定制度

1）凡在图纸会审时遗留或遗漏的问题以及新出现的问题，属于设计产生的，由设计单位以变更设计通知单的形式通知有关单位（施工单位、建设单位、监理单位）；属于建设单位原因产生的，由建设单位通知设计单位出具工程变更通知单，并通知有关单位。

2）在施工过程中，因施工条件、材料规格、品种和质量不能满足设计要求以及合理化建议等原因，需要进行施工图修改时，由施工单位提出技术核定单。

3）技术核定单由项目内业技术人员负责填写，并经项目技术负责人审核，重大问题须报公司总工审核。核定单应填写清楚、绘图清晰，变更内容要写明变更部位、图别、图号、轴线位置、原设计和变更后的内容和要求等。

4）技术核定单由项目内业技术人员负责报送设计单位、建设单位办理签证，经认可后方生效。

5）经过签证认可后的技术核定单交项目资料员登记发放施工班组、预算员、质检员，技术、经营预算、质检等部门。

3. 技术复核制度

1）在施工过程中，对重要的和影响全面的技术工作，必须在分部分项工程正式施工前进行复核，以免发生重大差错，影响工程质量和使用。当复核发现差错应及时纠正，方可施工。

2）技术复核记录由所办复核工程内容的技术员负责填写，技术复核记录应有所办技术员的自复记录，并经质检人员和项目技术负责人签署复查意见和签字。

3）技术复核记录必须在下一道工序施工前办理。

4）技术复核记录由所办技术员负责递交项目资料员，资料员收到后应进行造册登记后归档。

4. 隐蔽工程验收制度

1）凡隐蔽工程都必须组织隐蔽验收。一般分部分项隐蔽工程由施工队长（技术员）组织验收，邀请建设单位和监理单位派人参加；重要的请项目部主任工程师和技术部、治安部参加。

2）隐蔽工程检查记录是工程档案的重要内容之一，隐蔽工程经三方共同验收后，应及时填写隐蔽工程检查记录。隐蔽工程检查记录由技术队长（技术员）或该项工程施工负责人填写，监理单位和建设单位代表共同会签。

3）不同项目的隐蔽工程应分别填写检查记录表，一式五份，建设单位，计划、经营部门各一份，自存两份归档。

4）填写隐蔽工程检查记录，文字要简练、扼要，能说明问题，必要时应附图。

6.4.7　工程技术档案管理

1）工程技术资料是为建筑施工提供指导和施工质量、管理情况进行记载的技术文件，也是竣工后存查或移交建设单位作为技术档案的原始凭证。

2）单位工程必须从工程准备开始就建立工程技术档案，汇集整理有关资料，并贯穿于施工的全过程，直到交工验收后结束。

3）凡列入工程技术档案的技术文件、资料，都必须经各级技术负责人正式审定。所有资料、文件都必须如实反映情况，要求记载真实、准确、及时、内容齐全、完整、整理系统化、表格化、字迹工整，并分类装订成册。严禁擅自修改、伪造和事后补做。

4）工程技术档案内容分类，一种是为了构、建筑物的合理使用、维修、改建、扩建的参考文件，在工程竣工时随其他交工资料一并提交建设单位保存（称为交工技术资料）；另一种是为了系统地积累施工经验的经济技术资料，并由施工单位保存（称为施工技术资料）。

5）工程技术档案是永久性保存文件，必须严格管理，不得遗失、损坏，人员调动必须办理移交手续。由施工单位保存的工程档案资料，一般工程在交工后统一交由项目部资料员保管，重要工程及新工艺、新技术等由技术科资料室保存，并根据工程的性质确定保存期限。

6）各种技术资料检查评分标准按现行全优工程检查记录执行。资料检查直营公司每季度对各项目部检查一次。

7）各种资料由施工技术队长收集并初步整理，临交工之前将资料交技术科统一整理，资料一般应一式两份。

6.5　建筑装饰工程保修管理措施

建筑装饰工程合同范围内的施工质量保修由施工单位全部负责。

6.5.1　工程交付和维修

为保证工程及时投入使用，施工单位把工程交付业主后，除留下必要的收尾施工人员和部分必须材料、机具外，撤出多余人员、材料、设备，并清理现场，使整个现场达到竣工验收的条件。工程维修工作分为两种：有偿维修和无偿维修。

有偿维修是指不在保修期内不属于施工范围内或因非施工质量问题导致的损坏，这部分的维修在与业主达到有偿保修协议后进行维修。

无偿维修是指在保修期间，施工范围内并且是因施工质量问题导致的损坏，由施工单位无偿提供人力、材料、机具，负责将损坏部位维修至完好状态。

6.5.2　工程保修

从工程竣工验收之日算起，工程保修工作随即展开。在保修期间，将依照《建筑工程质量管理条例》的规定，在工程竣工后的一段时间内留置保修小组。工程正常使用后，施工单位定期或不定期地对业主进行回访，征求业主的意见并及时解决存在的问题。工程维修部主要负责人及联络方式应告知业主，如有质量问题，以便联系。

工程超过保修期后，仍有回访保修人员定期进行回访，严格遵守国家有关法规，继续为业主提供维修服务。

6.5.3　质量保修责任

属于保修范围、内容的项目接到保修通知之日起 24 小时内派人保修。如没有在约定期限内派人保修的，业主可以委托他人修理，发生费用从保修金中扣除。

发生紧急抢修事故的接到事故通知后 8 小时内即到达事故现场抢修。

对于涉及结构安全的质量问题，按照《房屋建筑工程质量保修办法》的规定，立即向当地建设行政主管部门报告，采取安全防范措施；由原设计单位或者具有相应资质等级的设计单位提出保修方案，施工单位实施保修。

质量保修完成后，同发包人组织验收。

具体条款以中标后与发包人签署的《工程质量保修书》为准。

6.5.4　工程回访

在保修期内，由项目部、经营部、工程部人员负责每六个月为一个回访周期；在保修期后，由经营部人员负责每年为一个回访周期。回访中，对出现质量问题的部位进行测定，并做好回访记录。

保修期内，如有非使用不当出现的质量问题，保证三天内上门维修服务，并做好维修记录。协助业主做好日常维护工作，指导正确使用。

维修实施时，认真做好成品及环境卫生保护。对于回访及维修，要建立相应的档案，并由工程部门保存维修记录表。保修记录主要有：工程维修台账；工程保修通知单；工程回访联系单；顾客满意程度调查表。

 思考练习题

1. 施工组织设计与管理的内涵是什么？
2. 建筑装饰施工方案与土建施工方案有哪些不同点？
3. 简述建筑装饰施工的施工顺序。
4. 夏季装饰施工要注意哪些问题？
5. 建筑装饰工程保修有什么规定？

第7章

建筑装饰工程项目管理概述

学习目标 了解项目与建设工程项目的概念与特征、建设工程项目的分类与组成、工程项目管理组织的概念、项目经理部与项目经理的概念；理解建设工程项目管理的含义与类型、建筑装饰工程项目管理的概念、项目经理部的作用与配置、项目经理的地位与作用；掌握施工方项目管理的目标与任务、项目经理的任务与责、权、利。

学习重点 建设工程项目的全寿命周期；施工方项目管理的目标与任务；项目经理的概念及其任务。

学习难点 建设工程项目的分类；项目经理的责、权、利。

7.1 建筑装饰工程项目管理

7.1.1 项目

1. 项目的定义

项目是指在一定的约束条件下（主要是限定时间、限定资源），具有明确目标的一次性任务。项目按最终成果或专业特征进行划分，可分为科研项目、工程项目、推广项目等。

项目有大小之分，一个大型项目可分为若干子项目，一个子项目有时可以单独作为一个项目。

2. 项目的特征

（1）明确的目标

每个项目都有自己明确的目标，为了在一定的约束条件下达到目标，项目经理在项目实施以前必须进行周密的计划，事实上，项目实施过程中的各项工作都是为项目的预定目标而进行的。

（2）独特的性质

每个项目都有自己的特点，每个项目都不同于其他的项目。项目所产生的产品、服务或完成的任务与已有的相似产品、服务或任务在某些方面有明显的差别。项目自身有具体的时间期限、费用和性能质量等方面的要求。因此，项目的过程具有自身的独特性。

（3）资源成本的约束性

每一项目都需要运用各种资源来实施，而资源是有限的。

（4）项目实施的一次性

项目实施的一次性是项目与日常运作的最大区别。项目有明确的开始时间和结束时间，项目在此之前从来没有发生过，而且将来也不会在同样的条件下再发生，而日常运作是无休止或重复的活动。

（5）项目的确定性

项目必有确定的终点。在项目的具体实施中，外部和内部因素总是会发生一些变化，当项目目标发生实质性变动时，它不再是原来的项目，而是一个新的项目，因此说项目的目标是确定的。

（6）结果的不可逆转性

不论结果如何，项目结束了，结果也就确定了，因而项目的风险很大，与批量生产过程（重复的过程）有着本质的区别。

7.1.2 建设工程项目

1. 建设工程项目的概念

建设工程项目是项目中数量最大的一类，是指为完成依法立项的新建、扩建、改建等各类工程而进行的、有起止日期的、达到规定要求的一组相互关联的受控活动组成的特定过程，包括策划、勘察、设计、采购、施工、试运行、竣工验收和考核评价等。

2. 建设工程项目的特征

建设工程项目除了具有一般项目的基本特征外，还有自身的特征。建设工程项目的特征主要表现在以下几个方面：

1）有明确的建设任务，如建设一个住宅小区或建设一座发电厂。

2）具有明确的质量、进度和费用目标。

3）建设成果和建设过程固定在某一地点。

4）建设产品具有唯一性。

5）建设产品具有整体性。

3. 建设工程项目的分类

（1）按自然属性划分

建设工程是指为人类生活、生产提供物质技术基础的各类建筑物和工程设施的统称。按照自然属性可分为建筑工程、土木工程和机电工程三类，涵盖房屋建筑工程、铁路工程、公路工程、水利工程、市政工程、煤炭矿山工程、水运工程、海洋工程、民航工程、商业与物质工程、农业工程、林业工程、粮食工程、石油天然气工程、海洋石油工程、火电工程、水电工程、核工业工程、建材工程、冶金工程、有色金属工程、石化工程、化工工程、医药工程、机械工程、航天与航空工程、兵器与船舶工程、轻工工程、纺织工程、电子与通信工程和广播电影电视工程等。

（2）按建设性质划分

按建设性质划分，建设工程项目可分为新建、扩建、改建、迁建、恢复项目。

1）新建项目：是指从无到有，"平地起家"，新开始建设的项目。有的建设项目原有的基础很小，经扩大建设规模后，其新增加的固定资产价值超过原有的固定资产价值三倍以上的，也算新建项目。

2）扩建项目：是指原有企业、事业单位为扩大原有产品生产能力（或效益），或增加新的产品生产能力，而新建主要车间或工程项目。

3）改建项目：是指原有企业、事业单位为提高生产效率，增加科技含量，采用新技术，改进产品质量，或改变新产品方向，对原有设备或工程进行改造的项目。有的企业为了平衡生产能力，增建一些附属、辅助车间或非生产性工程，也算改建项目。

4）迁建项目：是指为改变生产力布局或由于环境保护和安全生产的需要等原因而搬迁到另地建设的项目。在搬迁另地建设过程中，不论其建设规模是维持原规模，还是扩大规模，都按迁建统计。

5）恢复项目：是指因自然灾害、战争等原因，使原有固定资产全部或部分报废，又投资建设进行恢复的项目。在恢复建设过程中，不论其建设规模是按原规模恢复，还是在恢复的同时进行扩建，都按恢复统计。尚未建成投产或交付使用的单位，因自然灾害等原因毁坏后，仍按原设计进行重建的，不作为恢复，而按原设计性质统计；如按新的设计进行重建，其建设性质根据新的建设内容确定。

（3）按建设规模划分

为适应对工程建设项目分级管理的需要，国家规定基本建设项目分为大型、中型、小型三类；更新改造项目分为限额以上和限额以下两类。不同等级标准的工程建设项目，国家规定的审批机关和报建程序也不尽相同。

1）划分项目等级的原则：

① 按批准的可行性研究报告（初步设计）所确定的总设计能力或投资总额的大小，依据国家颁布的《基本建设项目大中小型划分标准》进行分类。

② 凡生产单一产品的项目，一般按产品的设计生产能力划分；生产多种产品的项目，一般按其主要产品的设计生产能力划分；产品分类较多，不易分清主次、难以按产品的设计能力划分时，可按投资总额划分。

③ 对国民经济和社会发展具有特殊意义的某些项目，虽然设计能力或全部投资不够大、中型项目标准，经国家批准已列入大、中型计划或国家重点建设工程的项目，也按大、中型项目管理。

④ 更新改造项目一般只按投资额分为限额以上和限额以下项目，不再按生产能力或其他标准划分。

⑤ 基本建设项目的大、中、小型和更新改造项目限额的具体划分标准，根据各个时期经济发展和实际工作中的需要而有所变化。

2）项目等级具体按现行国家的有关规定如下：

① 按投资额划分的基本建设项目，属于生产性建设项目中的能源、交通、原材料部门的工程项目，投资额达到 5000 万元以上为大中型项目；其他部门和非工业建设项目，投资额达到 3000 万元以上为大中型建设项目。

② 按生产能力或使用效益划分的建设项目，以国家对各行各业的具体规定作为标准。

③ 更新改造项目只按投资额标准划分，能源、交通、原材料部门投资额达到 5000 万元及其以上的工程项目和其他部门投资额达到 3000 万元及其以上的项目为限额以上项目，否则为限额以下项目。

（4）按投资作用划分

按投资作用划分，建设工程项目可分为生产性建设项目和非生产性建设项目。

1）生产性建设项目是指直接用于物质资料生产或直接为物质资料生产服务的工程建设项目。主要包括：

① 工业建设，包括工业、国防和能源建设。

② 农业建设，包括农、林、牧、渔、水利建设。

③ 基础设施建设，包括交通、邮电、通信建设，地质普查、勘探建设等。

④ 商业建设，包括商业、饮食、仓储、综合技术服务事业的建设。

2）非生产性建设项目是指用于满足人民物质和文化、福利需要的建设和非物质资料生产部门的建设。主要包括：

① 办公用房，国家各级党政机关、社会团体、企业管理机关的办公用房。

② 居住建筑，住宅、公寓、别墅等。

③ 公共建筑，科学、教育、文化艺术、广播电视、卫生、博览、体育、社会福利事业、公共事业、咨询服务、宗教、金融、保险等建设。

④ 其他建设，不属于上述各类的其他非生产性建设。

4. 建设工程项目的组成

按照建设工程项目分解管理的需要，可把建设工程项目分解为单项工程、单位（子单位）工程、分部（子分部）工程和分项工程。

（1）单项工程

单项工程是指在一个建设工程项目中，具有独立的设计文件，竣工后可以独立发挥生产能力或效益的一组配套齐全的工程项目。单项工程是建设工程项目的组成部分，一个建设工程项目有时可以仅包括一个单项工程，也可以包括多个单项工程。

（2）单位（子单位）工程

单位工程是指具备独立施工条件并能形成独立使用功能的建筑物及构筑物。对于建筑规模较大的单位工程，可将其能形成独立使用功能的部分作为一个子单位工程。具有独立施工条件和能形成独立使用功能是单位（子单位）工程划分的基本要求。

单位工程是单项工程的组成部分。按照单项工程的构成，又可将其分解为建筑工程和设备安装工程。如工业厂房工程中的土建工程、设备安装工程、工业管道工程等分别是单项工程中所包含的不同性质的单位工程，如住宅小区的 1#住宅楼工程。

（3）分部（子分部）工程

分部工程是单位工程的组成部分，应按专业性质、建筑部位确定。一般工业与民用建筑工程的分部工程包括：地基与基础工程、主体结构工程、装饰工程、屋面工程、给排水及采暖工程、电气工程、智能建筑工程、通风与空调工程、电梯工程。

（4）分项工程

分项工程是分部工程的组成部分，一般按主要工程、材料、施工工艺、设备类别等进行划分。如平整场地、人工挖土方、回填土、基础垫层、内墙砌筑、外墙抹灰、地面找平层、外保温节能墙体、内墙大白乳胶漆、外墙涂料、塑钢窗制作安装、防盗门安装等。

7.1.3　建设工程项目管理

1. 建设工程项目管理的含义

建设工程项目管理是指运用系统的理论和方法，对建设工程项目进行的计划、组织、指挥、协调和控制等专业化活动，简称为项目管理。

建设工程项目的全寿命周期包括项目的决策阶段、实施阶段和使用阶段（或称运营阶段，或称运行阶段），如图 7-1 所示。

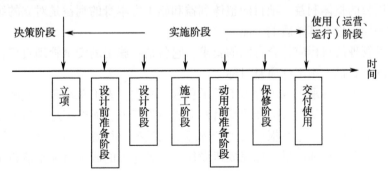

图 7-1　建设工程项目的全寿命周期

从项目建设意图的酝酿开始，调查研究、编写和报批项目建议书、编制和报批项目的可行性研究等项目前期的组织、管理、经济和技术方面的论证都属于项目决策阶段的工作。项目立项（立项批准）是项目决策的标志。决策阶段管理工作的主要任务是确定项目的定义，一般包括如下内容：

1）确定项目实施的组织。

2）确定建设的地点。

3）确定建设的任务和建设的原则。

4）确定建设的资金。

5）确定项目的投资目标、进度目标、质量目标。

实施阶段又包括：设计前准备阶段、设计阶段、施工阶段、动用前准备阶段、保修期。项目实施管理的主要任务是通过管理使项目目标得以实现。建设工程项目管理的时间范畴主要是指项目的实施阶段。

建设工程项目管理的内涵是：自项目开始至项目完成，通过项目策划和项目控制，以使项目的费用目标、进度目标和质量目标得以实现。其中：

1）"自项目开始至项目完成"指的是项目的实施阶段。

2）"项目策划"指的是目标控制前的一系列筹划和准备工作。

3）"费用目标"对业主而言是投资目标，对施工方而言是成本目标。

2. 建设工程项目管理的类型

按建设工程项目不同参与方的工作性质和组织特征划分，项目管理有如下几种类型。

1）业主方的项目管理（如投资方和开发方的项目管理，或由工程管理咨询公司提供的代表业主方利益的项目管理服务）。

2）设计方的项目管理。

3）施工方的项目管理（施工总承包方、施工总承包管理方和分包方的项目管理）。

4）建设物资供货方的项目管理（材料和设备供应方的项目管理）。

5）建设项目总承包（建设项目工程总承包）方的项目管理，如设计和施工任务综合的承包，或设计、采购和施工任务综合的承包（简称 EPC 承包）的项目管理等。

3. 施工方项目管理的目标和任务

（1）施工方项目管理的目标

施工方作为项目建设的一个重要参与方，其项目管理不仅应服务于施工方本身的利益，也必须服务于项目的整体利益。项目的整体利益和施工方本身的利益是对立的统一关系，两者有其统一的一面，也有其矛盾的一面。

施工方项目管理的目标应符合合同的要求，它包括：施工的安全管理目标；施工的成本目标；施工的进度目标；施工的质量目标。

如果采用工程施工总承包或工程施工总承包管理模式，施工总承包方或施工总承包管理方必须按工程合同规定的工期目标和质量目标完成建设任务。而施工总承包方或施工总承包管理方的成本目标是由施工企业根据其生产和经营的情况自行确定的。分包方则必须按工程分包合同规定的工期目标和质量目标完成建设任务，分包方的成本目标是该施工企业内部自行确定的。

按照国际工程的惯例，当采用指定分包商时，不论指定分包商与施工总承包方，或与施工总承包管理方，或与业主方签订合同，由于指定分包商合同在签约前必须得到施工总承包方或施工总承包管理方的认可，因此，施工总承包方或施工总承包管理方应对合同规定的工期目标和质量目标负责。

（2）施工方项目管理的任务

施工方项目管理的任务包括：施工安全管理；施工成本控制；施工进度控制；施工质量控制；施工合同管理；施工信息管理；与施工有关的组织与协调等。

施工方的项目管理工作主要在施工阶段进行，但由于设计阶段和施工阶段在时间上往往是交叉的，因此，施工方的项目管理工作也会涉及设计阶段。在动用前准备阶段和保修期施工合同尚未终止，在这期间，还有可能出现涉及工程安全、费用、质量、合同和信息等方面的问题，因此，施工方的项目管理也涉及动用前准备阶段和保修期。

7.1.4 建筑装饰工程项目管理

按照传统的划分方法，建筑装饰工程是建筑工程中一般土建工程的一个分部工程。随着经济发展和人们生活水平的提高，工作、居住条件和环境的日益改善，建筑装饰行业迅速发展，已经成为一个新兴的、比较独立的行业，传统的分部工程随之独立出来，经常成为单位工程，单独设计施工图纸、单独计价。目前，大部分的建设工程项目中，已将原来意义上的装饰分部工程统称为建筑装饰工程（单位工程），从而产生了建筑装饰工程项目。

建筑装饰工程项目是建设工程项目的一种专业类型，这里主要指建设工程项目中的建筑装饰施工任务独立出来形成的一种项目，所以其管理方法与原理同样遵循建设工程项目管理的一般规律。所以，建筑装饰工程项目管理是针对建筑装饰工程而言的，即在一定约束条件下，以建筑装饰工程项目为对象，以最优实现建筑装饰工程项目目标为目的，以建筑工程项目经理负责制为基础，以建筑装饰工程承包合同为纽带，对建筑装饰工程项目进行高效率的计划、组织、协调、控制和监督的系统管理活动。

7.2 施工单位项目经理部与项目经理

7.2.1 项目经理部

1. 工程项目管理组织

（1）工程项目管理组织的概念

工程项目管理组织是指为了实现工程项目目标而进行的组织系统的设计、建立和运行，建成一个可以完成工程项目管理任务的组织机构，建立必要的规章制度，划分并明确岗位、层次、责任和权力，并通过一定岗位人员的规范化行为和信息流通，实现管理目标。

（2）工程项目管理组织的设计程序

1）确定工程项目管理目标。

2）确定工程项目管理模式，选择工程项目管理组织形式。

3）确定工程项目管理工作任务、责任权力。

4）详细分析工程项目管理组织所完成的管理工作，确定工程项目管理工作流程、操作程序、工作逻辑关系。

5）确定详细的各项工程项目职能管理工作任务，并将工作任务落实到人员和部门。

6）建立工程项目管理组织各个职能部门的管理行为规范和沟通准则，形成工程项目管理规范，作为工程项目管理组织内部的规章制度。

7）选择和任命工程项目管理人员。

8）在上述工作基础上设计工程项目管理信息系统。

2. 项目经理部概述

（1）项目经理部的概念

项目经理部是施工企业为了完成某项建设工程施工任务而设立的组织。由项目经理在企业的支持下组建并领导、进行项目管理的组织机构。项目经理部，也就是一个项目经理（项目法人）与技术、生产、材料、成本等管理人员组成的项目管理班子，是一次性的具有弹性的现场生产组织机构。项目经理部不具备法人资格，而是施工企业根据建设工程施工项目而组建的非常设的下属机构。

（2）项目经理部的作用

1）施工项目经理部是企业在某一工程项目上的一次性管理组织机构，由企业委任的施工项目经理领导。

2）施工项目经理部对施工项目从开工到竣工的全过程实施管理，对作业层负有管理和服务的双重职能，其工作质量好坏将对作业层的工作质量有重大影响。

3）施工项目经理部是代表企业履行工程承包合同的主体，是对最终建筑产品和建设单位全面负责、全过程负责的管理实体。

4）施工项目经理部是一个管理组织体，要完成项目管理任务和专业管理任务；凝聚管理人员的力量，调动其积极性，促进合作；协调部门之间、管理人员之间的关系，发挥每个人的岗位作用，为共同目标进行工作；贯彻组织责任制，搞好管理；及时沟通部门之间，项目经理部与作业层之间、与公司之间、与环境之间的信息。

（3）建立项目经理部的步骤

1）根据项目管理规划大纲确定项目经理部的管理任务和组织结构。

2）根据项目管理目标责任书进行目标分解与责任划分。

3）确定项目经理部的组织设置。

4）确定人员的职责、分工和权限。

5）制订工作制度、考核制度与奖惩制度。

（4）施工项目经理部的部门设置和人员配备

施工项目经理部的部门设置和人员配备的指导思想是把项目建成企业管理的重心、成本核算的中心、代表企业履行合同的主体。在项目经理的领导下，小型施工项目可设立管理人员，包括工程师、经济员、技术员、料具员、总务员，即"一长、一师、四大员"，不设专业部门。大中型施工项目经理部，可设立专业部门，一般是以下五类部门：

1）经营核算部门，主要负责预算、合同、索赔、资金收支、成本核算、劳动配置及劳动分配等工作。

2）工程技术部门，主要负责生产调度、文明施工、技术管理、施工组织设计、计划统计等工作。

3）物资设备部门，主要负责材料的询价、采购、计划供应、管理、运输、工具管理、机械设备的租赁配套使用等工作。

4）监控管理部门，主要负责工作质量、安全管理、消防保卫、环境保护等工作。

5）测试计量部门，主要负责计量、测量、试验等工作。

7.2.2　项目经理

1. 施工企业项目经理的概念

施工企业的项目经理（简称项目经理），是指受施工企业法定代表人委托对工程项目施工过程全面负责的项目管理者，是施工企业法定代表人在承包的建设工程项目上的委托代理人。

2003 年 2 月 27 日《国务院关于取消第二批行政审批项目和改变一批行政审批项目管理方式的决定》（国发【2003】5 号）规定，"取消建筑施工企业项目经理资质核准，由注册建造师代替，并设立过渡期"，并将过渡的时间定位五年，即从国发【2003】5 号文印发之日起至 2008 年 2 月 27 日止。现在过渡期已满，过渡期满后，大、中型工程项目施工的项目经理必须由取得建造师注册证书的人员担任；但取得建造师注册证书的人员是否担任工程项目施工的项目经理，由企业自主决定。

在全面实施建造师职业资格制度以后，仍然要坚持落实项目经理岗位责任制。项目经理岗位责任制是保证工程项目建设质量、安全、工期、成本等的重要管理岗位。

建造师是一种专业人士的名称，而项目经理是一个工作岗位的名称。取得建造师执业资格的人员表示其知识和能力符合建造师执业的要求，但其在企业中的工作岗位则由企业视工作需要和安排而定。在国际上，建造师的执业范围相当宽，可以在施工企业、政府管理部门、建设单位、工程咨询单位、设计单位、教学和科研单位等执业（图 7-2）。

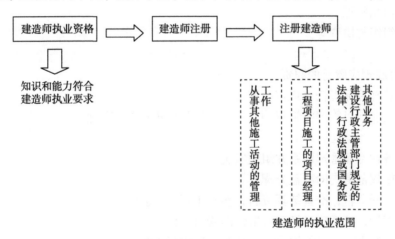

图 7-2　建造师的执业资格和注册建造师

2. 施工企业项目经理的地位、作用及特征

在国际上，施工企业项目经理的地位、作用以及其特征如下：

1）项目经理是企业任命的一个项目的项目管理班子的负责人（领导人），但他并不一定是（多数不是）一个企业法定代表人在工程项目上的代表人，因为一个企业法定代表人在工程项目上的代表人在法律上赋予其的权限范围太大。

2）项目经理的任务仅限于主持项目管理工作，其主要任务是项目目标的控制和组织协调。

3）在有些文献中明确界定，项目经理不是一个技术岗位，而是一个管理岗位。

4）项目经理是一个组织系统中的管理者，至于他是否有人权、财权和物资采购权等管理权限，则由其上级确定。

我国在施工企业中引入项目经理的概念已多年，取得了显著的成绩。但是，在推行项目经理负责制的过程中也有不少误区，如：企业管理的体制与机制和项目经理负责制不协调，在企业利益与项目经理的利益之间出现矛盾；不恰当地、过分扩大项目经理的管理权限和责任；将农业小生产的承包责任机制应用到建筑大生产中，甚至采用项目经理抵押承包的模式，抵押物的价值与工程可能发生的风险不相当等。

3. 施工企业项目经理的任务

施工企业项目经理是在一个施工项目上施工单位的总组织者、总协调者和总指挥者，他所承担的管理任务不仅仅依靠项目经理的管理人员来完成，还可能依靠整个企业各职能管理部门的指导、协作、配合和支持。项目经理不仅要考虑项目的利益，还应服从企业的整体利益。项目经理的任务包括项目的行政管理和项目管理两个方面，其在项目管理方面的主要任务是：

1）施工安全管理。

2）施工成本控制。

3）施工进度控制。

4）施工质量控制。

5）工程合同管理。

6）工程信息管理。

7）工程组织与协调等。

4. 项目经理的责、权、利

（1）项目经理应履行的职责

1）项目管理目标责任书规定的职责。

2）主持编制项目管理实施规划，并对项目目标进行系统管理。

3）对资源进行动态管理。

4）建立各种专业管理体系并组织实施。

5）进行授权范围内的利益分配。

6）归集工程资料，准备结算资料，参与工程竣工验收。

7）接受审计，处理项目经理部解体的善后工作。

8）协助组织进行项目的检查、鉴定和评奖申报工作。

（2）项目经理的权限

1）参与项目招标、投标和合同签订。

2）参与组建项目经理部。

3）主持项目经理部工作。

4）决定授权范围内的项目资金的投入和使用。

5）制订内部计酬办法。

6）参与选择并使用具有相应资质的分包人。

7）参与选择物资供应单位。

8）在授权范围内协调与项目有关的内、外部关系。

9）法定代表人授予的其他权力。

（3）项目经理的利益与奖罚

1）获得工资和奖励。

2）项目完成后，按照项目管理目标责任书规定，经审计后给予奖励或处罚。

3）获得评优表彰、记功等奖励。

 思考练习题

1. 什么是建设工程项目？它有哪些主要特征？

2. 建设工程项目的实施阶段包括哪些具体环节？

3. 施工方项目管理的目标有哪些？

4. 施工方项目管理的任务包括哪些内容？

5. 建筑装饰工程项目管理的含义是什么？

6. 项目经理部的作用是什么？其人员配置一般是怎样的？

7. 项目经理的地位是怎样的？其与建造师的区别是什么？

8. 项目经理应履行哪些职责？

第8章

建筑装饰工程施工成本管理

学习目标 了解建筑装饰工程各个阶段的成本管理；熟悉工程项目成本的构成；掌握成本计划的编制和成本核算的方法。

学习重点 建筑装饰工程施工过程中，施工各阶段的成本管理方法。

学习难点 施工成本计划、施工成本核算的方法、工程结算编制。

8.1　建筑装饰工程施工成本管理概述

成本管理是指对所发生的费用支出有组织地、系统地进行预测、决策、计划、控制、核算、分析与考核等一系列科学管理。成本管理是建筑业经营管理的重要组成部分，对改善经营管理具有决定性的作用。工程项目成本管理是一个复杂的过程，施工企业只有以工程项目管理为中心，在工程项目保证安全、质量、工期的情况下，严格控制工程成本，争取降低工程成本，才能使建筑装饰施工企业在市场竞争中立于不败之地。

8.1.1　施工成本管理的概念

工程施工成本主要包括成本预测、成本计划、成本控制、成本核算、成本分析和成本考核等内容。

我国《企业财务通则》第二十六条解释："企业为生产经营商品和提供劳务等发生的各项直接支出，包括直接工资、直接材料、商品进价以及其他直接支出，直接计入生产经营成本。企业为生产经营商品和提供劳务而发生的各项间接费用，分配计入生产经营成本。"

美国会计学会（AAA）解释："成本是指为达到特定目标而发生的或应发生的价值牺牲，它可以用货币单位加以衡量"

建筑装饰工程施工成本是成本的一种具体形式，是建筑装饰企业在生产经营中为获取和完成工程所支付的一切代价，即广义的施工成本。在项目管理中，接触更多的是狭义的施工成本，即在项目施工现场所耗费的人工费、材料费、施工机械使用费、现场其他直接费及项目经理为组织工程施工所发生的管理费用之和。狭义的施工成本，将成本的发生范围局限在某一项目范围内，不包括建筑装饰企业期间经营费用、利润和税金，是项目经理进行成本核算和控制的主要内容。

8.1.2　工程项目成本的构成

1. 按生产费用计入成本划分

按生产费用计入成本的方法划分，工程项目成本可分为直接成本和间接成本，构成如图 8-1 所示。

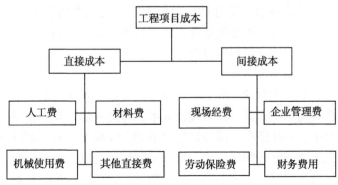

图 8-1　工程项目成本的主要构成

直接成本是指施工过程直接耗费的构成工程实体的各项支出，包括人工费、材料费、机械使用费和其他直接费。所谓其他直接费是指直接费以外施工过程发生的其他费用。

间接成本是指企业的各项目经理部为施工准备、组织和管理施工生产所发生的全部施工间接费支出，包括现场管理人员的人工费（基本工资、工资性补贴、职工福利费）、资产使用费、工具用具使用费、保险费、检验试验费、工程保修费、工程排污费以及其他费用等。

2. 按成本发生时间划分

按成本控制需要，从成本发生的时间来划分，工程项目成本可分为预算成本、计划成本和实际成本。

预算成本是反映各地区建筑业的平均成本水平。它根据施工图由全国统一的建筑、安装工程基础定额、地方定额及政策文件和由各地区的市场劳务价格、材料价格信息及价差系数，并按有关取费的指导性费率进行计算。预算成本是确定工程造价的基础，也是编制计划成本和评价实际成本的依据。

计划成本是指工程项目经理部根据计划期的有关资料，在实际成本发生前预先计算的成本。如果计划成本做得更细、更周全，最终的实际成本降低的效果会更好。

实际成本是工程项目在报告期内实际发生的各项生产费用的总和。不管计划成本做得如何细致周全，如果实际成本未能及时得到编制，那么根本无法对计划成本与实际成本加以比较，也无法得出真正成本的节约或超支，也就无法反映各种技术水平和技术组织措施的贯彻执行情况和企业的经营效果。所以，项目应在各阶段快速准确地列出各项实际成本，从计划成本与实际成本的对比中找出原因并分析原因，最终找出更好的节约成本的途径。另外，将实际成本与预算成本比较，可以反映工程盈亏情况。

8.1.3　建筑装饰工程施工成本管理的作用

1. 建筑装饰工程施工成本管理是项目成功的关键

建筑装饰工程施工成本管理是项目成功的关键，是贯穿项目全寿命周期各阶段的重要工作。对于任何项目，其最终的目的都是通过一系列的管理工作来取得良好的经济效益。而任何项目都具有一个从概念、开发、实施到收尾的生命周期，其间会涉及业主、设计、施工、监理等众多的单位和部门，它们有各自的经济利益。例如，在概念阶段，业主要进行投资估算并进行项目经济评价，从而做出是否立项的决策。在招标投标阶段，业主要根据设计图纸和有关部门规定来计算最高限价，即标的；承包方要通过成本估算来获得具有竞争力的报价。在设计和实施阶段，项目成本控制是确保将项目实际成本控制在项目预算范围内的有力措施。这些工作都属于项目成本管理的范畴。

2. 有利于对不确定性成本的全面管理和控制

受到各种因素的影响，项目的总成本一般包含三种成分：其一是确定性成本，它的数额大小以及发生与否都是确定的；其二是风险性成本，对此人们只知道它发生的概率，但不能肯定它是否一定会发生；另外还有一部分是完全不确定性成本，对它们既不知道其是否会发生，也不知道其发生的概率分布情况。这三部分不同性质的成本合在一起，就构成了一个项目的总成本。由此可见，项目成本的不确定性是绝对的，确定性是相对的。这就要求在项目的成本管理中除了要考虑对确定性成本的管理外，还必须同时考虑对风险性成本和完全不确定性成本的管理。对于不确定性成本，可以依赖于加强预测和制订附加计划法或用不可预见费来加以弥补，从而实现整个项目的成本管理目标。

8.1.4　建筑装饰工程施工成本管理的基本原则

施工项目成本管理是企业成本管理的基础和核心，施工项目经理部在对项目施工过程进行成本管理时，必须遵循以下基本原则。

1. 成本最低化原则

施工项目成本控制的根本目的，在于通过成本管理的各种手段，不断降低施工项目成本，以达到可能实现最低的目标成本的要求。

2. 全面成本管理原则

全面成本管理是全企业、全员和全过程的管理，也称"三全"管理。项目成本的全过程控制要求成本控制工作随着项目施工进展的各个阶段连续进行，既不能疏漏，又不能时紧时松，应使施工项目成本自始至终置于有效的控制之下。

3. 成本责任制原则

为了实行全面成本管理，必须对施工项目成本进行层层分解，以分级、分工、分人的成本责任制作保证。施工项目经理部应对企业下达的成本指标负责，班组和个人对项目经理部的成本目标负责，以做到层层保证，定期考核评定。成本责任制的关键是划清责任，并要与奖惩制度挂钩，使各部门、各班组和个人都来关心施工项目成本。

4. 成本管理有效化原则

成本管理有效化，一是要求施工项目经理部以最小的投入获得最大的产出；二是要求以最少的人力和财力完成较多的管理工作，提高工作效率。

5. 成本管理科学化原则

施工项目成本科学化管理，是要求把有关自然科学和社会科学中的理论、技术和方法运用于成本管理中。

6. 成本动态控制原则

施工项目具有一次性的特点，而影响施工项目成本的因素众多，如内部管理中出现的材料超耗、工期延误、施工方案不合理、施工组织不合理等都会影响工程成本。同时，系统外部有关因素如通货膨胀、交通条件、设计文件变更等也会影响项目成本。因此，必须针对成本形成的全过程实施动态控制。

8.1.5　建筑装饰工程项目成本管理的过程

项目成本的发生贯穿项目成本形成的全过程，从施工准备开始，经施工过程至竣工移交后的保修期结束。工程项目成本管理的过程可分为事前管理、事中管理、事后管理三个阶段，具体包括了成本预测、成本计划、成本控制、成本核算、成本分析、成本考核六个流程。

1. 建筑装饰工程项目成本管理的具体流程

项目成本管理的内容很广泛，贯穿于项目管理活动的全过程和每个方面。从项目中标签约开始到施工准备、现场施工、直至竣工验收，每个环节都离不开成本管理工作。就成本管理的完整工作过程来说，其成本管理主要包括六个相互联系环节：成本预测、成本计划、成本控制、成本核算、成本分析和成本考核。即通过科学的预测（估算）来制订项目成本计划，确定成本管理目标。在市场经济条件下，建筑企业赖以生存发展的空间即工程项目的盈利能力，就是指在工程施工过程中，要以尽量少的物化消耗和活劳动力消耗来降低项目成本，把各项成本支出控制在计划成本范围内，为企业取得最大的经济效益。为此，企业需要按照工程项目成本管理流程严格做好成本控制管理工作。工程项目成本管理流程如图 8-2 所示。

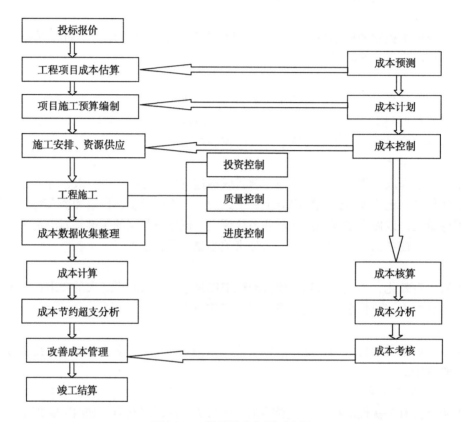

图 8-2 工程项目成本管理流程

在工程项目成本管理流程图中，每个环节都是相互联系和相互作用的。成本预测是成本计划的编制基础，成本计划是开展成本控制和成本核算的基础；成本控制能对成本计划的实施进行监督，保证成本计划的实现，而成本核算又是成本计划能否实现的最后检查，它所提供的成本信息又是成本预测、成本计划、成本控制和成本考核等的依据；成本分析为成本考核提供依据，也为未来的成本预测与编制成本计划指明方向；成本考核是实现成本目标责任制的保证和手段。

以上六个环节构成成本控制的 PDCA 循环，每个施工项目在施工成本控制中，不断地进行着大大小小（工程组成部分）的成本控制循环，促使成本管理水平不断提高。

2. 建筑装饰工程施工成本管理的阶段分析

（1）事前管理

成本的事前管理是指工程项目开工前，对影响工程成本的经济活动所进行的事前规划、审核与监督。工程项目成本的事前管理主要包括以下几个方面：

1）成本预测。成本预测是根据有关成本费用资料和各种相关因素，采用经验总结、统计分析及数学模型的方法对成本进行判断和推测。通过项目成本预测，可以为企业经营决策层和项目经理部编制成本计划等提供相关数据。

2）成本决策。成本决策是企业对工程项目未来成本进行计划和控制的一个重要步骤，根据成本预测情况，由决策人员认真细致地分析研究而做出的决策。正确决策能够指导人们顺利完成预定的成本目标，避免盲目性和减少风险性。

3）成本计划。成本计划是对成本实行计划管理的重要环节，是以货币形式编制施工项目在计划期内的生产费用、成本水平、降低成本率和降低成本额所采取的主要措施和规划的方案，它是建立施工项目成本管理责任制、开展成本控制和成本核算的基础。

（2）事中管理

在事中管理阶段，成本管理人员需要严格按照费用计划和各项消耗定额，对一切施工费用进行经常审核，把可能导致损失或浪费的苗头消灭在萌芽状态，并且随时运用成本核算信息进行分析研究，把偏离目标的差异及时反馈给责任单位和个人，以便及时采取有效措施，纠正偏差，使成本控制在预定的目标之内。事中管理的内容主要包括以下几方面：

1）费用开支的控制。一方面要按计划开支，从金额上严格控制，不得随意突破。另一方面要检查各项开支是否符合规定，严防违法乱纪。

2）人工费的控制。对人工费的控制，要采取"量价分离"的原则，主要通过对用工数量和用工单价的控制来实现。通过控制定员、定额、出勤率、工时利用率、劳动生产率等情况，及时发现并解决停工、窝工等问题。

3）材料耗费的控制。在工程造价中，材料费要占总价的 50%~60%，甚至更多。要搞好材料成本的控制工作，必须对采（购）、收（料）、验（收）、（库）管、发（料）、（使）用六个环节进行重点控制，严格手续制度，实行定额领料，加强施工现场管理，及时发现和解决采购不合理、领发无手续、现场混乱、丢失浪费等问题。

4）机械费的控制。对机械费的控制，主要是正确选配和合理利用机械设备，搞好机械设备的维修保养，提高机械的完好率、利用率和使用效率，从而加快施工进度、增加产量、降低机械使用费。

（3）事后管理

成本的事后管理是指在某项工程任务完成时，对成本计划的执行情况进行检查、分析。目的是对实际成本与标准成本的偏差进行分析，查明差异的原因，确定经济责任的归属，借以考核责任部门和单位的业绩；对薄弱环节及可能发生的偏差，提出改进措施；并通过调整下一阶段的工程成本计划指标进行反馈控制，进一步降低成本。成本的事后分析控制，一般按以下程序进行：①通过成本核算环节，掌握工程实际成本情况。②将工程实际成本与标准成本进行比较，计算成本差异，确定成本节约或浪费数额。③分析工程成本节超的原因，确定经济责任的归属。④针对存在问题，采取有效措施，改进成本控制工作。⑤对成本责任部门和单位进行业绩的评价和考核。

8.2　建筑装饰工程施工成本计划

施工成本计划是建立施工项目成本管理责任制，开展成本控制和核算的基础，它是项目降低成本的指导性文件，是设立目标成本的依据。

8.2.1 施工成本计划应满足的要求

1）合同规定的项目质量和工期要求。
2）组织对施工成本管理目标的要求。
3）以经济合理的项目实施方案为基础的要求。
4）有关定额政策文件和市场价格的要求。

8.2.2 施工成本计划的内容

1）编制说明。编制说明是指对工程的范围、投竞标过程及合同文件，企业对项目经理提出的责任成本目标，施工成本计划编制的指导思想和依据等的具体说明．

2）施工成本计划的指标。施工成本计划的指标应经过科学的分析预测确定，可采用对比法、因素分析法等进行测定。施工成本计划一般情况下有以下三类指标：

① 成本计划的数量指标。
② 成本计划的质量指标。
③ 成本计划的效益指标。

3）按工程量清单列出的单位工程成本计划汇总表。根据工程量清单项目的造价分析，分别对人工费、材料费、机械费、措施费、企业管理费、安全文明施工费、规费和税费进行汇总，形成单位工程成本计划表。

4）按成本性质划分的单位工程成本计划汇总表。

8.2.3 编制依据

施工成本计划是施工项目成本控制的一个重要环节，是实现降低施工成本任务的指导性文件。如果针对施工项目所编制的成本计划达不到目标成本要求时，就必须组织施工项目管理班子的有关人员重新研究寻找降低成本的途径，重新进行编制。同时，编制成本计划的过程也是动员全体施工项目管理人员的过程，是挖掘降低成本潜力的过程，是检验施工技术质量管理、工期管理、物资消耗和劳动力消耗管理等是否落实的过程。成本计划的编制依据包括：

1）投标报价文件。
2）企业定额、施工预算。
3）施工组织设计或施工方案。
4）人工、材料、机械台班的市场价。
5）企业颁布的材料指导价、企业内部机械台班价格、劳动力内部挂牌价格。
6）周转材料、设备等内部租赁价格、摊销损耗标准。
7）已签订的工程合同、分包合同（或者估价书）。
8）结构件外加工计划和合同。
9）企业的有关财务方面的制度和财务历史资料。
10）施工成本预测资料。
11）拟采取的降低施工成本的措施。
12）其他相关资料。

8.2.4　编制方法

1. 按施工成本组成编制

工程费用项目由分部分项工程费、措施项目费、其他项目费、安全文明施工费、规费和税金组成。

施工成本可以按成本构成分解为人工费、材料费、施工机械使用费、措施项目费和企业管理费等。

2. 按施工项目组成编制

大中型工程项目通常是由若干单项工程构成的，每个单项工程又包含若干单位工程，每个单位工程下面又包含了若干分部分项工程。因此，首先把项目总施工成本分解到单项工程和单位工程中，再进一步分解到分部工程和分项工程中。然后就要具体地分配成本，编制分项工程的成本支出计划，从而得到详细的成本计划表。

在编制成本支出计划时，要在项目总的方面考虑总的预备费，也要在主要的分项工程中安排适当的不可预见费，避免在具体编制成本计划时，由于某项内容工程量计算有较大出入，使原来的成本预算失实。

3. 按施工进度编制

编制按工程进度的施工成本计划，通常可利用控制项目进度的网络图进一步扩充而得。即在建立网络图时，一方面确定完成各项工作所需花费的时间；另一方面确定完成这一工作的合适的施工成本支出计划。在实践中，将工程项目分解为既能方便地表示时间，又能方便地表示施工成本支出计划的工作是不容易的，通常如果项目分解程度对时间控制合适的话，则对施工成本支出计划可能分解过细，以至于不可能对每项工作确定其施工成本支出计划。

在编制网络计划时，应在充分考虑进度控制对项目划分要求的同时，还要考虑确定施工成本支出计划对项目划分的要求，做到二者兼顾。以上三种编制施工成本计划的方式并不是相互独立的。在实践中，往往是将这几种方式结合起来使用，从而可以取得扬长避短的效果。

8.3　建筑装饰工程施工成本控制

8.3.1　基本要求

1）要按照计划成本目标值来控制生产要素的采购价格，并认真做好材料、设备进场数量和质量的检查、验收与保管。

2）要控制生产要素的利用效率和消耗定额，建立任务单管理、限额领料、验收报告审核等制度。同时，要做好不可预见成本风险的分析和预控，包括编制相应的应急措施等。

3）控制影响效率和消耗量的其他因素（如工程变更等）所引起的成本增加。

4）把施工成本管理责任制与对项目管理者的激励机制结合起来，以增强管理人员的成本意识和控制能力。

5）承包人必须有一套健全的项目财务管理制度，按规定的权限和程序对项目资金的使用和费用的结算支付进行审核、审批，使其成为施工成本控制的一个重要手段。

8.3.2 施工成本管理

1. 人工成本管理

在项目施工中,应按部位、分工种列出用工定额,作为人工费的承包依据。在选择使用分包队伍时,应采用招标制度。由企业劳务管理部门及项目部组成专门的评标小组,小组成员由项目部经理、生产副经理、核算、预算、质量、技术、安全、材料等相关部门的负责人组成。对参与投标的多家分包队伍进行公正、公平的打分,选择实力强、信誉好、工人素质较高的分包队伍。在签订人工承包合同时,条款应详细、严谨、明确,以免结算时出现偏差。每月末进行当月工程量完成情况核实,须经有关负责人签字后方能结算拨付工程款。同时应注意对零工、杂工的结算,控制人工成本的支出。

2. 材料成本管理

加强材料管理是项目成本控制的重要环节,一般工程项目的材料成本占造价的60%左右,因此控制工程成本中的材料成本尤其重要。

1)材料用量的控制。坚持按定额确定材料消耗量;实行限额领料制度;正确核算材料消耗水平,坚持余料回收;改进施工技术,推广使用降低材料消耗的各种新技术、新工艺、新材料;运用价值工程原理对工程进行功能分析,对材料进行性能分析,力求用低价材料代替高价材料;利用工业废渣,扩大材料代用;加强周转料维护管理,延长周转次数;对零星材料以钱代物;包干控制,超用自负,节约归己;加强材料管理,降低材料损耗量;加强现场管理,合理堆放,减少搬运,减少损耗,实行节约材料奖励制度。

2)材料价格的控制。材料价格控制主要是由采购部门在采购中加以控制;进行市场调查,在保质保量的前提下,货比三家,争取最低买价;合理组织运输方式,以降低运输成本;考虑资金的时间价值,减少资金占用;合理确定进货批量与批次,尽可能降低材料储备和买价。

3)要充分利用当地资源,就地开采,自行组织生产,降低材料成本;加强施工项目材料核算,定期清查盘点,真实反映材料的采购、验收、发出、消耗和库存情况。

3. 机械设备的成本管理

1)合理安排施工生产,机械化程度的高低是施工企业实力的标志,但也不能盲目投入,要加强机械租赁计划管理,减少因安排不当引起的设备闲置。

2)加强机械设备的调度工作,尽量避免窝工,提高现场设备利用率。

3)加强现场设备的维修保养,提高设备的完好率,避免因不正当使用造成机械设备的停置。严禁机械维修时将零部件拆东补西、人为地破坏机械。

4)做好上机人员与辅助人员的协调与配合,提高机械台班产量。

5)定期检查折旧费计提情况,防止不提或少提折旧,造成虚盈实亏。

4. 间接费及其他费用管理

根据项目建设时间的长短和参加建设人数的多少,编制间接费用预算并对其进行明细分解,制订切实可行的成本指标以节约管理费用;对每笔开支严格审批手续,对超责任成本的支出,分析原因制订针对性的措施;依据施工的工期及现场情况合理布局,尽可能就地取材搭建临设,工程接近竣工时及时减少临设的占用;提高管理人员的综合素质,精打细算,控制费用支出;编制详细的现场经费计划及量化指标,措施费的投入应有详细的施工方案及经济合理性分析报告。

把降低成本的重点放在工程施工的过程管理上，在保证施工安全、产品质量和施工进度的情况下，采取防范措施，消除质量通病，做到工程一次成型，一次合格，杜绝返工现象的发生，避免造成因不必要的人、财、物等大量的投入而加大工程成本。

8.4 建筑装饰工程施工成本核算

工程施工项目成本核算，一是按照规定的成本开支范围对施工费用进行归集和分配，计算出施工费用的实际发生额；二是根据成本核算对象，采用适当的方法，计算出该施工项目的总成本和单位成本。施工成本管理需要正确及时地核算施工过程中发生的各项费用，计算施工项目的实际成本。施工项目成本核算所提供的各种成本信息，是成本预测、成本计划、成本控制、成本分析和成本考核等各个环节的依据。

8.4.1 施工成本核算对象

1）人工费核算。
2）材料费核算。
3）周转材料费核算。
4）结构件费核算。
5）机械使用费核算。
6）其他措施费核算。
7）分包工程成本核算。
8）间接费核算。
9）项目月度施工成本报告编制。

项目经理部要建立一系列业务核算台账和施工成本会计账户，实施全过程的成本核算，具体可分为定期的成本核算和竣工工程成本核算，如：每天、每周、每月的成本核算。定期的成本核算是竣工工程全面成本核算的基础。

形象进度、产值统计、实际成本归集三同步，即三者的取值范围是一致的。形象进度表达的工程量、统计施工产值的工程量和实际成本归集所依据的工程量均应是相同的数值。

对竣工工程的成本核算，应区分为竣工工程现场成本和竣工工程完全成本，分别由项目经理部和企业财务部门进行核算分析，其目的在于分别考核项目管理绩效和企业经营效益。

8.4.2 施工成本核算的步骤

1. 开工前计划准备

在项目开工前，项目经理部应做好前期准备工作，选定先进的施工方案，选好合理的材料商和供应商，制订每期的项目成本计划，做到心中有数。

（1）制订先进可行的施工方案，拟定技术员组织措施

施工方案主要包括四个方面内容：施工方法的确定、施工机具的选择、施工顺序的安排和流水施工的组织。为保证技术组织措施计划的落实并取得预期效果，工程技术人员、材料员、现场管理人员应明确分工，形成落实技术组织措施的一条龙。

（2）组织签订合理的分包合同与材料合同

分包合同与材料合同应通过公开招标投标的方式，由公司经理组织经营、工程、材料和财务部门有关人员与项目经理一道同分包商就合同价格和合同条款进行协商讨论，经过双方反复磋商，最后由公司经理签订正式分包合同和材料合同。招标投标工作应本着公平公正的原则进行，招标书要求密封，评标工作由招标领导小组全体成员参加，并且必须有层层审批手续。同时，还应建立分包商和材料商的档案，以选择最合理的分包商与材料商，从而达到控制支出的目的。

（3）做好项目成本计划

成本计划是项目实施之前所做的成本管理准备活动，是项目管理系统运行的基础和先决条件，是根据内部承包合同确定的目标成本。公司应根据施工组织设计和生产要素的配置等情况，按施工进度计划确定每个项目月、季成本计划和项目总成本计划，计算出保本点和目标利润，作为控制施工过程生产成本的依据，使项目经理部人员及施工人员无论在工程进行到何种进度，都能事前清楚知道自己的目标成本，以便采取相应手段控制成本。

2. 施工过程中管理控制

在项目施工过程中，按照所选的技术方案，严格按照成本计划进行实施和控制，包括对生产资料费的控制、人工消耗的控制和现场管理费用的控制等内容。

3. 竣工验收分析总结

工程竣工验收分析总结是下一个循环周期——事前科学预测的开始，是成本控制工作的继续。在坚持每月、每季度综合分析的基础上，采取回头看的方法，及时检查、分析、修正、补充，以达到控制成本和提高效益的目标。

8.5 建筑装饰工程施工成本分析

为了实现项目的成本控制目标，保质保量地完成施工任务，项目管理人员必须进行施工成本分析。施工成本分析贯穿于施工成本管理的全过程，其是在成本的形成过程中，主要利用施工项目的成本核算资料（成本信息）与目标成本、预算成本以及类似的施工项目的实际成本等进行比较，针对分析得出偏差发生的原因，采取切实措施，加以纠正。施工项目成本考核是贯彻项目成本责任制的重要手段，也是项目管理激励机制的体现。

8.5.1 施工项目成本分析的作用

1）有助于恰当评价成本计划的执行结果。

2）揭示成本节约和超支的原因，进一步提高企业管理水平。

3）寻求进一步降低成本的途径和方法，不断提高企业的经济效益。

8.5.2 施工项目成本分析的方法

（1）比较法

比较法又称指标对比分析法，就是通过技术经济指标的对比，检查目标的完成情况，分析产生差异的原因，进而挖掘内部潜力的方法。这种方法具有通俗易懂、简单易行、便于掌握的特点，因而得到了广泛的应用。

（2）因素分析法

因素分析法又称连环置换法，这种方法可用来分析各种因素对成本的影响程度。在进行分析时，首先要假定众多因素中的一个因素发生了变化，而其他因素不变，然后逐个替换，分别比较其计算结果，以确定各个因素的变化对成本的影响程度。

（3）差额计算法

差额计算法是因素分析法的一种简化形式，它利用各个因素的目标数与实际数的差额来计算其对成本的影响程度。

（4）比率法

比率法是用两个以上指标的比例进行分析的方法。它的基本特点是：先把对比分析的数值变成相对数，再观察其相互之间的关系。

施工项目成本分析的方法可以单独使用，也可结合使用。尤其是在进行成本综合分析时，必须使用基本方法。为了更好地说明成本升降的具体原因，必须根据定量分析的结果进行定性分析。

成本偏差分为局部成本偏差和累计成本偏差。局部成本偏差包括项目的月度（或周、天等）核算成本偏差、专业核算成本偏差以及分部分项作业成本偏差等；累计成本偏差是指已完工程在某一时间点上实际成本与在某一时间点上相应的计划成本的偏差。对成本偏差的原因分析，应采取定量和定性相结合的方法。

8.6　建筑装饰工程费用结算

工程结算全名为工程价款的结算，是指施工单位与建设单位之间根据双方签订合同（含补充协议）进行的工程合同价款结算。它是施工企业按照承包合同和已完工程量向建设单位（业主）办理工程价清算的经济文件。工程建设周期长，耗用资金数大，为使建筑安装企业在施工中耗用的资金及时得到补偿，需要对工程价款进行中间结算（进度款结算）、年终结算，全部工程竣工验收后应进行竣工结算。工程结算是工程项目承包中的一项十分重要的工作。

工程结算又分为：工程定期结算、工程阶段结算、工程年终结算、工程竣工结算。

8.6.1　工程结算编制依据

1）国家有关法律、法规、规章制度和相关的司法解释。

2）国务院建设行政主管部门以及各省、自治区、直辖市和有关部门发布的工程造价计价标准、计价办法、有关规定及相关解释。

3）施工方承包合同、专业分包合同及补充合同，有关材料、设备采购合同。

4）招标投标文件，包括招标答疑文件、投标承诺、中标报价书及其组成内容。

5）工程竣工图或施工图，施工图会审记录，经批准的施工组织设计，以及设计变更、工程洽商和相关会议纪要。

6）经批准的开、竣工报告或停、复工报告。

7）建设工程工程量清单计价规范、计量规范或工程预算定额、费用定额及价格信息、调价规定等。

8）工程预算书。

9）影响工程造价的相关资料。

10）结算编制委托合同。

8.6.2　工程款结算方式

1. 按月结算

实行旬末或月中预支，月终结算，竣工后清算的方法。跨年度竣工的工程，在年终进行工程盘点，办理年度结算。

2. 竣工后一次结算

建设项目或单项工程全部建筑安装工程建设期在 12 个月以内，或者工程承包价值在100 万元以下的，可以实行工程价款每月月中预支，竣工后一次结算。

3. 分段结算

当年开工，当年不能竣工的单项工程或单位工程按照工程形象进度，划分不同阶段进行结算。

4. 目标结算方式

在工程合同中，将承包工程的内容分解成不同的控制界面，以业主验收控制界面作为支付工程款的前提条件。也就是说，将合同中的工程内容分解成不同的验收单元，当施工单位完成单元工程内容并经业主验收后，业主支付构成单元工程内容的工程价款。

在目标结算方式下，施工单位要想获得工程价款，必须按照合同约定的质量标准完成界面内的工程内容；要想尽早获得工程价款，施工单位必须充分发挥自己的组织实施能力，在保证质量的前提下，加快施工进度。

5. 结算双方约定的其他结算方式

实行预收备料款的工程项目，在承包合同或协议中应明确发包单位（甲方）在开工前拨付给承包单位（乙方）工程备料款的预付数额、预付时间，开工后扣还备料款的起扣点、逐次扣还的比例，以及办理的手续和方法。

8.6.3　中间结算

中间结算是指施工企业在施工过程中，按逐月（或形象进度，或控制界面等）完成的工程数量计算各项费用，向建设单位（业主）办理工程进度款的支付。

以按月结算为例，现行的中间结算办法是，施工企业在旬末或月中旬向建设单位提出预支工程款账单，预支一旬或半月的工程款，月终再提交工程款结算账单和已完工程月报表，收取当月工程价款，并通过银行进行结算。按月进行结算，要对现场已施工完毕的工程逐一进行清点，资料提交后要交监理工程师和建设单位审查签证。为简化手续，应以施工企业提出的统计进度月报表为支取工程款的凭证，即通常所称的工程进度款。

工程进度款的支付步骤为：工程量计量与统计→提交已完工程量报告→工程师审核并确认→建设单位认可并审批→交付工程进度款。

8.6.4　竣工结算

竣工结算是指施工企业按照合同规定，在一个单位工程或分项建筑安装工程完工、验收、点交后，向建设单位（业主）办理最后工程价款清算的经济技术文件。

1. 《建设工程施工合同（示范文本）》对竣工结算的详细规定

1）工程竣工验收报告经发包方认可后 28 天内，承包方向发包方递交竣工结算报告及完整的结算资料，双方按照协议书约定的合同价款及专用条款约定的合同价调整内容进行工程竣工结算。

2）发包方收到承包方递交的竣工结算报告及结算资料后 28 天内进行核实，给予确认或者提出修改意见。发包方确认竣工结算报告后通知经办银行向承包方支付工程竣工结算价款。承包方收到竣工结算价款后 14 天内将竣工工程交付发包方。

3）发包方收到竣工结算报告及结算资料后 28 天内无正当理由不支付工程竣工结算价款，从第 29 天起按承包方同期向银行贷款利率支付拖欠工程价款的利息，并承担违约责任。

4）发包方收到竣工结算报告及结算资料后 28 天内不支付工程竣工结算价款，承包方可以催告发包方支付结算价款。发包方在收到竣工结算报告及结算资料后 56 天内仍不支付的，承包方可以与发包方协议将该工程折价，也可以由承包方申请人民法院将该工程依法拍卖，承包方就该工程折价或者拍卖的价款优先受偿。

5）工程竣工验收报告经发包方认可后 28 天内，承包方未能向发包方递交竣工结算报告及完整的结算资料，造成工程竣工结算不能正常进行或工程结算价款不能及时支付，发包方要求交付工程的，承包方应当交付；发包方不要求交付工程的，承包方承担保管责任。

6）发包方和承包方对工程竣工结算价款发生争议时，按争议的约定处理。在实际工作中，当年开工、当年竣工的工程，只需办理一次性结算。

2. 跨年度工程的竣工结算

跨年度的工程，在年终办理一次年终结算，将未完工程结转到下一年度，此时竣工结算等于各年度结算的总和。

（1）办理工程价款竣工结算的一般公式

竣工结算工程款 = 预算（或概算）或合同价款 + 施工过程中预算或合同价款调整数额 – 预付及已结算工程价款 – 保修金。

（2）竣工结算方式

结算书以施工单位为主进行编制，竣工结算一般采用以下方式。

1）预算结算方式。这种方式是把经过审定确认的施工图预算作为竣工结算的依据，在施工过程中发生的而施工预算中未包括的项目和费用，经建设单位驻现场工程师签证，和原预算一起在工程结算时进行调整，因此又称这种方式为施工图预算加签证的结算方式。

2）承包总价结算方式。这种方式的工程承包合同为总价承包合同。工程竣工后，暂扣合同价的 2% ~5% 作为维修金，其余工程价款一次结清。在施工过程中所发生的材料代用、主要材料价差、工程量的变化等，如果合同中没有可以调价的条款，一般不予调整。因此，凡按总价承包的工程，一般都列有一项不可预见费用。

3）平方米造价包干方式。承发包双方根据一定的工程资料，经协商签订每平方米造价指标的合同，结算时按实际完成的建筑面积汇总结算价款。

4）工程量清单结算方式。采用清单招标时，中标人填报的清单分项工程单价是承包合同的组成部分，结算时按实际完成的工程量，以合同中的工程单价为依据计算结算价款。

思考练习题

1. 成本管理的基本内容是什么?
2. 成本管理的基本原则是什么?
3. 简述成本计划编制的依据、步骤和方法。
4. 成本分析和核算的内容是什么?
5. 工程结算编制的依据是什么?
6. 简述工程结算的方式和内容。

第9章

建筑装饰工程施工进度管理

学习目标 了解建筑装饰工程项目进度管理的概念、任务及程序；熟悉建筑装饰工程项目进度计划的编制、审核与实施；掌握建筑装饰工程项目进度管理的措施，以及建筑装饰工程项目进度计划的检查与调整。

学习重点 项目进度管理措施；项目进度计划的实施；项目进度计划的检查与调整。

学习难点 项目进度计划的实施、检查与调整。

9.1 建筑装饰工程施工进度管理概述

9.1.1 建筑装饰工程项目进度管理的概念

建筑装饰工程项目进度管理就是采用科学的方法确定进度目标，为实现该进度目标而进行的计划、组织、控制等活动。即在合同规定的工期内，编制出合理、可行的施工进度计划，在实施建筑装饰施工进度计划的过程中，动态检查施工的实际执行情况，并将其与进度计划相比较是否一致，若不一致时，及时分析原因和对工程进度的影响程度，提出并采取必要的纠正措施对原进度计划进行调整或修正，不断如此循环，直至工程项目竣工验收。

因此，建筑装饰工程项目进度管理是一个动态、循环、复杂的过程，也是一项效益显著的工作。其目的就是实现建筑装饰工程项目的合同规定工期，或在保证施工质量、安全和不增加实际成本的条件下，按期或提前完成施工任务，防止因工期延误而造成损失。

9.1.2 建筑装饰工程项目进度管理的任务

建筑装饰工程项目参与各方对进度管理的任务各有不同，具体如下：

1）业主方进度管理的任务是控制整个项目实施阶段的进度，包括设计准备阶段的工作进度、设计工作进度、施工进度、物资采购进度，以及项目动用前准备阶段的工作进度。

2）设计方进度管理的任务是根据设计任务委托合同对设计工作进度的要求控制设计工作进度，另外，设计方应尽可能地使设计工作的进度与招标、施工和物资采购等工作进度相协调。

3）施工方进度管理的任务是根据施工任务委托合同对施工进度的要求控制施工进度。在进度计划编制方面，施工方应根据项目特点和施工进度控制的需要编制深度不同的控制性、指导性和实施性施工的进度计划，以及按不同计划周期（年度、季度、月度和旬）的施工计划等。

4）供货方进度管理的任务是根据供货合同对供货的要求控制供货进度，供货进度计划应包括供货的所有环节，如采购、加工制造、运输等。

9.1.3 建筑装饰工程项目进度管理的措施

施工项目进度管理所采取的措施主要有组织措施、技术措施、合同措施、经济措施和信息管理措施。

（1）组织措施

1）建立进度管理组织体系，主要指落实各层次的施工项目进度管理人员以及他们的具体任务和工作责任。

2）建立监督管理目标体系，即按照施工项目的规模大小、特点，根据施工项目的进展阶段、结构层次、专业工种或合同结构等进行项目分解，确定其进度目标。

3）建立进度管理工作制度，如协调会议召开时间、检查时间、检查方式、参加人员等。

4）建立进度信息沟通渠道，对影响建筑装饰工程施工进度的干扰因素进行分析和预测，并将分析预测情况和实际进度情况的信息及时反馈至各部门。

（2）技术措施

技术措施主要指采用有利于加快建筑装饰施工进度的技术与方法，以保证进度调整后仍能如期竣工。技术措施主要包括两方面的内容：

1）能保证质量、安全、经济、快速的施工技术与方法（包括操作、机械设备、工艺等）。

2）管理技术与方法，包括流水作业方法、网络计划技术等。

（3）经济措施

1）提供实现装饰施工进度计划的资金保证。

2）建立严格的奖惩制度。

3）保证设备、材料和其他物资的供应。

（4）合同措施

1）加强合同管理，使进度目标相互协调。

2）严格控制合同变更。

3）做好工期索赔工作。

（5）信息管理措施

建立监测、分析、调整、反馈进度实施过程中的信息流动程序和信息管理工作制度，不断收集建筑装饰施工实际进度的有关资料进行整理统计，同时与计划进度进行比较分析，及时提供进度信息，以实现连续的、动态的全过程进度管理。

9.1.4　建筑装饰工程项目进度管理的程序

1）确定进度目标。根据施工合同的要求确定施工进度目标，明确计划开工日期、计划总工期和计划竣工日期，并确定项目分期分批的开工、竣工日期。

2）编制施工进度计划。具体安排实现计划目标的工艺关系、组织关系、搭接关系、起止时间、劳动力计划、材料计划、机械计划及其他保证性计划。

3）实施施工进度计划。项目经理应通过施工部署、组织协调、生产调度和指挥、改善施工程序和方法的决策等，应用技术、经济和管理手段实现有效的进度管理。

4）检查与调整施工项目进度。在施工项目部计划、质量、安全、材料、合同等各个职能部门的协调下，定期检查各项活动的完成情况，记录项目实施过程中的各项信息，用进度控制比较方法判断项目进度完成情况，若进度出现偏差，则应调整进度计划，以实现项目进度的动态管理。

5）阶段性任务或全部任务完成后，应进行总结并编写进度管理报告。

9.2　建筑装饰工程施工进度计划的编制与实施

9.2.1　建筑装饰工程项目进度计划的编制

（1）进度计划编制依据

1）项目管理目标责任书。

2）施工部署及主要工程施工方案。

3）主要材料和设备的供应能力。

4）施工人员的技术素质及劳动效率。

5）施工现场条件、气候条件、环境条件。

6）已建成的同类工程实际进度及经济指标。

（2）进度计划编制要求

1）保证施工项目在合同规定的期限内完成，努力缩短施工工期。

2）保证施工的均衡性和连续性，尽量组织流水搭接，连续、均衡施工，减少现场工作面的停歇现象和窝工现象。

3）尽可能节约施工费用，在合理范围内，尽量缩小施工现场各种临时设施的规模。

4）合理安排机械化施工，充分发挥施工机械的生产效率。

5）合理组织施工，努力减少因组织安排不当等人为因素造成的时间损失和资源浪费。

6）保证施工质量和安全。

（3）进度计划编制步骤

1）研究施工图和有关资料并调查施工条件。

2）施工过程划分。

3）采用流水施工的施工组织方式编排合理施工顺序。

4）计算各施工过程的工程量与定额。

5）确定劳动量和机械需要量及持续时间。

6）编排施工进度计划。

7）提出劳动力和物资计划。

9.2.2 建筑装饰工程项目进度计划的审核

项目经理应对施工项目进度计划进行审核，以确保施工项目进度计划的规范、准确、合理。其主要审核内容包括：

1）进度安排是否符合施工合同确定的项目总目标和分目标的要求，是否符合其开工及竣工日期的规定。

2）施工进度计划的内容是否有遗漏，工期是否满足分批次交工的需要和配套交工的要求，考虑是否全面。

3）施工程序和作业顺序是否正确合理。

4）资源供应计划是否能保证施工进度计划的实施，供应是否平衡，包括分包人供应资源和施工图设计进度等是否满足进度要求。

5）总、分包之间和各个专业之间在施工时间和位置的安排上是否协调，专业分工与计划的衔接是否明确、合理。

6）总、分包之间的进度计划风险是否分析透彻并完备了相应对策，包括对应的应急预案。

7）各项保证进度计划的措施是否周到、可行、有效。

9.2.3　建筑装饰工程项目进度计划的实施

建筑装饰工程项目进度计划的实施就是在施工进度计划的指导下，围绕着如何落实和完成施工进度计划中的任务而开展的施工活动。施工项目进度计划的逐步实施过程就是施工项目建造的逐步完成过程。为了保证施工项目进度计划的实施，保证各分部分项工程进度目标和各阶段进度目标的实现，并最终完成工程进度总目标，项目部及作业班组应按进度计划的时间要求，做好如下工作。

（1）制订月（旬）作业计划

由于施工活动的复杂性，在编制施工进度计划时，不可能考虑到施工过程中的所有变化情况，因而不能一次安排好未来施工活动中的全部细节，所以还必须有更符合当时情况、更细致具体的、短时间的计划，这就是施工作业计划。项目经理部应当将计划任务与实际施工条件和实际进度相结合，在施工开始前和实施中不断制订月（旬）作业计划，从而使施工进度计划更具体、更切合实际、更适应不断变化的现场情况和更可行。在月（旬）作业计划中要明确本月（旬）应完成的施工任务、完成计划所需的各种资源量、提高劳动生产率和节约成本、保证质量和安全的措施。

（2）优化配置主要资源

施工项目必须通过人、财、物等资源的有机结合才能完成。同时，项目对资源的需求又是错落起伏的，因此施工企业应在各项目进度计划的基础上进行综合平衡，编制企业的年度、季度、月（旬）计划，将各项资源在项目间动态组合，优化配置，以保证满足项目在不同时间对资源的需求，从而保证施工项目进度计划的顺利实施。

（3）签发施工任务书

月（旬）作业计划中的每项具体任务要通过签发施工任务书的方式向班组下达。施工任务书既是向班组下达任务、实行责任承包、全面管理和原始记录的综合性文件，也将计划执行与技术管理、质量管理、成本核算、资源管理等融为一体，是计划与作业的连接纽带。施工任务书一般由工长编制以及交底，施工班组接到任务书后，应做好分工，在执行中要保质量、保进度、保安全、保节约、保工效提高。任务完成后，班组自检，再向工长报请验收。

（4）做好施工进度记录

在进度计划实施过程中，各级进度计划的执行者都要跟踪做好施工记录，实事求是地记录每项工作的开始日期、工作进度和完成日期，以及现场发生的各种情况、干扰因素及排除情况等，并填好有关图表。在施工中，上述内容的记录要求真实、准确、原始，从而为施工项目进度计划实施的检查、分析、调整、总结提供真实准确的原始资料。

（5）做好施工调度工作

施工中的调度是组织施工中各阶段、环节、专业和工种的相互配合、进度协调的指挥核心。调度工作是使施工进度计划顺利实施的重要手段，其主要任务是掌握计划实施情况，协调各方面关系，采取措施排除各种矛盾，加强各薄弱环节，实现动态平衡，保证完成作业计划和实现进度目标。调度工作的主要内容有：

1）执行合同中对进度、开工及延期开工、暂停施工、工期延误、工程竣工的管理办法及措施，包括相关承诺。

2）将控制进度具体措施落实到具体执行人，并明确目标、任务、检查方法和考核办法。

3）监督作业计划的实施，调整、协调各方面的进度关系。

4）监督检查施工准备工作，如督促资源供应单位按计划供应劳动力、施工机具、运输车辆、材料配件等，并对临时出现的问题采取调配措施。

5）跟踪调控工程变更引起的资源需求变化，及时调整资源供应计划。

6）按施工平面图管理施工现场，结合实际情况进行必要调整，保证文明施工。

7）第一时间了解气候、水电供应情况，采取相应的防范和保证措施。

8）及时发现和处理施工中各种事故。

9）定期召开现场调度会议，贯彻施工项目主管人员的决策，发布调度令。

10）及时与发包人协调，保证发包人配合工作和资源供应在计划可控范围内进行，当不能满足时，应立即协商解决，如有损失应及时索赔。

9.3 建筑装饰工程施工进度计划的检查与调整

9.3.1 建筑装饰工程项目进度计划的检查

在建筑装饰工程项目的实施过程中，为了保证施工项目进度计划的实施，进度监督管理人员应按照施工进度计划规定，依据进度管理体系对进度实际情况检查的要求，定期跟踪监督检查施工实际进度情况，收集施工项目进度材料，检查工作量的完成情况、工作时间的执行情况、资源使用及与进度的互相配合情况等，并将实际进度情况进行记录、量化、整理、统计并与施工进度计划对比分析，确定实际进度与计划进度之间的关系，视实际情况对计划进行调整。其主要工作包括：

（1）跟踪检查施工实际进度

跟踪检查施工实际进度是项目施工进度控制的关键措施，是分析施工进度、调整进度计划的前提，其目的是收集实际施工进度的有关数据。跟踪检查的时间、方式、内容和收集数据的质量，将直接影响到进度控制工作的质量和效果。

检查的时间与施工项目的类型、规模，施工条件和对进度执行要求程度有关，通常分为两类：一类是日常检查；一类是定期检查。日常检查是常驻现场管理人员每日进行检查，采用施工记录和施工日志的方法记载下来。定期检查一般与计划安排的周期和召开现场会议的周期相一致，可视工程情况每月、每半月、每旬或每周检查一次。当施工中遇到天气、资源供应等不利因素的严重影响，检查的间隔时间可临时缩短。检查和收集资料的方式一般采用进度报表方式或定期召开进度工作汇报会。为了保证汇报资料的准确性，进度控制的工作人员要定期到现场查看，准确掌握施工项目的实际进度。

（2）整理统计检查数据

为了进行实际进度与计划进度的比较，必须将收集到的实际进度数据进行必要的加工处理，按计划控制的工作项目进行统计，形成与计划进度具有可比性的数据、相同的量纲和形象进度。一般可以按实物工作量、工作量和劳动消耗量以及累计百分比来整理和统计实际检查的数据，以便与相应的计划完成量相对比。

（3）对比实际进度与计划进度

进度计划的检查方法主要是对比法，即把实际进度与计划进度进行对比，从而发现偏差。将实际进度数据与计划进度数据进行比较，可以确定建筑装饰工程实际执行状况与计划目标之间的差距。为了直观反映实际进度偏差，通常采用表格或图形进行实际进度与计划进度的对比分析，从而得出实际进度比计划进度超前、滞后或一致的结论，以便为决策提供相关依据。

通常采用的比较方法有：横道图比较法、S形曲线比较法、香蕉形曲线比较法、前锋线比较法、列表比较法等。

（4）施工进度检查结果的处理

施工进度检查要建立报告制度，即将施工进度检查比较的结果、有关施工进度现状和发展趋势，以最简练的书面报告形式提供给有关主管人员和部门。

进度报告的编写，原则上由计划负责人或进度管理人员与其他项目管理人员（业务人员）协作编写。报告时间一般与进度检查时间相协调，也可按月、旬、周等间隔时间进行编写上报。进度报告根据报告的对象不同而确定不同的编制范围和内容，一般分为三个级别：项目概要级进度报告、项目管理级进度报告、业务管理级进度报告。

进度报告的内容主要包括：项目实施概况、管理概况、进度概要总说明；项目施工进度、形象进度及简要说明；施工图纸提供速度；材料、物资、构配件供应速度；劳务记录及预测；日历计划；建设单位、监理单位、施工主管部门的变更指令；进度偏差的状况和导致偏差的原因分析；解决的措施；计划调整意见等。

9.3.2　建筑装饰工程项目进度计划的调整

在建筑装饰工程项目进度计划的执行过程中，由于组织、管理、经济、技术、资源、环境和自然条件等因素的影响，往往会造成实际进度与计划进度产生偏差，如果这种偏差不能及时纠正，必将影响进度目标的实现。因此，在进度计划执行过程中采取相应措施来进行调整和管理，对保证进度计划目标的实现具有重要意义。

1. 进度计划的调整内容

一般情况下，建筑装饰工程项目进度计划需要及时进行调整，其调整的内容包括：调整关键线路的长度；调整非关键工作时差；增减工作项目；调整逻辑关系；重新估计某些工作的持续时间；对资源的投入做相应调整。

对于以上进度计划的调整内容，可以只调整一项，也可以同时调整几项，还可以将某几项结合起来调整。只要能达到预期目标，调整越少越好。

2. 进度计划的调整过程

在建筑装饰工程项目进度执行过程中，一旦发现实际进度偏离计划进度，即出现进度偏差，则必须认真分析产生偏差的原因及其对后续工作和总工期的影响，要采取合理、有效的纠偏措施对进度计划进行调整，确保进度总目标的实现。

（1）分析进度偏差产生的原因

通过对实际进度与计划进度的比较，发现进度偏差，为了找到合适有效的纠偏措施，必须进行深入而细致的调查，分析产生进度偏差的原因。

（2）分析进度偏差对后续工作和总工期的影响

当查明进度偏差产生的原因之后，要进一步分析进度偏差对后续工作和总工期的影响程度，以确定是否要采取措施进行纠偏。

（3）采取纠偏措施调整进度计划

采取纠偏措施调整进度计划，应以后续工作和总工期的限制条件为依据，确保要求的进度目标得以实现。

（4）实施调整后的进度计划

进度计划调整之后，应执行调整后的进度计划，并持续检查其执行情况并进行实际进度与计划进度的比较，不断循环此过程。

3. 分析进度偏差的影响

在工程项目实施过程中，当通过实际进度与计划进度的比较发现有进度偏差时，需分析该偏差对后续工作和总工期的影响，从而采取相应措施对原进度计划进行调整。进度偏差的大小及所处位置不同，对后续工作和总工期的影响程度是不同的，分析时要利用工作总时差和自由时差的概念进行判断。

（1）分析出现偏差的工作是否为关键工作

如果出现进度偏差的工作位于关键线路上，即该工作为关键工作，则无论其偏差有多大，都将对后续工作和总工期产生影响，必须采取相应的调整措施；如果出现进度偏差的是非关键工作，则需要根据进度偏差值与总时差和自由时差的关系做进一步分析。

（2）分析进度偏差是否超过总时差

如果工作的进度偏差大于该工作的总时差，则此进度偏差必将影响其后续工作和总工期，必须采取相应的调整措施；如果工作的进度偏差未超过该工作的总时差，则此进度偏差不影响总工期，至于对后续工作的影响程度，还需要根据偏差值与其自由时差的关系做进一步分析。

（3）分析进度偏差是否超过自由时差

如果工作的进度偏差大于该工作的自由时差，则此进度偏差将对其后续工作产生影响，此时应根据后续工作的限制条件确定调整方法；如果工作的进度偏差未超过该工作的自由时差，则此进度偏差不影响后续工作，因此原进度计划可以不做调整。

4. 进度计划的调整方法

通过检查分析，若发现原有进度计划已不能适应实际情况，为确保进度控制目标的实现，就必须对原有进度计划进行调整以形成新的进度计划，其调整方法主要有两种：

（1）改变某些工作间的逻辑关系

如果检查的实际施工进度产生的偏差影响了总工期，在工作之间的逻辑关系允许改变的条件下，可以改变关键线路和超过计划工期的非关键线路上的有关工作之间的逻辑关系，达到缩短工期的目的。用该方法进行调整的效果是非常显著的，如把依次进行的有关工作改为平行施工或将工作划分成几个施工段组织流水施工，以达到缩短工期的目的。

（2）缩短某些工作的持续时间

该方法通过采取增加资源投入、提高劳动效率等措施，缩短网络计划中关键线路上工作的持续时间来缩短工期，从而使施工进度加快，并保证实现计划工期。其特点是不改变工作之间的先后顺序关系，即逻辑关系。一般来讲，不管采取什么措施都会增加费用，因此，应利用费用优化的原理选择费用量增加最小的关键工作作为压缩对象。

思考练习题

1. 建筑装饰工程项目进度管理的措施有哪些?
2. 简述建筑装饰工程项目进度计划的编制依据和要求。
3. 建筑装饰工程项目进度计划的实施应做好哪些工作?
4. 简述建筑装饰工程项目进度计划的调整过程。

第10章

建筑装饰工程施工质量管理

学习目标　了解建筑装饰工程质量管理的工作内容，全面分析质量管理中应注意的问题；熟悉装饰工程质量管理所涉及的内容以及施工质量验收标准的基本数据。

学习重点　施工图设计、施工过程中质量管控要点。

学习难点　建筑装饰工程施工质量；装饰工程质量分项验收；装饰工程各道工序的质量控制。

10.1　建筑装饰工程质量与质量管理

10.1.1　关于建筑装饰工程质量

1）建筑装饰工程施工作业多在室内，施工受到建筑空间的限制，造成施工过程中工序交叉、搭接现象较多，极易造成工序混乱，导致质量问题频发。

2）我国现代建筑装饰工程呈现出设计风格多样化、建筑材料品种繁多、施工工艺和技术多样性等特征，导致施工质量控制的难度明显增大。同一空间内需要进行多种工艺、多道工序才能达到预期的施工效果，而对于细节问题的控制则是决定总体质量的关键。

3）现阶段我国建筑装饰工程施工中，手工作业仍然占据主体，而机械化程度相对较低，这样不但降低了施工效率，同时也出现了较多因人为因素造成的施工质量问题，如：

① 外墙饰面砖施工，出现裂缝，缝宽不同、横缝不通、竖缝不直、表面不平。

② 外墙涂料施工，完工后不久即出现褪色、开裂、爆皮、脱落。

③ 室内墙面抹灰，不仅出现不平、不顺、不直、不方，而且出现大面积开裂、空鼓、剥落。

④ 铝合金门窗安装不正、推拉不动、下雨渗漏、刮风进风。

⑤ 高级油漆涂料涂刷出现表面不平、毫无光泽、颜色不同等现象。

以上质量问题，不仅在一般装饰工程中普遍存在，在高级装饰工程施工中也屡见不鲜，如何避免诸如此类问题的发生，成为现今装饰工程质量管理的一大研究重点。

10.1.2　施工前的质量管理

1. 图纸会审

1）施工图纸须经过图纸会审并形成会审记录后方可组织施工。

2）图纸会审过程中应尽可能地减少施工图纸存在的错误、漏洞及缺失，以便于施工的顺利进行。

3）实行图纸质量连带责任制，以增强会审各方责任心，防止图纸会审流于形式，造成变更、返工，影响工程质量。

2. 质量保证体系

1）工程开工前，施工单位应根据法律法规及验收规范建立相应的质量管理制度，并配备相应的质量检查器具和标识。

2）监理单位应根据工程投标文件的承诺、工程的特点编制工程监理实施细则，以确保监理单位自身质量保证体系完整、制度及管理架构健全。

3. 施工组织设计

1）施工组织设计是用来指导施工全过程各项活动的技术、经济和组织的综合性文件，是施工技术与施工管理的指导性文件，它能保证工程开工后施工活动有序、高效、科学合理地进行。

2）施工组织设计包括施工方法与相应的技术组织措施、施工进度计划、施工现场平面布置以及有关劳动力、施工机具、建筑安装材料的安排等。

3）开工前，根据现场实际情况编制一份有针对性的施工组织设计，将会对整个工程的工期、质量、安全和经济效益形成有力的保障。

4. 人员上岗

1）持证上岗，在施工前，要对即将上岗的施工作业人员进行严格的上岗资格审查，并登记备案，杜绝非专业人员进行施工操作。

2）入场教育，对即将入场的施工人员进行安全教育，杜绝安全事故的发生。

3）进场培训，为加强施工人员对装饰行业标准和对装饰工程质量管理标准的了解，施工人员进场后，应组织质量管理标准及相关规范的培训学习，在施工中按施工标准和规范施工，保证建筑装饰工程的质量合格。

10.1.3 施工过程中的质量管理

1. 材料管理

1）对进入施工现场的建筑装饰原材料进行严格的质量验证，包括材料品种、型号、规格、数量、外观检查和见证取样，进行物理、化学性能试验，验证结果报监理工程师审批。

2）建立材料进场台账，实行严格的材料进场签收制度。

3）材料进场验收合格后，应将材料分类别放置于不同的位置，做出明显的标注，并做好相关的记录。

4）施工之前，确保各成品材料无破坏、无明显缺陷。

2. 样板引路

1）实行各装饰工序的样板引路制度，对容易出现的各种质量通病问题进行专项技术交底。

2）审查施工作业指导书及专项施工方案，从源头上、从制度上规范样板引路的运作。

3）装饰工程依据项目施工图纸分专业、分单体列出样板分项，明确样板实施地点、部位、时间、验收标准，做好每个样板间，如：砌体样板间、抹灰样板间、面砖镶贴样板间、门窗样板间、吊顶样板间等，之后才以点带面进行铺开作业。

3. 动态监控

1）全方位检查施工质量，要及时对正在施工的部位或工序进行定时检查或动态监控，发现问题及时处理。

2）现场进行动态监控的方法有多种，归纳起来主要有目测法、实测法和实验法三种。

① 目测法：采取"看、摸、敲、照"来进行质量检查的方法。其中"看"就是根据质量标准进行外观目测，如内墙抹灰大面及阴阳角是否平直，地面是否光洁平整等；"摸"就是进行手感检查，如涂料有无掉粉，水泥墙面、地面有无起砂等；"敲"就是运用检测工具进行音感检查，通过声音的虚实、清脆与沉闷来判断装修质量；"照"就是对于难以看到或光线较暗的部位，用镜子或灯光照射进行检查。

② 实测法：通过使用有关检测仪器，用现场实测的数据与有关规范数据相对照来进行质量检查的方法。

③ 试验法：通过采取实验检验手段来进行质量检查的方法。

对隐蔽工程及工序间交接的项目要及时进行检查验收，未经检查验收的工序不得隐蔽。对隐蔽工程及分项工程的质量验收施工单位必须在自检合格后方可申请验收。

10.2　建筑装饰工程质量控制

10.2.1　抹灰工程质量控制

1. 抹灰工程质量标准

1）抹灰前基层表面的尘土、污垢、油渍等应清除干净，并应洒水润湿。

2）抹灰材料的品种和性能应符合设计要求。水泥凝结时间和安定性应合格。砂浆的配合比应符合设计要求。

3）抹灰层与基层之间及各抹灰层之间必须粘结牢固，抹灰层应无脱落、空鼓，面层应无裂缝。表面应光滑、洁净、接槎平整，分格缝及灰线应顺直、清晰（毛面纹路均匀一致）。

2. 抹灰工程应注意的质量问题

1）空鼓、开裂：抹灰工程中最常见的问题，造成其原因有基层清理不干净，抹灰前未浇水润湿，混凝土表面凿毛处理不到位，抹灰作业完成后养护不到位等。为解决好空鼓、开裂等质量问题，应注意施工前混凝土表面的清理与润湿，抹灰过程中注意分层压实，施工后及时浇水养护，并注意成品保护。

2）抹灰表面不平整、阴阳角不垂直方正：抹灰前应用托线板、尺对抹灰墙面尺寸预测摸底，安排好阴阳角不同两个面的灰层厚度和方正，按规范做好灰饼。阴阳角处用方尺套方，做到墙面垂直、平顺、阴阳角方正。

3）抹灰层过厚：抹灰作业中严禁一次成活，抹灰层的厚度应通过灰饼进行控制，保持 15～20mm 为宜。操作时应分层间歇抹灰，每遍厚度宜为 7～8mm，应在第一遍灰终凝后再抹第二遍。

4）面层接槎不平，颜色差异：抹灰面层接槎应避免在大面分块处，而应甩在分格条处，并注意外抹水泥砂浆中的水泥应采用同品种批号的水泥，以防止颜色差异，面层抹灰应用原浆收光。

10.2.2　门窗工程质量控制

1. 门窗安装工程分类

门窗安装工程分为木门窗制作与安装工程、金属门窗安装工程、塑料门窗安装工程、特种门安装工程、门窗玻璃安装工程。

2. 门窗安装工程质量控制要点

1）应对人造木板的甲醛含量及建筑外墙金属窗的"三性"性能进行复检。

2）应对预埋件和锚固件、隐蔽部位的防腐、填嵌处理进行隐蔽验收。

3）门窗安装前应对门窗洞口尺寸进行检验。

4）建筑外门窗的安装必须牢固，在砌体上安装门窗严禁用射钉固定。

5）木门窗与砖石砌体、混凝土或抹灰层接触处应进行防腐处理并应设置防潮层；埋入砌体或混凝土中的木砖应进行防腐处理。

10.2.3　吊顶工程质量控制

1．吊顶工程分类

吊顶工程分为暗龙骨吊顶工程和明龙骨吊顶工程。

2．吊顶工程质量控制要点

1）穿孔板的孔距应排列整齐，暗装的吸声材料应有防散落措施。

2）罩面板表面应平整，与龙骨应连接紧密，表面应平整，不得有污染、折裂、缺棱少角、锤伤等缺陷，接缝应均匀一致，粘贴的罩面板不得有脱层，胶合板不得有刨透之处。

3）采用木龙骨吊顶基体和木饰面板必须做防火处理，并应符合有关设计防火规范的规定。

4）吊顶工程中的预埋件、钢筋吊杆和型钢吊杆应进行防锈处理。

5）安装饰面板前应完成吊顶内管道和设备的调试及验收。

6）吊杆距主龙骨端部距离不得超过300mm，否则应增设吊杆以免主龙骨下坠。当吊杆长度大于1.5m时，应设置反支撑。当吊杆与设备相遇时，应调整吊点构造或增设吊杆，以保证吊顶质量。

7）次龙骨（中龙骨或小龙骨）应紧贴主龙骨安装，当用自攻螺钉安装板材时，接缝部位应安装宽度不小于40mm的次龙骨。

10.2.4　饰面板（砖）工程质量控制

1）应对材料及其性能指标进行复检，复检合格后方能投入使用，包括：室内花岗石的放射性，粘贴用水泥的凝结时间、安定性和抗压强度，外墙陶瓷面砖的吸水率等。

2）隐蔽验收的部位，如预埋件（或后置预埋件）、连接节点和防水层，必须验收合格后方能进入下一道工序。

3）饰面砖粘贴。

① 外墙饰面砖粘贴前和施工过程中，均应在相同基层上做样板件，并对样板件的饰面砖粘结强度进行检验，其检验方法和结果判定应符合《建筑工程饰面砖粘结强度检验标准》（JGJ 110—2008）的要求。

② 饰面砖阴阳角处的搭接方式、非整砖的使用部位应符合设计要求。

10.2.5　幕墙工程质量控制

1．幕墙工程分类

幕墙工程分为玻璃幕墙工程、金属幕墙工程和石材幕墙工程。

2．幕墙工程质量控制要点

1）玻璃幕墙的外观质量和性能应符合国家现行的各种玻璃标准（浮法玻璃、钢化玻璃、夹胶玻璃、中空玻璃、镀膜玻璃等）。

2）除全玻璃幕墙外，不应在现场打注硅酮结构密封胶。

3）石材幕墙所采用石材的物理性能应进行复检，其弯曲强度标准值不得小于8.0MPa。

4）在胶使用前，必须对幕墙工程选用的铝合金型材、玻璃、双面胶带、硅酮耐候密封胶、塑料泡沫棒等与硅酮结构密封胶接触的材料做相容性试验和粘结剥离性试验，试验合格后才能进行注胶。

5）幕墙材料的加工应在放线复测定位后进行。

6）幕墙安装前表面应进行清洁，耐候硅酮密封胶的厚度、宽度应符合规范要求，胶缝不得出现三面粘接现象。

10.2.6　涂饰工程质量控制

1）施涂前，基层表面上的灰尘、污垢、溅沫和砂浆流痕应清除干净，基体或基层的缺棱掉角处，用 1:3 的水泥砂浆（或聚合物水泥砂浆）修补，表面麻面及缝隙应用腻子填补齐平。

2）外墙涂料工程应分段进行，应以分格缝、墙的阴角处或水落管等为分界线。

3）木料表面施涂涂料前，应将木料表面上的灰尘、污垢等清除干净；木料表面的缝隙、毛刺、戗槎和脂囊修整后，应用腻子填补，并用砂纸磨光。

4）门窗扇施涂涂料时，上冒头顶面和下冒头底面不得漏施涂料。

5）涂料工程宜按不同品种的涂料，不同等级的质量要求、工序要求进行质量控制。

6）金属表面施涂涂料前，应将金属表面的灰尘、油渍、鳞皮、锈斑、焊渣、毛刺等清除干净，潮湿的表面不得施涂涂料。

7）防锈涂料和第一遍银粉涂料应在设备、管道安装就位前施涂，最后一遍银粉涂料应在刷浆工程完后施涂。

8）薄钢板制作的屋脊、檐沟和天沟等咬口处，应用防锈油腻子填补密实。

9）美术涂饰。

①美术涂饰在施涂前应先完成相应等级或工序的涂料作业（或刷浆作业），待其干燥后方可进行美术涂饰。

②套色花饰、仿壁纸的图案宜用喷印方法进行，并按分色顺序喷印，前套漏板喷印完等涂料（或浆料）稍干后，方可进行下套漏板的喷印。

③滚花涂饰应先在已完成的涂料（或刷浆）表面弹出垂直粉线，然后沿粉线自上而下进行，滚筒的轴必须垂直于粉线，不得歪斜。滚花完成后，周边应画色线或做边花、方格线。

④仿木纹、仿石纹涂饰应在第一遍涂料表面上进行，待摹仿纹理或油色拍丝等完成后，表面应施涂一遍罩面清漆。

10.2.7　轻质隔墙工程质量控制

1）罩面板应表面平整、边缘整齐，不应有污垢、裂纹、缺角、翘曲、起皮、色差和图案不完整等缺陷。

2）胶合板、木质纤维板不应脱胶、变色和腐朽。

3）隔断骨架与基体结构的连接应牢固，无松动现象。

4）粘贴和用钉子或螺钉固定罩面板，表面应平整，粘贴的罩面板不得脱层。

5）石膏板铺设方向应正确、安装牢固、接缝密实、光滑、表面平整。

6）石膏板板与板之间及板与主体结构之间应粘接密实、牢固，接缝平整。

7）粘贴的踢脚线不得有大面积空鼓。

8）轻质隔墙工程隐蔽验收项目包括：骨架隔墙中设备管线的安装及水管试压；木龙骨防火、防腐处理；预埋件或拉结筋；龙骨安装；填充材料的设置。隐蔽验收合格后方能进入下道工序。

9）轻质隔墙与顶棚和其他墙体的交接处应采取防开裂措施。

10）骨架隔墙工程。

① 在轻质隔墙与上下及两边基体的相接处应按龙骨宽度弹线，弹线位置应准确。

② 沿墙弹线位置固定沿顶龙骨和沿地龙骨，各自交接后的龙骨应保持平直。固定边框龙骨时龙骨的边线应与弹线重合，龙骨的端部固定点间距应不大于1m，固定应牢固。

③ 选用支撑卡系列龙骨时，应先将支撑卡安装在竖向龙骨的开口上，卡距为400～600mm，距龙骨两端的距离为20～25mm。

④ 安装竖向龙骨应垂直，龙骨间距和构造连接方法应按设计要求布置和施工。

⑤ 选用通贯系列龙骨时，低于3m的轻质隔墙安装一道，3～5m的轻质隔墙安装两道，5m以上的轻质隔墙安装三道。

⑥ 墙面板所用接缝材料的接缝方法应符合设计要求，饰面板横向接缝处如不在沿顶龙骨和沿地龙骨上，应加横撑龙骨固定板缝，门窗框特殊节点使用附加钢筋。

10.3 建筑装饰工程质量检查与验收

10.3.1 抹灰工程质量检查与验收

1. 一般抹灰工程

（1）主控项目

一般抹灰质量验收的主控项目见表10-1。

表 10-1 一般抹灰质量验收的主控项目一览表

项次	项　目	检 验 方 法
1	抹灰前基层表面的尘土、污垢、油渍等应清除干净，并应洒水润湿	检查施工记录
2	一般抹灰所用材料的品种和性能应符合设计要求。水泥的凝结时间和安定性复检应合格。砂浆的配合比应符合设计要求	检查产品合格证书、进场验收记录、复检报告和施工记录
3	抹灰工程应分层进行。当抹灰总厚度大于或等于35mm时，应采取加强措施。不同材料基体交接处表面的抹灰应采取防止开裂的加强措施，当采用加强网时，加强网与各基体的搭接宽度不应小于100mm	检查隐蔽工程验收记录和施工记录
4	抹灰层与基层之间及各抹灰层之间必须粘结牢固，抹灰层应无脱层、空鼓，面层应无爆灰和裂缝	观察；用小锤轻击检查；检查施工记录

（2）一般项目

1）一般抹灰工程的表面质量应符合下列规定：普通抹灰表面应光滑、洁净、接槎平整，分格缝应清晰；高级抹灰表面应光滑、洁净、颜色均匀、无抹纹，分格缝和灰线应清晰美观。

2）护角、孔洞、槽、盒周围的抹灰表面应整齐、光滑；管道后面抹灰表面应平整。

3）抹灰层的总厚度应符合设计要求，水泥砂浆不得抹在石灰砂浆层上，罩面石膏灰不得抹在水泥砂浆上。

4）抹灰分格缝的设置应符合设计要求，宽度和深度应均匀，表面应光滑，棱角应整齐。

5）有排水要求的部位应做滴水线（槽），滴水线（槽）应整齐顺直，滴水线应内高外低，滴水槽的宽度和深度均不应小于 10mm。

6）一般抹灰工程质量的允许偏差和检验方法应符合表 10-2 的规定。

表 10-2　一般抹灰工程质量的允许偏差和检验方法

项次	项　目	允许偏差/mm		检查方法
		普通抹灰	高级抹灰	
1	立面垂直度	4	3	用 2m 垂直检查尺检查
2	表面平整度	4	3	用 2m 靠尺和塞尺检查
3	阴阳角方正	4	3	用直角检查尺检查
4	分隔条（缝）直线度	4	3	拉 5m 线，不足 5m 拉通线，用钢直尺检查
5	墙裙、勒脚上口直线度	4	3	拉 5m 线，不足 5m 拉通线，用钢直尺检查

注：1. 普通抹灰，本表第 3 项阴阳角方正可不检查。

　　2. 顶棚抹灰，本表第 2 项表面平整度可不检查，但应平顺。

2. 装饰抹灰工程

（1）主控项目

装饰抹灰的主控项目与一般抹灰的主控项目相同。

（2）一般项目

1）水刷石表面应石粒清晰、分布均匀、紧密平整、色泽一致，应无掉粒和接槎痕迹。

2）斩假石表面剁纹应均匀顺直、深浅一致，应无漏剁处；阳角处应横剁并留出宽窄一致的不剁边条，棱角应无损坏。

3）干粘石表面应色泽一致、不露浆、不漏粘，石粒应粘结牢固、分布均匀，阳角处应无明显黑边。

4）假面砖表面应平整、沟纹清晰、留缝整齐、色泽一致，应无掉角、脱皮、起砂等缺陷。

5）装饰抹灰工程质量的允许偏差和检验方法应符合表 10-3 的规定。

表 10-3　装饰抹灰工程质量的允许偏差和检验方法

项次	项　目	允许偏差/mm				检查方法
		水刷石	斩假石	干粘石	假面砖	
1	立面垂直度	5	4	5	5	用 2m 垂直检查尺检查
2	表面平整度	3	3	5	4	用 2m 靠尺和塞尺检查
3	阴阳角方正	3	3	4	4	用直角检查尺检查
4	分隔条（缝）直线度	3	3	3	3	拉 5m 线，不足 5m 拉通线，用钢直尺检查
5	墙裙、勒脚上口直线度	3	3	—	—	拉 5m 线，不足 5m 拉通线，用钢直尺检查

3. 清水砌体勾缝工程

（1）主控项目

1）清水砌体勾缝所用水泥的凝结时间和安定性复检应合格。砂浆的配合比应符合设计要求。

检验方法：检查复检报告和施工记录。

2）清水砌体勾缝应无漏勾。勾缝材料应粘结牢固、无开裂。

检验方法：观察。

（2）一般项目

1）清水砌体勾缝应横平竖直，交接处应平顺，宽度和深度应均匀，表面应压实抹平。

检验方法：观察；尺量检查。

2）灰缝应颜色一致，砌体表面应洁净。

检验方法：观察。

10.3.2 门窗工程质量检查与验收

1. 木门窗制作与安装工程

（1）主控项目

木门窗工程质量验收的主控项目见表10-4。

表 10-4　木门窗工程质量验收的主控项目一览表

项次	项　目	检验方法
1	木门窗的木材品种、材质等级、规格、尺寸、框扇的线型及人造木板的甲醛含量应符合设计要求	观察；检查材料进场验收记录和复检报告
2	木门窗应采用烘干的木材，含水率应符合有关规定	检查材料进场验收记录
3	木门窗的防火、防腐、防虫处理应符合设计要求	检查材料进场验收记录
4	木门窗的结合处和安装配件处不得有木节或已填补的木节。木门窗如有允许限值以内的死节及直径较大的虫眼时，应用同一材质的木塞加胶填补。对于清漆制品，木塞的木纹和色泽应与制品一致	观察
5	门窗框和厚度大于50mm的门窗扇应用双榫连接，榫槽应采用胶料严密嵌合，并应用胶楔加紧	观察；手扳检查
6	胶合板门、纤维板门和模压门不得脱胶。胶合板不得刨透表层单板，不得有戗槎。制作胶合板门、纤维板门时，边框和横楞应在同一平面上，面层、边框及横楞应加压胶结。横楞和上、下冒头应各钻两个以上的透气孔，透气孔应通畅	观察
7	木门窗的品种、类型、规格、开启方向、安装位置及连接方式应符合设计要求	观察；尺量检查；检查成品门的产品合格证书
8	木门窗框的安装必须牢固。预埋木砖的防腐处理、木门窗框固定点的数量、位置及固定方法应符合设计要求	手扳检查；检查隐蔽工程验收记录和施工记录
9	木门窗扇必须安装牢固，并应开关灵活，关闭严密，无倒翘	观察；开启和关闭检查；手扳检查
10	木门窗配件的型号、规格、数量应符合设计要求，安装应牢固，位置应正确，功能应满足使用要求	观察；开启和关闭检查；手扳检查

（2）一般项目

1）木门窗表面应洁净，不得有刨痕、锤印。

检验方法：观察。

2）木门窗的割角、拼缝应严密平整。门窗框、扇裁口应顺直，刨面应平整。

检验方法：观察。

3）木门窗上的槽、孔应边缘整齐，无毛刺。

检验方法：观察。

4）木门窗与墙体间缝隙的填嵌材料应符合设计要求，填嵌应饱满。寒冷地区外门窗（或门窗框）与砌体间的空隙应填充保温材料。

检验方法：轻敲门窗框检查；检查隐蔽工程验收记录和施工记录。

5）木门窗批水条、盖口条、压缝条、密封条的安装应顺直，与门窗结合应牢固、严密。

检验方法：观察；手扳检查。

6）木门窗制作的允许偏差和检验方法应符合表 10-5 的规定。

表 10-5　木门窗制作的允许偏差和检验方法

项次	项　目	构件名称	允许偏差/mm		检验方法
			普通	高级	
1	翘曲	框	3	2	将框、扇平放在检查平台上，用塞尺检查
		扇	2	2	
2	对角线长度差	框、扇	3	2	用钢尺检查，框量裁口里角，扇量外角
3	表面平整度	扇	2	2	用 1m 靠尺和塞尺检查
4	高度、宽度	框	0；−2	0；−1	用钢尺检查，框量裁口里角，扇量外角
		扇	+2；0	+1；0	
5	裁口、线条结合处高低差	框、扇	1	0.5	用钢直尺和塞尺检查
6	相邻棂子两端间距	扇	2	1	用钢直尺检查

7）木门窗安装的留缝限值、允许偏差和检验方法应符合表 10-6 的规定。

表 10-6　木门窗安装的留缝限值、允许偏差和检验方法

项次	项　目	留缝限值/mm		允许偏差/mm		检验方法
		普通	高级	普通	高级	
1	门窗槽口对角线长度差	—	—	3	2	用钢尺检查
2	门窗框的正、侧面垂直度	—	—	2	1	用 1m 垂直检测尺检查
3	框与扇、扇与扇接缝高低差	—	—	2	1	用钢直尺和塞尺检查

（续）

项次	项　目		留缝限值/mm		允许偏差/mm		检　验　方　法
			普通	高级	普通	高级	
4	门窗扇对口缝		1~2.5	1.5~2	—	—	用塞尺检查
5	工业厂房双扇大门对口缝		2~5	—	—	—	
6	门窗扇与上框间留缝		1~2	1~1.5	—	—	
7	门窗扇与侧框间留缝		1~2.5	1~1.5	—	—	
8	窗扇与下框间留缝		2~3	2~2.5	—	—	
9	门扇与下框间留缝		3~5	3~4	—	—	
10	双层门窗内外框间距		—	—	4	3	用钢尺检查
11	无下框时门扇与地面间留缝	外门	4~7	5~6	—	—	用塞尺检查
		内门	5~8	6~7	—	—	
		卫生间门	8~12	8~10	—	—	
		厂房大门	10~20	—	—	—	

2. 金属门窗安装工程

（1）主控项目

金属门窗安装工程质量验收的主控项目见表10-7。

表10-7　金属门窗安装工程质量验收的主控项目一览表

项次	项　目	检　验　方　法
1	金属门窗的品种、类型、规格、尺寸、性能、开启方向、安装位置、连接方式及铝合金门窗的型材壁厚应符合设计要求。金属门窗的防腐处理及填嵌密封处理应符合设计要求	观察；尺量检查；检查产品合格证书、性能检测报告、进场验收记录和复检报告；检查隐蔽工程验收记录
2	金属门窗框和副框的安装必须牢固。预埋件的数量、位置、埋设方式与框的连接方式必须符合设计要求	手扳检查；检查隐蔽工程验收记录
3	金属门窗扇必须安装牢固，并应开关灵活、关闭严密，无倒翘。推拉门窗扇必须有防脱落措施	观察；开启和关闭检查；手扳检查
4	金属门窗配件的型号、规格、数量应符合设计要求，安装应牢固，位置应正确，功能应满足使用要求	观察；开启和关闭检查；手扳检查

（2）一般项目

1）金属门窗表面应洁净、平整、光滑、色泽一致，无锈蚀。大面应无划痕、碰伤。漆膜或保护层应连续。

检验方法：观察。

2）铝合金门窗推拉门窗扇开关力应不大于100N。

检验方法：用弹簧秤检查。

3）金属门窗框与墙体之间的缝隙应填嵌饱满，并采用密封胶密封。密封胶表面应光滑、顺直，无裂纹。

检验方法：观察；轻敲门窗框检查；检查隐蔽工程验收记录。

4）金属门窗扇的橡胶密封条或毛毡密封条应安装完好，不得脱槽。

检验方法：观察；开启和关闭检查。

5）有排水孔的金属门窗，排水孔应畅通，位置和数量应符合设计要求。

检验方法：观察。

6）钢门窗安装的留缝限值、允许偏差和检验方法应符合表 10-8 的规定。

表 10-8　钢门窗安装的留缝限值、允许偏差和检验方法

项次	项　　目		留缝限值/mm	允许偏差/mm	检 验 方 法
1	门窗槽口宽度、高度	≤1500mm	—	2.5	用钢尺检查
		>1500mm	—	3.5	
2	门窗槽口对角线长度差	≤2000mm	—	5	
		>2000mm	—	6	
3	门窗框的正、侧面垂直度		—	3	用1m垂直检测尺检查
4	门窗横框的水平度		—	3	用1m水平尺和塞尺检查
5	门窗横框标高		—	5	用钢尺检查
6	门窗竖向偏离中心		—	4	
7	双层门窗内外框间距		—	5	
8	门窗框、扇配合间隙		≤2	—	用塞尺检查
9	无下框时门扇与地面间留缝		4~8	—	

7）铝合金门窗安装的允许偏差和检验方法应符合表 10-9 的规定。

表 10-9　铝合金门窗安装的允许偏差和检验方法

项次	项　　目		允许偏差/mm	检 验 方 法
1	门窗槽口宽度、高度	≤1500mm	1.5	用钢尺检查
		>1500mm	2	
2	门窗槽口对角线长度差	≤2000mm	3	
		>2000mm	4	
3	门窗框的正、侧面垂直度		2.5	用垂直检测尺检查
4	门窗横框的水平度		2	用1m水平尺和塞尺检查
5	门窗横框标高		5	用钢尺检查
6	门窗竖向偏离中心		5	
7	双层门窗内外框间距		4	
8	推拉门窗扇与框搭接量		1.5	用钢直尺检查

8）涂色镀锌钢板门窗安装的允许偏差和检验方法应符合表 10-10 的规定。

表 10-10　涂色镀锌钢板门窗安装的允许偏差和检验方法

项次	项目		允许偏差/mm	检验方法
1	门窗槽口宽度、高度	≤1500mm	2	用钢尺检查
		>1500mm	3	
2	门窗槽口对角线长度差	≤2000mm	4	
		>2000mm	5	
3	门窗框的正、侧面垂直度		3	用1m垂直检测尺检查
4	门窗横框的水平度		3	用1m水平尺和塞尺检查
5	门窗横框标高		5	用钢尺检查
6	门窗竖向偏离中心		5	
7	双层门窗内外框间距		4	
8	推拉门窗扇与框搭接量		2	用钢直尺检查

3. 塑料门窗安装工程

（1）主控项目

塑料门窗安装工程质量验收的主控项目见表10-11。

表 10-11　塑料门窗安装工程质量验收的主控项目一览表

项次	项目	检验方法
1	塑料门窗的品种、类型、规格、尺寸、开启方向、安装位置、连接方式及填嵌密封处理应符合设计要求，内衬增强型钢的壁厚及设置应符合国家现行产品标准的质量要求	观察；尺量检查；检查产品合格证书、性能检测报告、进场验收记录和复检报告；检查隐蔽工程验收记录
2	塑料门窗框、副框和扇的安装必须牢固。固定片或膨胀螺栓的数量与位置应正确，连接方式应符合设计要求。固定点应距窗角、中横框、中竖框150~200mm，固定点间距不大于600mm	观察；手扳检查；检查隐蔽工程验收记录
3	塑料门窗拼樘料内衬增强型钢的规格、壁厚必须符合设计要求。型钢应与型材内腔紧密吻合，其两端必须与洞口固定牢固。窗框必须与拼樘料连接紧密，固定点间距应不大于600mm	观察；手扳检查；尺量检查；检查进场验收记录
4	塑料门窗扇应开关灵活、关闭严密，无倒翘。推拉门窗扇必须有防脱落措施	观察；开启和关闭检查；手扳检查
5	塑料门窗配件的型号、规格、数量应符合设计要求，安装应牢固，位置应正确，功能应满足使用要求	观察；手扳检查；尺量检查
6	塑料门窗框与墙体间缝隙应采用闭孔弹性材料填嵌饱满，表面应采用密封胶密封。密封胶应粘结牢固，表面应光滑、顺直、无裂纹	观察；检查隐蔽工程验收记录

（2）一般项目

1）塑料门窗表面应洁净、平整、光滑，大面应无划痕、碰伤。

检验方法：观察。

2）塑料门窗扇的密封条不得脱槽。旋转窗间隙应基本均匀。

检验方法：观察。

3）平开门窗扇平铰链的开关力应不大于80N，滑撑铰链的开关力应不大于80N，并不小于30N；推拉门窗扇的开关力应不大于100N。

检验方法：观察；用弹簧秤检查。

4）玻璃密封条与玻璃及玻璃槽口的接缝应平整，不得卷边、脱槽。

检验方法：观察。

5）排水孔应畅通，位置和数量应符合设计要求。

检验方法：观察。

6）塑料门窗安装的允许偏差和检验方法应符合表10-12的规定。

表 10-12　塑料门窗安装的允许偏差和检验方法

项次	项　目		允许偏差/mm	检 验 方 法
1	门窗槽口宽度、高度	≤1500mm	2	用钢尺检查
		>1500mm	3	
2	门窗槽口对角线长度差	≤2000mm	3	
		>2000mm	5	
3	门窗框的正、侧面垂直度		3	用1m垂直检测尺检查
4	门窗横框的水平度		3	用1m水平尺和塞尺检查
5	门窗横框标高		5	用钢尺检查
6	门窗竖向偏离中心		5	用钢直尺检查
7	双层门窗内外框间距		4	用钢尺检查
8	同樘平开门窗相邻扇高度差		2	用钢直尺检查
9	平开门窗铰链部位配合间隙		+2；-1	用塞尺检查
10	推拉门窗扇与框搭接量		+1.5；-2.5	用钢直尺检查
11	推拉门窗扇与竖框平行度		2	用1m水平尺和塞尺检查

4. 特种门安装工程

（1）主控项目

特种门安装工程质量验收的主控项目见表10-13。

表 10-13　特种门安装工程质量验收的主控项目一览表

项次	项　目	检 验 方 法
1	特种门的质量和各项性能应符合设计要求	检查生产许可证、产品合格证书和性能检测报告
2	特种门的品种、类型、规格、尺寸、开启方向、安装位置及防腐处理应符合设计要求	观察；尺量检查；检查进场验收记录和隐蔽工程验收记录
3	带有机械装置、自动装置或智能化装置的特种门，其机械装置、自动装置或智能化装置的功能应符合设计要求和有关标准的规定	启动机械装置、自动装置或智能化装置；观察
4	特种门的安装必须牢固。预埋件的数量、位置、埋设方式、与框的连接方式必须符合设计要求	观察；手扳检查；检查隐蔽工程验收记录
5	特种门的配件应齐全，位置应正确，安装应牢固，功能应满足使用要求和特种门的各项性能要求	观察；手扳检查；检查产品合格证书、性能检测报告和进场验收记录

（2）一般项目

1）特种门的表面装饰应符合设计要求；特种门的表面应洁净，无划痕、碰伤。检验方法：观察。

2）推拉自动门安装的留缝限值、允许偏差和检验方法应符合表 10-14 的规定。

表 10-14　推拉自动门安装的留缝限值、允许偏差和检验方法

项次	项　　目		留缝限值/mm	允许偏差/mm	检 验 方 法
1	门槽口宽度、高度	≤1500mm	—	1.5	用钢尺检查
		>1500mm	—	2	
2	门槽口对角线长度差	≤2000mm	—	2	
		>2000mm	—	2.5	
3	门框的正、侧面垂直度		—	1	用1m垂直检测尺检查
4	门构件装配间隙			0.3	用塞尺检查
5	门梁导轨水平度			1	用1m水平尺和塞尺检查
6	下导轨与门梁导轨平行度		—	1.5	用钢尺检查
7	门扇与侧框间留缝		1.2～1.8	—	用塞尺检查
8	门扇对口缝		1.2～1.8	—	

3）旋转门安装的允许偏差和检验方法应符合表 10-15 的规定。

表 10-15　旋转门安装的允许偏差和检验方法

项次	项　　目	允许偏差/mm		检 验 方 法
		金属框架玻璃旋转门	木质旋转门	
1	门扇正、侧面垂直度	1.5	1.5	用1m垂直检测尺检查
2	门扇对角线长度差	1.5	1.5	用钢尺检查
3	相邻扇高度差	1	1	用钢尺检查
4	扇与圆弧边留缝	1.5	2	用塞尺检查
5	扇与上顶间留缝	2	2.5	用塞尺检查
6	扇与地面间留缝	2	2.5	用塞尺检查

10.3.3　吊顶工程质量检查与验收

1. 暗龙骨吊顶工程

（1）主控项目

暗龙骨吊顶工程质量验收的主控项目见表 10-16。

表 10-16　暗龙骨吊顶工程质量验收的主控项目一览表

项次	项　目	检验方法
1	吊顶标高、尺寸、起拱和造型应符合设计要求	观察；尺量检查
2	饰面材料的材质、品种、规格、图案和颜色应符合设计要求	观察；检查产品合格证书、性能检测报告、进场验收记录和复检报告
3	暗龙骨吊顶工程的吊杆、龙骨和饰面材料的安装必须牢固	观察；手扳检查；检查隐蔽工程验收记录和施工记录
4	吊杆、龙骨的材质、规格、安装间距及连接方式应符合设计要求。金属吊杆、龙骨应经过表面防腐处理；木吊杆、龙骨应进行防腐、防火处理	观察；尺量检查；检查产品合格证书、性能检测报告、进场验收记录和隐蔽工程验收记录
5	石膏板的接缝应按其施工工艺标准进行板缝防裂处理。安装双层石膏板时，面层板与基层板的接缝应错开，并不得在同一根龙骨上接缝	观察

（2）一般项目

1）饰面材料表面应洁净、色泽一致，不得有翘曲、裂缝及缺损。压条应平直、宽窄一致。

检验方法：观察；尺量检查。

2）饰面板上的灯具、烟感器、喷淋头、风口篦子等设备的位置应合理、美观，与饰面板的交接应吻合、严密。

检验方法：观察。

3）金属吊杆、龙骨的接缝应均匀一致，角缝应吻合，表面应平整，无翘曲、锤印。木质吊杆、龙骨应顺直，无劈裂、变形。

检验方法：检查隐蔽工程验收记录和施工记录。

4）吊顶内填充吸声材料的品种和铺设厚度应符合设计要求，并应有防散落措施。

检验方法：检查隐蔽工程验收记录和施工记录。

5）暗龙骨吊顶工程安装的允许偏差和检验方法应符合表 10-17 的规定。

表 10-17　暗龙骨吊顶工程安装的允许偏差和检验方法

项次	项　目	允许偏差/mm				检 验 方 法
		纸面石膏板	金属板	矿棉板	模板、塑料板、格栅	
1	表面平整度	3	2	2	2	用2m靠尺和塞尺检查
2	接缝直线度	3	1.5	3	3	拉5m线，不足5m拉通线，用钢直尺检查
3	接缝高低差	1	1	1.5	1	用钢直尺和塞尺检查

2. 明龙骨吊顶工程

（1）主控项目

明龙骨吊顶工程质量验收的主控项目见表 10-18。

表 10-18　明龙骨吊顶工程质量验收的主控项目一览表

项次	项　目	检 验 方 法
1	吊顶标高、尺寸、起拱和造型应符合设计要求	观察；尺量检查
2	饰面材料的材质、品种、规格、图案和颜色应符合设计要求。当饰面材料为玻璃板时，应使用安全玻璃或采取可靠的安全措施	观察；检查产品合格证书、性能检测报告、进场验收记录和复检报告
3	饰面材料的安装应稳固严密。饰面材料与龙骨的搭接宽度应大于龙骨受力面宽度的 2/3	观察；手扳检查；尺量检查
4	吊杆、龙骨的材质、规格、安装间距及连接方式应符合设计要求。金属吊杆、龙骨应经过表面防腐处理；木吊杆、龙骨应进行防腐、防火处理	观察；尺量检查；检查产品合格证书、性能检测报告、进场验收记录和隐蔽工程验收记录
5	明龙骨吊顶工程的吊杆和龙骨安装必须牢固	手扳检查；检查隐蔽工程验收记录和施工记录

（2）一般项目

1）饰面材料表面应洁净、色泽一致，不得有翘曲、裂缝及缺损。压条应平直、宽窄一致。

检验方法：观察；尺量检查。

2）饰面板上的灯具、烟感器、喷淋头、风口篦子等设备的位置应合理、美观，与饰面板的交接应吻合、严密。

检验方法：观察。

3）金属龙骨的接缝应平整、吻合、颜色一致，不得有划伤、擦伤等表面缺陷。木质龙骨应平整、顺直，无劈裂。

检验方法：观察。

4）吊顶内填充吸声材料的品种和铺设厚度应符合设计要求，并应有防散落措施。

检验方法：检查隐蔽工程验收记录和施工记录。

5）明龙骨吊顶工程安装的允许偏差和检验方法应符合表 10-19 的规定。

表 10-19　明龙骨吊顶工程安装的允许偏差和检验方法

项次	项　目	允许偏差/mm				检 验 方 法
		石膏板	金属板	矿棉板	塑料板、玻璃板	
1	表面平整度	3	2	3	2	用 2m 靠尺和塞尺检查
2	接缝直线度	3	2	3	3	拉 5m 线，不足 5m 拉通线，用钢直尺检查
3	接缝高低差	1	1	2	1	用钢直尺和塞尺检查

10.3.4　饰面板（砖）工程质量检查与验收

1. 饰面板安装工程

（1）主控项目

饰面板安装工程质量验收的主控项目见表 10-20。

表 10-20　饰面板安装工程质量验收的主控项目一览表

项次	项　目	检验方法
1	饰面板的品种、规格、颜色和性能应符合设计要求，木龙骨、木饰面板和塑料饰面板的燃烧性能等级应符合设计要求	观察；检查产品合格证书、进场验收记录和性能检测报告
2	饰面板孔、槽的数量、位置和尺寸应符合设计要求	检查进场验收记录和施工记录
3	饰面板安装工程的预埋件（或后置埋件）、连接件的数量、规格、位置、连接方法和防腐处理必须符合设计要求。后置埋件的现场拉拔强度必须符合设计要求。饰面板安装必须牢固	手扳检查；检查进场验收记录、现场拉拔检测报告、隐蔽工程验收记录和施工记录

（2）一般项目

1）饰面板表面应平整、洁净、色泽一致，无裂痕和缺损。石材表面应无泛碱等污染。

检验方法：观察；尺量检查。

2）饰面板嵌缝应密实、平直，宽度和深度应符合设计要求，嵌填材料色泽应一致。

检验方法：观察；尺量检查。

3）采用湿作业法施工的饰面板工程，石材应进行防碱背涂处理。饰面板与基体之间的灌注材料应饱满、密实。

检验方法：用小锤轻击检查；检查施工记录。

4）饰面板上的孔洞应套割吻合，边缘应整齐。

检验方法：观察。

5）饰面板安装的允许偏差和检验方法应符合表 10-21 的规定。

表 10-21　饰面板安装的允许偏差和检验方法

项次	项　目	石材 光面	石材 剁斧石	石材 蘑菇石	瓷板	木材	塑料	金属	检验方法
1	立面垂直度	2	3	3	2	1.5	2	2	用 2m 垂直检测尺检查
2	表面平整度	2	3	—	1.5	1	3	3	用 2m 靠尺和塞尺检查
3	阴阳角方正	2	4	4	2	1.5	3	3	用直角检测尺检测
4	接缝直线度	2	4	4	2	1	1	1	拉 5m 线，不足 5m 拉通线，用钢直尺检查
5	墙裙、勒脚上口直线度	2	3	3	2	2	2	2	拉 5m 线，不足 5m 拉通线，用钢直尺检查
6	接缝高低差	0.5	3	—	0.5	0.5	1	1	用钢直尺和塞尺检查
7	接缝宽度	1	2	2	1	1	1	1	用钢直尺检查

2. 饰面砖粘贴工程

（1）主控项目

饰面砖粘贴工程质量验收的主控项目见表 10-22。

表 10-22　饰面砖粘贴工程质量验收的主控项目一览表

项次	项　目	检 验 方 法
1	饰面砖的品种、规格、图案、颜色和性能应符合设计要求	观察；检查产品合格证书、进场验收记录、性能检测报告和复检报告
2	饰面砖粘贴工程的找平、防水、粘结和勾缝材料及施工方法应符合设计要求及国家现行产品标准和工程技术标准的规定	检查产品合格证书、复检报告和隐蔽工程验收记录
3	饰面砖粘贴必须牢固	检查样板件粘结强度检测报告和施工记录
4	满粘法施工的饰面砖工程应无空鼓、裂缝	观察；用小锤轻击检查

（2）一般项目

1）饰面砖表面应平整、洁净、色泽一致，无裂痕和缺损。

检验方法：观察；尺量检查。

2）阴阳角处搭接方式、非整砖使用部位应符合设计要求。

检验方法：观察。

3）墙面突出物周围的饰面砖应整砖套割吻合，边缘应整齐。墙裙、贴脸突出墙面的厚度应一致。

检验方法：观察；尺量检查。

4）饰面砖接缝应平直、光滑，填嵌应连续、密实；宽度和深度应符合设计要求。

检验方法：观察；尺量检查。

5）有排水要求的部位应做滴水线（槽）。滴水线（槽）应顺直，流水坡向应正确，坡度应符合设计要求。

检验方法：观察；尺量检查。

6）饰面砖粘贴的允许偏差和检验方法应符合表 10-23 的规定。

表 10-23　饰面砖粘贴的允许偏差和检验方法

项次	项　目	允许偏差/mm		检 验 方 法
		外墙面砖	内墙面砖	
1	立面垂直度	3	2	用2m垂直检测尺检查
2	表面平整度	4	3	用2m靠尺和塞尺检查
3	阴阳角方正	3	3	用直角检测尺检查
4	接缝直线度	3	2	拉5m线，不足5m拉通线，用钢直尺检查
5	接缝高低差	1	0.5	用钢直尺和塞尺检查
6	接缝宽度	1	1	用钢直尺检查

10.3.5　幕墙工程质量检查与验收

1. 玻璃幕墙工程

（1）主控项目

玻璃幕墙工程质量验收的主控项目见表 10-24。

表 10-24　玻璃幕墙工程质量验收的主控项目一览表

项次	项 目	检 验 方 法
1	玻璃幕墙工程所使用的各种材料、构件和组件的质量应符合设计要求及国家现行产品标准和工程技术规范的规定	检查材料、构件、组件的产品合格证书、进场验收记录、性能检测报告和材料的复检报告
2	玻璃幕墙的造型和立面分格应符合设计要求	观察；尺量检查
3	玻璃幕墙使用的玻璃应符合下列规定： ① 幕墙应使用安全玻璃，玻璃的品种、规格、颜色、光学性能及安装方向应符合设计要求 ② 幕墙玻璃的厚度不应小于 6.0mm。全玻幕墙肋玻璃的厚度不应小于 12mm ③ 幕墙的中空玻璃应采用双道密封。明框幕墙的中空玻璃应采用聚硫密封胶及丁基密封胶；隐框和半隐框幕墙的中空玻璃应采用硅酮结构密封胶及丁基密封胶；镀膜面应在中空玻璃的第 2 或第 3 面上 ④ 幕墙的夹层玻璃应采用聚乙烯醇缩丁醛（PVB）胶片干法加工合成的夹层玻璃。点支承玻璃幕墙夹层玻璃的夹层胶片（PVB）厚度不应小于 0.76mm ⑤ 钢化玻璃表面不得有损伤；8.0mm 以下的钢化玻璃应进行引爆处理 ⑥ 所有幕墙玻璃均应进行边缘处理	检查样板件粘结强度检测报告和施工记录
4	玻璃幕墙与主体结构连接的各种预埋件、连接件、紧固件必须安装牢固，其数量、规格、位置、连接方法和防腐处理应符合设计要求	观察；检查隐蔽工程验收记录和施工记录
5	各种连接件、紧固件的螺栓应有防松动措施；焊接连接应符合设计要求和焊接规范的规定	观察；检查隐蔽工程验收记录和施工记录
6	隐框或半隐框玻璃幕墙，每块玻璃下端应设置两个铝合金或不锈钢托条，其长度不应小于 100mm，厚度不应小于 2mm，托条外端应低于玻璃外表面 2mm	观察；检查施工记录
7	明框玻璃幕墙的玻璃安装应符合下列规定： ① 玻璃槽口与玻璃的配合尺寸应符合设计要求和技术标准的规定 ② 玻璃与构件不得直接接触，玻璃四周与构件凹槽底部应保持一定的空隙，每块玻璃下部应至少放置两块宽度与槽口宽度相同、长度不小于 100mm 的弹性定位垫块；玻璃两边嵌入量及空隙应符合设计要求 ③ 玻璃四周橡胶条的材质、型号应符合设计要求，镶嵌应平整，橡胶条长度应比边框内槽长 1.5% ~2.0%，橡胶条在转角处应斜面断开，并应用粘结剂粘结牢固后嵌入槽内	观察；检查施工记录
8	高度超过 4m 的全玻幕墙应吊挂在主体结构上，吊夹具应符合设计要求，玻璃与玻璃、玻璃与玻璃肋之间的缝隙，应采用硅酮结构密封胶填嵌严密	观察；检查隐蔽工程验收记录和施工记录
9	点支承玻璃幕墙应采用带万向头的活动不锈钢爪，其钢爪间的中心距离应大于 250mm	观察；尺量检查

（续）

项次	项 目	检 验 方 法
10	玻璃幕墙四周、玻璃幕墙内表面与主体结构之间的连接节点、各种变形缝、墙角的连接节点应符合设计要求和技术标准的规定	观察；检查隐蔽工程验收记录和施工记录
11	玻璃幕墙应无渗漏	在易渗漏部位进行淋水检查
12	玻璃幕墙结构胶和密封胶的打注应饱满、密实、连续、均匀、无气泡，宽度和厚度应符合设计要求和技术标准的规定	观察；尺量检查；检查施工记录
13	玻璃幕墙开启窗的配件应齐全，安装应牢固，安装位置和开启方向、角度应正确；开启应灵活，关闭应严密	观察；手扳检查；开启和关闭检查
14	玻璃幕墙的防雷装置必须与主体结构的防雷装置可靠连接	观察；检查隐蔽工程验收记录和施工记录

（2）一般项目

1）玻璃幕墙表面应平整、洁净；整幅玻璃的色泽应均匀一致；不得有污染和镀膜损坏。

检验方法：观察。

2）明框玻璃幕墙的外露框或压条应横平竖直，颜色、规格应符合设计要求，压条安装应牢固。单元玻璃幕墙的单元拼缝或隐框玻璃幕墙的分格玻璃拼缝应横平竖直、均匀一致。

检验方法：观察；手扳检查；检查进场验收记录。

3）玻璃幕墙的密封胶缝应横平竖直、深浅一致、宽窄均匀、光滑顺直。

检验方法：观察；手摸检查。

4）防火、保温材料填充应饱满、均匀，表面应密实、平整。

检验方法：检查隐蔽工程验收记录。

5）玻璃幕墙隐蔽节点的遮封装修应牢固、整齐、美观。

检验方法：观察；手扳检查。

6）明框玻璃幕墙安装的允许偏差和检验方法应符合表10-25的规定。

表10-25 明框玻璃幕墙安装的允许偏差和检验方法

项次	项 目		允许偏差/mm	检 验 方 法
1	幕墙垂直度	幕墙高度≤30m	10	用经纬仪检查
		30m＜幕墙高度≤60m	15	
		60m＜幕墙高度≤90m	20	
		幕墙高度＞90m	25	
2	幕墙水平度	幕墙幅宽≤35m	5	用水平仪检查
		幕墙幅宽＞35m	7	
3	构件直线度		2	用2m靠尺和塞尺检查
4	构件水平度	构件长度≤2m	2	水平仪检查
		构件长度＞2m	3	
5	相邻构件错位		1	用钢直尺检查
6	分格框对角线长度差	对角线长度≤2m	3	用钢尺检查
		对角线长度＞2m	4	

7）隐框、半隐框玻璃幕墙安装的允许偏差和检验方法应符合表 10-26 的规定。

表 10-26　隐框、半隐框玻璃幕墙安装的允许偏差和检验方法

项次	项　目		允许偏差/mm	检 验 方 法
1	幕墙垂直度	幕墙高度≤30m	10	用经纬仪检查
		30m<幕墙高度≤60m	15	
		60m<幕墙高度≤90m	20	
		幕墙高度>90m	25	
2	幕墙水平度	层高≤3m	3	用水平仪检查
		层高>3m	5	
3	幕墙表面平整度		2	用2m靠尺和塞尺检查
4	板材立面垂直度		2	用垂直检测尺检查
5	板材上沿水平度		2	用1m水平尺和钢直尺检查
6	相邻板材板角错位		1	用钢直尺检查
7	阳角方正		2	用直角检测尺检查
8	接缝直线度		3	拉5m线，不足5m拉通线，用钢直尺检查
9	接缝高低差		1	用钢直尺和塞尺检查
10	接缝宽度		1	用钢直尺检查

2. 金属幕墙工程

（1）主控项目

金属幕墙工程质量验收的主控项目见表 10-27。

表 10-27　金属幕墙工程质量验收的主控项目一览表

项次	项　目	检 验 方 法
1	金属幕墙工程所使用的各种材料和配件应符合设计要求及国家现行产品标准和工程技术规范的规定	检查产品合格证书、性能检测报告、材料进场验收记录和复检报告
2	金属幕墙的造型和立面分格应符合设计要求	观察；尺量检查
3	金属面板的品种、规格、颜色、光泽及安装方向应符合设计要求	观察；检查进场验收记录
4	金属幕墙主体结构上的预埋件、后置埋件的数量、位置及后置埋件的拉拔力必须符合设计要求	检查拉拔力检测报告和隐蔽工程验收记录
5	金属幕墙的金属框架立柱与主体结构预埋件的连接、立柱与横梁的连接、金属面板的安装必须符合设计要求，安装必须牢固	手扳检查；检查隐蔽工程验收记录
6	金属幕墙的防火、保温、防潮材料的设置应符合设计要求，并应密实、均匀、厚度一致	检查施工记录
7	金属框架及连接件的防腐处理应符合设计要求	检查隐蔽工程验收记录和施工记录
8	金属幕墙的防雷装置必须与主体结构的防雷装置可靠连接	检查隐蔽工程验收记录
9	各种变形缝、墙角的连接节点应符合设计要求和技术标准的规定	观察；检查进场验收记录
10	金属幕墙的板缝注胶应饱满、密实、连续、均匀、无气泡，宽度和厚度应符合设计要求和技术标准的规定	观察；尺量检查；检查施工记录
11	金属幕墙应无渗漏	在易渗漏部位进行淋水检查

（2）一般项目

1）金属板表面应平整、洁净、色泽一致。

检验方法：观察。

2）金属幕墙的压条应平直、洁净、接口严密、安装牢固。

检验方法：观察；手扳检查。

3）金属幕墙的密封胶缝应横平竖直、深浅一致、宽窄均匀、光滑顺直。

检验方法：观察。

4）金属幕墙上的滴水线、流水坡向应正确、顺直。

检验方法：观察；用水平尺检查。

5）金属幕墙安装的允许偏差和检验方法应符合表10-28的规定。

表10-28 金属幕墙安装的允许偏差和检验方法

项次	项 目		允许偏差/mm	检 验 方 法
1	幕墙垂直度	幕墙高度≤30m	10	用经纬仪检查
		30m＜幕墙高度≤60m	15	
		60m＜幕墙高度≤90m	20	
		幕墙高度＞90m	25	
2	幕墙水平度	层高≤3m	3	用水平仪检查
		层高＞3m	5	
3	幕墙表面平整度		2	用2m靠尺和塞尺检查
4	板材立面垂直度		3	用垂直检测尺检查
5	板材上沿水平度		2	用1m水平尺和钢直尺检查
6	相邻板材板角错位		1	用钢直尺检查
7	阳角方正		2	用直角检测尺检查
8	接缝直线度		3	拉5m线，不足5m拉通线，用钢直尺检查
9	接缝高低差		1	用钢直尺和塞尺检查
10	接缝宽度		1	用钢直尺检查

3. 石材幕墙工程

（1）主控项目

石材幕墙工程质量验收的主控项目见表10-29。

表10-29 石材幕墙工程质量验收的主控项目一览表

项次	项 目	检 验 方 法
1	石材幕墙工程所用材料的品种、规格、性能和等级应符合设计要求及国家现行产品标准和工程技术规范的规定。石材的弯曲强度不应小于8.0MPa，吸水率应小于0.8%。石材幕墙的铝合金挂件厚度不应小于4.0mm，不锈钢挂件厚度不应小于3.0mm	观察；尺量检查；检查产品合格证书、性能检测报告、材料进场验收记录和复检报告

（续）

项次	项　　目	检 验 方 法
2	石材幕墙的造型、立面分格、颜色、光泽、花纹和图案应符合设计要求	观察
3	石材孔、槽的数量、深度、位置、尺寸应符合设计要求	检查进场验收记录或施工记录
4	石材幕墙主体结构上的预埋件和后置埋件的位置、数量及后置埋件的拉拔力必须符合设计要求	检查拉拔力检测报告和隐蔽工程验收记录
5	石材幕墙的金属框架立柱与主体结构预埋件的连接、立柱与横梁的连接、连接件与金属框架的连接、连接件与石材面板的连接必须符合设计要求，安装必须牢固	手扳检查；检查隐蔽工程验收记录
6	石材幕墙的防火、保温、防潮材料的设置应符合设计要求，并应密实、均匀、厚度一致	检查施工记录
7	石材框架及连接件的防腐处理应符合设计要求	检查隐蔽工程验收记录和施工记录
8	石材幕墙的防雷装置必须与主体结构的防雷装置可靠连接	检查隐蔽工程验收记录
9	各种变形缝、墙角的连接节点应符合设计要求和技术标准的规定	观察；检查进场验收记录
10	石材表面和板缝的处理应符合设计要求	观察
11	石材幕墙的板缝注胶应饱满、密实、连续、均匀、无气泡，板缝宽度和厚度应符合设计要求和技术标准的规定	观察；尺量检查；检查施工记录
12	石材幕墙应无渗漏	在易渗漏部位进行淋水检查

（2）一般项目

1）石材幕墙表面应平整、洁净，无污染、缺损和裂痕。颜色和花纹应协调一致，无明显色差，无明显修痕。

检验方法：观察。

2）石材幕墙的压条应平直、洁净、接口严密、安装牢固。

检验方法：观察；手扳检查。

3）石材接缝应横平竖直、宽窄均匀；阴阳角石板压向应正确，板边合缝应顺直；凹凸线出墙厚度应一致，上下口应平直；石材面板上洞口、槽边应套割吻合，边缘应整齐。

检验方法：观察；尺量检查。

4）石材幕墙的密封胶缝应横平竖直、深浅一致、宽窄均匀、光滑顺直。

检验方法：观察。

5）石材幕墙上的滴水线、流水坡向应正确、顺直。

检验方法：观察；用水平尺检查。

6）石材幕墙安装的允许偏差和检验方法应符合表 10-30 的规定。

表 10-30　石材幕墙安装的允许偏差和检验方法

项次	项　目		允许偏差/mm		检验方法
			光面	麻面	
1	幕墙垂直度	幕墙高度≤30m	10		用经纬仪检查
		30m＜幕墙高度≤60m	15		
		60m＜幕墙高度≤90m	20		
		幕墙高度＞90m	25		
2	幕墙水平度		3		用水平仪检查
3	板材立面垂直度		3		用水平仪检查
4	板材上沿水平度		2		用1m水平尺和钢直尺检查
5	相邻板材板角错位		1		用钢直尺检查
6	幕墙表面平整度		2	3	用钢直尺检查
7	阳角方正		2	4	用直角检测尺检查
8	接缝直线度		3	4	拉5m线，不足5m拉通线，用钢直尺检查
9	接缝高低差		1	—	用钢直尺和塞尺检查
10	接缝宽度		1	2	用钢直尺检查

10.3.6　涂饰工程质量检查与验收

1. 水溶性涂料涂饰工程

（1）主控项目

水溶性涂料涂饰工程质量验收的主控项目见表10-31。

表 10-31　水溶性涂料涂饰工程质量验收的主控项目一览表

项次	项　目	检验方法
1	水溶性涂料涂饰工程所用涂料的品种、型号和性能应符合设计要求	检查产品合格证书、性能检测报告和进场验收记录
2	水溶性涂料涂饰工程的颜色、图案应符合设计要求	观察
3	水溶性涂料涂饰工程应涂饰均匀、粘结牢固，不得漏涂、透底、起皮和掉粉	观察；手摸检查
4	涂饰工程的基层处理应符合下列要求： ① 新建筑物的混凝土或抹灰基层在涂饰涂料前应涂刷抗碱封闭底漆 ② 旧墙面在涂饰涂料前应清除疏松的旧装修层，并涂刷界面剂 ③ 混凝土或抹灰基层涂刷溶剂型涂料时，含水率不得大于8%；涂刷乳液型涂料时，含水率不得大于10%。木材基层的含水率不得大于12% ④ 基层腻子应平整、坚实、牢固，无粉化、起皮和裂缝；内墙腻子的粘结强度应符合《建筑室内用腻子》（JG/T 298—2010）的规定 ⑤ 厨房、卫生间墙面必须使用耐水腻子	观察；手摸检查；检查施工记录

（2）一般项目

1）薄涂料的涂饰质量和检验方法应符合表 10-32 的规定。

表 10-32　薄涂料的涂饰质量和检验方法

项次	项　目	普通涂饰	高级涂饰	检验方法
1	颜色	均匀一致	均匀一致	观察
2	泛碱、咬色	允许少量轻微	不允许	
3	流坠、疙瘩	允许少量轻微	不允许	
4	砂眼、刷纹	允许少量轻微砂眼、刷纹通顺	无砂眼、无刷纹	
5	装饰线、分色线直线度允许偏差/mm	2	1	拉 5m 线，不足 5m 拉通线，用钢直尺检查

2）厚涂料的涂饰质量和检验方法应符合表 10-33 的规定。

表 10-33　厚涂料的涂饰质量和检验方法

项次	项　目	质量要求	检验方法
1	颜色	均匀一致	观察
2	泛碱、咬色	不允许	
3	喷点疏密程度	均匀，不允许连片	

3）涂层与其他装修材料和设备衔接处应吻合，界面应清晰。

检验方法：观察。

2. 溶剂型涂料涂饰工程

（1）主控项目

溶剂型涂料涂饰工程质量验收的主控项目见表 10-34。

表 10-34　溶剂型涂料涂饰工程质量验收的主控项目一览表

项次	项　目	检验方法
1	溶剂型涂料涂饰工程所用涂料的品种、型号和性能应符合设计要求	检查产品合格证书、性能检测报告和进场验收记录
2	溶剂型涂料涂饰工程的颜色、光泽、图案应符合设计要求	观察
3	溶剂型涂料涂饰工程应涂饰均匀、粘结牢固，不得漏涂、透底、起皮和掉粉	观察；手摸检查
4	涂饰工程的基层处理应符合下列要求： ① 新建筑物的混凝土或抹灰基层在涂饰涂料前应涂刷抗碱封闭底漆 ② 旧墙面在涂饰涂料前应清除疏松的旧装修层，并涂刷界面剂 ③ 混凝土或抹灰基层涂刷溶剂型涂料时，含水率不得大于 8%；涂刷乳液型涂料时，含水率不得大于 10%。木材基层的含水率不得大于 12% ④ 基层腻子应平整、坚实、牢固，无粉化、起皮和裂缝；内墙腻子的粘结强度应符合《建筑室内用腻子》（JG/T 298—2010）的规定 ⑤ 厨房、卫生间墙面必须使用耐水腻子	观察；手摸检查；检查施工记录

建筑装饰施工组织与管理

（2）一般项目

1）色漆的涂饰质量和检验方法应符合表10-35的规定。

表10-35　色漆的涂饰质量和检验方法

项次	项目	普通涂饰	高级涂饰	检验方法
1	颜色	均匀一致	均匀一致	观察
2	光泽、光滑	光泽基本均匀，光滑无挡手感	光泽均匀一致，光滑	观察；手摸检查
3	刷纹	刷纹通顺	无刷纹	观察
4	裹棱、流坠、皱皮	明显处不允许	不允许	观察
5	装饰线、分色线直线度允许偏差/mm	2	1	拉5m线，不足5m拉通线，用钢直尺检查

2）清漆的涂饰质量和检验方法应符合表10-36的规定。

表10-36　清漆的涂饰质量和检验方法

项次	项目	普通涂饰	高级涂饰	检验方法
1	颜色	均匀一致	均匀一致	观察
2	木纹	棕眼刮平、木纹清楚	棕眼刮平、木纹清楚	观察
3	光泽、光滑	光泽基本均匀，光滑无挡手感	光泽均匀一致，光滑	观察；手摸检查
4	刷纹	无刷纹	无刷纹	观察
5	裹棱、流坠、皱皮	明显处不允许	不允许	观察

3）涂层与其他装修材料和设备衔接处应吻合，界面应清晰。

检验方法：观察。

10.3.7　轻质隔墙工程质量检查与验收

1. 板材隔墙工程

（1）主控项目

板材隔墙工程质量验收的主控项目见表10-37。

表10-37　板材隔墙工程质量验收的主控项目一览表

项次	项目	检验方法
1	隔墙板材的品种、规格、性能、颜色应符合设计要求。有隔声、隔热、阻燃、防潮等特殊要求的工程，板材应有相应性能等级的检测报告	观察；检查产品合格证书、进场验收记录和性能检测报告
2	安装隔墙板材所需预埋件、连接件的位置、数量及连接方法应符合设计要求	观察；尺量检查；检查隐蔽工程验收记录
3	隔墙板材安装必须牢固。现制钢丝网水泥隔墙与周边墙体的连接方法应符合设计要求，并应连接牢固	观察；手扳检查
4	隔墙板材所用接缝材料的品种及接缝方法应符合设计要求	观察；检查产品合格证书和施工记录

198

（2）一般项目

1）隔墙板材安装应垂直、平整、位置正确，板材不应有裂缝或缺损。

检验方法：观察；尺量检查。

2）板材隔墙表面应平整光滑、色泽一致、洁净，接缝应均匀、顺直。

检验方法：观察；手摸检查。

3）隔墙上的孔洞、槽、盒应位置正确、套割方正、边缘整齐。

检验方法：观察。

4）板材隔墙安装的允许偏差和检验方法应符合表 10-38 的规定。

表 10-38　板材隔墙安装的允许偏差和检验方法

项次	项　　目	允许偏差/mm				检 验 方 法
		复合轻质墙板		石膏空心板	钢丝网水泥板	
		金属夹芯板	其他复合板			
1	立面垂直度	2	3	3	3	用 2m 垂直检测尺检查
2	表面平整度	2	3	3	3	用 2m 靠尺和塞尺检查
3	阴阳角方正	3	3	3	4	用直角检测尺检查
4	接缝高低差	1	2	2	3	用钢直尺和塞尺检查

2. 骨架隔墙工程

（1）主控项目

骨架隔墙工程质量验收的主控项目见表 10-39。

表 10-39　骨架隔墙工程质量验收的主控项目一览表

项次	项　　　　目	检 验 方 法
1	骨架隔墙所用龙骨、配件、墙面板、填充材料及嵌缝材料的品种、规格、性能和木材的含水率应符合设计要求。有隔声、隔热、阻燃、防潮等特殊要求的工程，材料应有相应性能等级的检测报告	观察；检查产品合格证书、进场验收记录、性能检测报告和复检报告
2	骨架隔墙工程边框龙骨必须与基体结构连接牢固，并应平整、垂直、位置正确	观察；尺量检查；检查隐蔽工程验收记录
3	骨架隔墙中龙骨间距和构造连接方法应符合设计要求。骨架内设备管线的安装、门窗洞口等部位加强龙骨应安装牢固、位置正确，填充材料的设置应符合设计要求	检查隐蔽工程验收记录
4	木龙骨及木墙面板的防火和防腐处理必须符合设计要求	检查隐蔽工程验收记录
5	骨架隔墙的墙面板应安装牢固，无脱层、翘曲、折裂及缺损	观察；手扳检查
6	墙面板所用接缝材料的接缝方法应符合设计要求	观察

（2）一般项目

骨架隔墙安装的允许偏差和检验方法应符合表 10-40 的规定。

表 10-40　骨架隔墙安装的允许偏差和检验方法

项次	项　目	允许偏差/mm		检验方法
		复合轻质墙板		
		纸面石膏板	人造木板、水泥纤维板	
1	立面垂直度	3	4	用2m垂直检测尺检查
2	表面平整度	3	3	用2m靠尺和塞尺检查
3	阴阳角方正	3	3	用直角检测尺检查
4	接缝直线度	—	3	拉5m线，不足5m拉通线，用钢直尺检查
5	压条直线度	—	3	拉5m线，不足5m拉通线，用钢直尺检查
6	接缝高低差	1	1	用钢直尺和塞尺检查

3. 活动隔墙工程

（1）主控项目

活动隔墙工程质量验收的主控项目见表10-41。

表 10-41　活动隔墙工程质量验收的主控项目一览表

项次	项　目	检验方法
1	活动隔墙所用墙板、配件等材料的品种、规格、性能和木材的含水率应符合设计要求。有阻燃、防潮等特性要求的工程，材料应有相应性能等级的检测报告	观察；检查产品合格证书、进场验收记录、性能检测报告和复检报告
2	活动隔墙轨道必须与基体结构连接牢固，并应位置正确	尺量检查；手扳检查
3	活动隔墙用于组装、推拉和制动的构配件必须安装牢固、位置正确，推拉必须安全、平稳、灵活	尺量检查；手扳检查；推拉检查
4	活动隔墙制作方法、组合方式应符合设计要求	观察

（2）一般项目

活动隔墙安装的允许偏差和检验方法应符合表10-42的规定。

表 10-42　活动隔墙安装的允许偏差和检验方法

项次	项　目	允许偏差/mm	检查方法
1	立面垂直度	3	用2m垂直检查尺检查
2	表面平整度	2	用2m靠尺和塞尺检查
3	接缝直线度	3	拉5m线，不足5m拉通线，用钢直尺检查
4	接缝高低差	2	用钢直尺和塞尺检查
5	接缝宽度	2	用钢直尺检查

4. 玻璃隔墙工程

（1）主控项目

玻璃隔墙工程质量验收的主控项目见表10-43。

表 10-43　玻璃隔墙工程质量验收的主控项目一览表

项次	项　目	检验方法
1	玻璃隔墙工程所用材料的品种、规格、性能、图案和颜色应符合设计要求。玻璃板隔墙应使用安全玻璃	观察；检查产品合格证书、进场验收记录和性能检测报告
2	玻璃砖隔墙的砌筑或玻璃板隔墙的安装方法应符合设计要求	观察
3	玻璃砖隔墙砌筑中埋设的拉结筋必须与基体结构连接牢固，并应位置正确	手扳检查；尺量检查；检查隐蔽工程验收记录
4	玻璃板隔墙的安装必须牢固。玻璃板隔墙胶垫的安装应正确	观察；手推检查；检查施工记录

（2）一般项目

1）玻璃隔墙表面应色泽一致、平整洁净、清晰美观。

检验方法：观察。

2）玻璃隔墙接缝应横平竖直，玻璃应无裂痕、缺损和划痕。

检验方法：观察。

3）玻璃板隔墙嵌缝及玻璃砖隔墙勾缝应密实平整、均匀顺直、深浅一致。

检验方法：观察。

4）玻璃隔墙安装的允许偏差和检验方法应符合表 10-44 的规定。

表 10-44　玻璃隔墙安装的允许偏差和检验方法

项次	项　目	允许偏差/mm		检查方法
		玻璃砖	玻璃板	
1	立面垂直度	3	2	用 2m 垂直检查尺检查
2	表面平整度	3	—	用 2m 靠尺和塞尺检查
3	阴阳角方正	—	2	用直角检测尺检查
4	接缝直线度	—	2	拉 5m 线，不足 5m 拉通线，用钢直尺检查
5	接缝高低差	3	2	用钢直尺和塞尺检查
6	接缝宽度	—	1	用钢直尺检查

 思考练习题

1. 材料或产品进场时应符合哪些规定？
2. 涂料面层的基层应符合哪些规定？
3. 分析活动金属板吊顶面下凸的原因及防治措施。
4. 影响施工质量的因素有哪几个方面？
5. 某宾馆大厅进行室内装饰改造工程施工，按照先上后下，先湿后干，先水电通风后装饰的施工顺序施工。吊顶工程按设计要求，顶面为轻钢龙骨纸面石膏板不上人吊顶，装饰面层为耐擦洗涂料。但竣工验收后三个月，顶面局部产生凹凸不平和石膏板接缝处产生裂缝现象。根据以上描述，结合实际完成下列问题：①该装饰工程吊顶面局部产生凹凸不平的原因主要有哪些？②引起装饰工程吊顶面产生板缝开裂的原因有哪些？③根据规范要求，装饰工程吊顶中吊点间距应为多少？

第11章

建筑装饰工程职业健康安全与环境管理

学习目标 了解建筑装饰工程职业健康安全管理、环境管理的概念、目的、任务和特点；熟悉建筑装饰工程职业健康安全技术措施计划的制订与实施，以及建筑装饰工程文明施工和现场管理；掌握建筑装饰工程职业健康安全事故的分类及处理，以及建筑装饰工程施工现场的环境保护措施。

学习重点 安全技术措施计划的实施；文明施工的基本要求；安全事故的分类及处理；施工现场环境保护措施。

学习难点 安全事故的处理；施工现场环境保护措施。

11.1　建筑装饰工程职业健康安全与环境管理概述

11.1.1　职业健康安全与环境管理的概念

职业健康安全是指影响工作场所内员工、临时工作人员、合同方人员、访问者和其他人员健康安全的条件和因素。职业健康安全管理包括为制订、实施、实现、评审和保持职业健康安全方针所需的组织结构、计划活动、职责、惯例、程序、过程和资源。

环境是指组织运行活动的外部存在，包括空气、水、土地、自然资源、植物、动物和人，以及它们之间的相互关系。环境管理是整个管理体系的一个组成部分，包括制订、实施、实现、评审和保持环境方针所需的组织结构、计划活动、职责、惯例、程序、过程和资源。

11.1.2　职业健康安全与环境管理的目的

职业健康安全管理的目的是防止和减少生产安全事故，保护产品生产者和使用者的健康与安全，保障人民群众的生命和财产免受损失。要控制影响工作场所内员工、临时工作人员、合同方人员、访问者和其他人员健康和安全的条件和因素，考虑和避免因使用不当对使用者造成的健康和安全危害。

环境管理的目的是保护生态环境，使社会的经济发展与人类的生存环境相协调。要控制施工作业现场的各种粉尘、废水、废气、固体废弃物以及噪声、振动对环境的污染和危害，考虑能源节约和避免资源浪费。

11.1.3　职业健康安全与环境管理的任务

职业健康安全与环境管理的任务是指建筑装饰生产组织（或企业）为达到职业健康安全与环境管理的目的，根据自身的实际情况而进行的组织、计划、控制、领导和协调的活动，包括制订、实施、实现、评审和保持职业健康安全与环境方针，建立组织结构、计划活动、明确职责、遵守有关法律法规和惯例、编制程序控制文件，实行过程控制，提供人员、设备、资金和信息资源，并为此建立职业健康安全与环境管理体系，保证职业健康安全与环境管理任务的完成。

11.1.4　建筑装饰工程职业健康安全与环境管理的特点

1）建筑产品的固定性决定了施工的流动性，手工作业和湿作业多，对施工人员的职业健康安全影响较大，环境污染因素多，从而导致施工现场的职业健康安全与环境管理比较复杂。

2）建筑装饰产品的单件性使施工作业形式多样化，从而决定了职业健康安全与环境管理的多样性。

3）建筑装饰工程市场在供大于求的情况下，业主经常会压低价格，造成施工单位对职业健康安全与环境管理费用的投入减少，不符合相关规定的现象经常发生。

4）建筑装饰施工涉及的内部专业多、外界单位广、综合性强，这就要求施工方与各专业之间、各单位之间互相配合，共同注意施工过程中部分职业健康安全与环境管理的协调性。

5) 建筑装饰施工作业人员文化素质低，并处在动态调整的不稳定状态中，从而给施工现场的职业健康安全与环境管理带来诸多不利因素。

11.2 建筑装饰工程职业健康安全管理

建筑装饰工程施工企业应坚持安全第一、预防为主和防治结合的方针，建立并持续改进职业健康安全管理体系。项目经理应全面负责工程项目职业健康安全的全面管理工作。

11.2.1 建筑装饰工程职业健康安全管理机构

1. 企业安全管理机构的设置

企业应设置以法定代表人为第一责任人的安全管理机构，并根据企业的施工规模及职工人数设置专门的安全生产管理机构部门，并配备专职安全管理人员。

2. 项目经理部安全管理机构的设置

项目经理部是施工现场第一线管理机构，应根据工程特点和规模，设置以项目经理为第一责任人的安全管理领导小组，其成员由项目经理、技术负责人、专职安全员、工长及各种班组长组成。

3. 施工班组安全管理

施工班组要设置不脱产的兼职安全员，协助班组长搞好班组的安全生产管理。班组要坚持班前班后岗位安全检查、安全值日和安全日活动制度，并认真做好班组的安全记录。

11.2.2 职业健康安全技术措施计划的制订

建筑装饰工程职业健康安全技术措施计划应在项目管理实施规划中由项目经理主持编制，经有关部门批准后，由专职安全员进行现场监督实施。其内容一般包括工程概况、控制目标、控制程序、组织结构、职责权限、规章制度、资源配置、施工安全技术措施、检查评价、奖惩制度以及对分包的职业健康安全管理等内容。

编制安全技术措施计划时，对结构复杂、施工难度大、专业性较强的工程项目，除制订项目总体安全保证计划外，还必须制订单位工程或分部分项工程的安全技术措施；对高处作业、井下作业等专业性较强的作业，电器、压力容器等特殊工种作业，应制订单项安全技术规程，并应对管理人员和操作人员的安全作业资格和身体状况进行合格检查。

施工安全技术措施应包括安全防护设施的设置和安全预防措施，主要有 17 个方面的内容：防火、防毒、防爆、防洪、防尘、防雷击、防触电、防坍塌、防物体打击、防机械伤害、防起重设备滑落、防高空坠落、防交通事故、防寒、防暑、防疫、防污染环境。

实行总分包的项目，分包项目安全计划应纳入总包项目安全计划，分包人应服从总承包人的管理。

11.2.3 职业健康安全技术措施计划的实施

1. 安全生产责任制

建立安全生产责任制是建筑装饰工程职业健康安全技术措施计划实施的重要保证。安全生产责任制是指企业对项目经理部各级领导、各个部门、各类人员所规定的在他们各自职责范围内对安全生产应负责任的制度。

2. 安全生产教育

安全生产教育是职业健康安全管理工作的重要环节，其基本要求如下：

1）广泛开展安全生产的宣传教育，使全体员工真正认识到安全生产的重要性和必要性，懂得安全生产和文明施工的科学知识，牢固树立安全第一的思想，自觉遵守各项安全生产法律法规和规章制度。

2）安全教育的内容应包括安全思想、安全知识、安全技能、安全法制、设备性能、操作规程等。

3）安全教育的对象应包括项目经理、项目执行经理、项目技术负责人、项目基层管理人员、分包负责人、分包队伍管理人员、操作工人。

4）对于特殊工种工人，如电工、架子工、电焊工、机操工等，除一般安全教育外，还应经过专业安全技能培训，经考试合格持证后，方可独立操作；采用新技术、新工艺、新设备施工和调换工作岗位时，也要进行安全教育。

5）建立经常性的安全教育考核制度，考核成绩计入员工档案。

3. 安全技术交底

安全技术交底是职业健康安全技术方案的具体落实，其要求如下：

1）应优先采用新的安全技术措施。

2）项目经理部必须实行逐级安全技术交底制度，纵向延伸到班组全体作业人员。

3）技术交底必须具体、明确、针对性强。

4）应将工程概况、施工方法、安全技术措施等情况向工地负责人、工长及全体职工详细交底。

5）定期或不定期地向由两个以上作业队和多工种进行交叉施工的作业队进行书面交底。

6）保持书面安全技术交底签字记录，并按单位工程归放一起，以备查验。

安全技术交底的主要内容包括：工程概况、施工作业特点和危险点；针对危险部位、安全控制点的技术安全管理预防措施；应注意的安全防范事项；应遵守的安全标准、安全操作规程及注意事项；出现异常征兆或发生事故的应急救援措施。

4. 安全检查

安全检查是消除隐患、防止事故、改善劳动条件及提高员工安全生产意识的重要手段。安全检查的内容主要针对两方面：

1）各级管理人员对安全施工规章制度的建立与落实，如安全施工责任制、岗位责任制、安全教育制度、安全检查制度等。

2）施工现场安全措施的落实和有关安全规定的执行情况，如安全技术措施、施工现场安全组织、安全技术交底等。

安全检查的形式主要有：经常性检查、定期检查、专业性检查、季节性检查、节假日前后检查、自行检查以及上级检查等。

5. 安全检查的主要措施

1）定期或不定期地对安全管理计划的执行情况进行检查、记录、考核和评价。对施工中存在的不安全行为和隐患进行原因分析并制订相应整改方案，落实整改措施，整改后应予复查。

2）根据施工过程的特点和安全目标的要求，确定安全检查内容。

3）配备必要的安全检查设备或器具，确定检查负责人和检查人员，并明确检查的方法和要求。

4）应采取随机抽样、现场观察和实地检测的方法，并记录检查结果，纠正违章指挥和违章操作。

5）对检查结果进行分析，找出安全隐患，确定危险程度。

6）编写安全检查报告。

11.2.4 职业健康安全事故的分类及处理

1. 职业健康安全伤害事故的分类

职业伤害事故是指因生产过程及工作原因或与其相关的其他原因造成的伤亡事故。

（1）按照事故发生的原因分类

按照我国《企业职工伤亡事故分类》（GB 6441—1986）规定，职业伤害事故分为20类，其中与建筑业有关的有以下12类。

1）物体打击：指落物、滚石、锤击、碎裂、崩块、砸伤等造成的人身伤害，不包括因爆炸而引起的物体打击。

2）车辆伤害：指被车辆挤、压、撞和车辆倾覆等造成的人身伤害。

3）机械伤害：指被机械设备或工具绞、碾、碰、割、戳等造成的人身伤害，不包括车辆、起重设备引起的伤害。

4）起重伤害：指从事各种起重作业时发生的机械伤害事故，不包括上下驾驶室时发生的坠落伤害、起重设备引起的触电及检修时制动失灵造成的伤害。

5）触电：由于电流经过人体导致的生理伤害，包括雷击伤害。

6）灼烫：指火焰引起的烧伤、高温物体引起的烫伤、强酸或强碱引起的灼伤、放射线引起的皮肤损伤，不包括电烧伤及火灾事故引起的烧伤。

7）火灾：在火灾时造成的人体烧伤、窒息、中毒等。

8）高处坠落：由于危险势能差引起的伤害，包括从架子、屋架上坠落以及平地坠入坑内等。

9）坍塌：指建筑物、堆置物倒塌以及土石塌方等引起的事故伤害。

10）火药爆炸：指在火药的生产、运输、储藏过程中发生的爆炸事故。

11）中毒和窒息：指煤气、油气、沥青、化学、一氧化碳中毒等。

12）其他伤害：包括扭伤、跌伤、冻伤、野兽咬伤等。

以上12类职业伤害事故中，在建设工程领域中最常见的是高处坠落、物体打击、机械伤害、触电、坍塌、中毒、火灾7类。

（2）按照事故严重程度分类

我国《企业职工伤亡事故分类》规定，按事故严重程度分类，事故分为：

1）轻伤事故，是指造成职工肢体或某些器官功能性或器质性轻度损伤，能引起劳动能力轻度或暂时丧失的伤害事故，一般每个受伤人员休息1个工作日以上（含1个工作日），

105 个工作日以下。

2）重伤事故，一般指受伤人员肢体残缺或视觉、听觉等器官受到严重损伤，能引起人体长期存在功能障碍或劳动能力有重大损失的伤害，或者造成每个受伤人损失 105 个工作日以上（含 105 个工作日）的失能伤害的事故。

3）死亡事故。重大伤亡事故指一次事故中死亡 1～2 人的事故；特大伤亡事故指一次事故死亡 3 人以上（含 3 人）的事故。

（3）按事故造成的人员伤亡或者直接经济损失分类

依据 2007 年 6 月 1 日起实施的《生产安全事故报告和调查处理条例》规定，按生产安全事故（以下简称事故）造成的人员伤亡或者直接经济损失，事故分为：

1）特别重大事故，是指造成 30 人以上死亡，或者 100 人以上重伤（包括急性工业中毒，下同），或者 1 亿元以上直接经济损失的事故。

2）重大事故，是指造成 10 人以上 30 人以下死亡，或者 50 人以上 100 人以下重伤，或者 5000 万元以上 1 亿元以下直接经济损失的事故。

3）较大事故，是指造成 3 人以上 10 人以下死亡，或者 10 人以上 50 人以下重伤，或者 1000 万元以上 5000 万元以下直接经济损失的事故。

4）一般事故，是指造成 3 人以下死亡，或者 10 人以下重伤，或者 1000 万元以下直接经济损失的事故。

目前，在建设工程领域中，判别事故等级采用较多的是《生产安全事故报告和调查处理条例》。

2. 职业健康安全事故的处理

（1）安全事故处理原则

根据国家法律法规的要求，在进行生产安全事故报告和调查处理时，要坚持实事求是、尊重科学的原则，既要及时、准确地查明事故原因，明确事故责任，使责任人受到追究，又要总结经验教训，落实整改和防范措施，防止类似事故再次发生。

因此，建筑装饰工程施工项目一旦发生安全事故，必须实施"四不放过"的原则，即：事故原因未查清不放过；事故责任人未受到处理不放过；事故责任人和周围群众没有受到教育不放过；事故没有制订切实可行的整改措施不放过。

（2）安全事故报告

事故发生后，事故现场有关人员应当立即向本单位负责人报告，单位负责人接到报告后，应当于 1 小时内向事故发生地县级以上人民政府安全生产监督管理部门和负有安全生产监督管理职责的有关部门报告。情况紧急时，事故现场有关人员可以直接向事故发生地县级以上人民政府安全生产监督管理部门和负有安全生产监督管理职责的有关部门报告。

安全生产监督管理部门和负有安全生产监督管理职责的有关部门接到事故报告后，应当依照下列规定上报事故情况，并通知公安机关、劳动保障行政部门、工会和人民检察院：

1）特别重大事故、重大事故逐级上报至国务院安全生产监督管理部门和负有安全生产监督管理职责的有关部门。

2）较大事故逐级上报至省、自治区、直辖市人民政府安全生产监督管理部门和负有安全生产监督管理职责的有关部门。

3）一般事故上报至设区的市级人民政府安全生产监督管理部门和负有安全生产监督管

理职责的有关部门。

安全生产监督管理部门和负有安全生产监督管理职责的有关部门依照前款规定上报事故情况，应当同时报告本级人民政府。国务院安全生产监督管理部门和负有安全生产监督管理职责的有关部门以及省级人民政府接到发生特别重大事故、重大事故的报告后，应当立即报告国务院。必要时，安全生产监督管理部门和负有安全生产监督管理职责的有关部门可以越级上报事故情况。

安全生产监督管理部门和负有安全生产监督管理职责的有关部门逐级上报事故情况，每级上报的时间不得超过2小时。事故报告后出现新情况的，应当及时补报。

（3）安全事故报告的内容

1）事故发生时间、地点和工程项目、有关单位名称。

2）事故简要经过。

3）事故已造成或可能造成的伤亡人数（包括下落不明的人数）和初步估计的直接经济损失。

4）事故初步原因。

5）事故发生后采取的措施及事故控制情况。

6）事故报告单位或报告人员。

7）其他应当报告的情况。

（4）安全事故调查

事故发生后，事故调查组应迅速到现场，坚持实事求是、尊重科学的原则，进行及时、全面、准确和客观的勘查，包括现场笔录、现场拍照和现场绘图。对事故进行调查时，事故调查组有权向有关单位和个人了解与事故有关的情况，并要求其提供相关文件、资料，有关单位和个人不得拒绝。事故发生单位的负责人和有关人员在事故调查期间不得擅离职守，并应随时接受事故调查组的询问，如实提供有关情况。

事故调查组应履行以下职责：

1）核实事故项目基本情况，包括项目履行法定建设程序情况、参与项目建设活动各方主体履行职责的情况。

2）查明事故发生的经过、原因、人员伤亡及直接经济损失，并依据国家有关法律法规和技术标准分析事故的直接原因和间接原因。

3）认定事故的性质，明确事故责任单位和责任人员在事故中的责任。

4）依照国家有关法律法规对事故的责任单位和责任人员提出处理建议。

5）总结事故教训，提出防范和整改措施。

6）提交事故调查报告。

事故调查报告应当包括：事故发生单位概况；事故发生经过和事故救援情况；事故造成的人员伤亡和直接经济损失；事故发生的原因和事故性质；事故责任的认定以及对事故责任者的处理建议；事故的防范和整改措施。

（5）安全事故审理

对于重大事故、较大事故、一般事故，负责事故调查的人民政府应当自收到事故调查报告之日起15日内做出批复；对于特别重大事故，应在30日内做出批复；特殊情况下，批复时间可以适当延长，但延长的时间最长不超过30日。

有关机关应当按照人民政府的批复，依照法律、行政法规规定的权限和程序，对事故发生单位和有关人员进行行政处罚，对负有事故责任的国家工作人员进行处分。事故发生单位应当按照负责事故调查的人民政府的批复，对本单位负有事故责任的人员进行处理。

负有事故责任的人员涉嫌犯罪的，依法追究刑事责任。

事故处理的情况由负责事故调查的人民政府或者其授权的有关部门、机构向社会公布，依法应当保密的除外。事故调查处理的文件记录应长期完整地保存。

11.3　建筑装饰工程环境管理

建筑装饰工程环境管理包括文明施工和现场管理。项目经理应全面负责工程项目环境管理工作。

11.3.1　建筑装饰工程文明施工

文明施工是指保持施工现场良好的作业环境、卫生环境和工作秩序，主要包括：规范施工现场的场容，保持作业环境的整洁卫生；科学组织施工，使生产有序进行；减少施工对周围居民和环境的影响；遵守施工现场文明施工的规定和要求，保证职工的安全和身体健康。

文明施工可以适应现代化施工的客观要求，有利于员工的身心健康，有利于培养和提高施工队伍的整体素质，促进企业综合管理水平的提高，提高企业的知名度和市场竞争力。

现场文明施工的基本要求：

1）施工现场必须设置明显的标牌，标明工程项目名称、建设单位、设计单位、施工单位、项目经理和施工现场总代表人的姓名、开工和竣工日期、施工许可证批准文号等。施工单位负责现场标牌的保护工作。

2）施工现场的管理人员应佩戴证明其身份的证卡。

3）施工现场的用电线路、用电设施的安装和使用必须符合安装规范和安全操作规程，严禁任意拉线接电。

4）施工现场的各种安全设施和劳动保护器具必须定期检查和维护，及时消除隐患，保证其安全有效。

5）施工现场应当设置各类必要的职工生活设施，并符合卫生、通风、照明等要求。职工的膳食、饮水供应应符合卫生要求。

6）应当做好施工现场的安全保卫工作，采取必要的防盗措施，在现场周边设立围护设施。

7）应严格按照《中华人民共和国消防条例》的规定，在施工现场建立和执行防火管理制度，设置符合消防要求的消防设施，并保持完好的备用状态。在容易发生火灾的地区施工，或者储存、使用易燃易爆器材时，应采取特殊的消防安全措施。

11.3.2　建筑装饰工程现场管理

施工现场管理是指建筑装饰工程项目施工企业为完成建筑装饰产品的施工任务，从接受施工任务开始到工程竣工验收交工为止的全过程中，围绕施工现场和施工对象而进行的生产事务的组织管理工作。其目的是在施工现场充分利用施工条件，最大限度地发挥各施工要素的作用，保持各方面工作的协调，使施工能正常进行，按时、按质地提供建筑装饰产品。

由于建筑装饰产品施工是一项非常复杂的生产活动，它有着不同于其他产品管理的特点，即流动性、周期长，属于现场型作业，物资供应、工艺操作、技术、质量、劳动力组织均需围绕施工现场进行。因此，搞好施工现场的各项管理工作，正确处理现场施工过程中的劳动力、劳动对象和劳动手段在空间布置和时间排列上的矛盾，保证和协调施工的正常进行，做到人尽其才、物尽其用，对多、快、好、省地完成施工目标有着十分重要的意义。

施工现场管理包括以下几项基本内容：

1）进行开工前的现场施工条件的准备，促成工程开工。

2）进行施工中的经常性准备工作。

3）编制施工作业计划，按计划组织综合施工，进行施工过程中的全面控制和全面协调。

4）加强对施工现场的平面管理，合理利用空间，做到文明施工。

5）利用施工任务书进行基层队组的施工管理。

6）组织工程的竣工验收。

11.3.3 建筑装饰工程施工现场环境保护措施

环境保护是按照法律法规、各级主管部门和企业的要求，保护和改善作业现场的环境，控制现场的各种粉尘、废水、废气、固体废弃物、噪声、振动等对环境的污染和危害。

现场环境保护是现代化大生产的客观要求，能保证施工顺利进行，保证人们身体健康和社会文明。节约能源、保护人类生存环境、保证社会和企业可持续发展是一项利国利民的重要工作。施工现场环境保护主要包括大气污染的防治、水污染的防治、噪声污染的防治、固体废弃物的处理等。

1. 施工现场大气污染的防治措施

1）施工现场垃圾渣土要及时清理出现场。

2）高大建筑物清理施工垃圾时，要使用封闭式的容器或者采取其他措施处理高空废弃物，严禁凌空随意抛撒。

3）施工现场道路应制订专人定期洒水清扫的制度，防止道路扬尘。

4）对于细颗粒散体材料（如水泥、粉煤灰、白灰等）的运输、储存要注意遮盖、密封，防止和减少扬尘。

5）车辆开出工地要做到不带泥沙，基本做到不洒土、不扬尘，减少对周围环境污染。

6）除设有符合规定的装置外，禁止在施工现场焚烧油毡、橡胶、塑料、皮革、树叶、枯草、各种包装物等废弃物品以及其他会产生有毒、有害烟尘和恶臭气体的物质。

7）机动车都要安装减少尾气排放的装置，确保符合国家标准。

8）工地茶炉应尽量采用热水器。若只能使用烧煤茶炉和锅炉时，应选用消烟除尘型茶炉和锅炉，大灶应选用消烟节能回风炉灶，使烟尘降至允许排放范围为止。

9）大城市市区的建设工程不容许搅拌混凝土。在容许设置搅拌站的工地，应将搅拌站封闭严密，并在进料仓上方安装除尘装置，采用可靠措施控制工地粉尘污染。

10）拆除旧建筑物时，应适当洒水，防止扬尘。

2. 施工现场水污染的防治措施

1）禁止将有毒有害废弃物用作土方回填。

2）施工现场搅拌站废水、现制水磨石的污水、电石（碳化钙）的污水必须经沉淀池沉淀合格后再排放，最好将沉淀水用于工地洒水降尘或采取措施回收利用。

3）现场存放油料时必须对库房地面进行防渗处理，如采用防渗混凝土地面、铺油毡等措施。使用时，要采取防止油料跑、冒、滴、漏的措施，以免污染水体。

4）施工现场100人以上的临时食堂，污水排放时可设置简易有效的隔油池，定期清理，防止污染。

5）工地临时厕所、化粪池应采取防渗漏措施。中心城市施工现场的临时厕所可采用水冲式厕所，并有防蝇灭蛆措施，防止污染水体和环境。

6）化学用品、外加剂等要妥善保管，库内存放，防止污染环境。

3. 施工现场噪声污染的防治措施

噪声控制技术可从声源、传播途径、接收者防护等方面来考虑。

（1）声源控制

1）声源上降低噪声，这是防止噪声污染的最根本措施。

2）尽量采用低噪声设备和加工工艺代替高噪声设备和加工工艺，如低噪声振捣器、风机、电动空压机、电锯等。

3）在声源处安装消声器消声，即在通风机、鼓风机、压缩机、燃气机、内燃机及各类排气放空装置等进出风管的适当位置设置消声器。

（2）传播途径的控制

1）吸声：利用吸声材料（大多由多孔材料制成）或由吸声结构形成的共振结构（金属或木质薄板钻孔制成的空腔体）吸收声能，降低噪声。

2）隔声：应用隔声结构阻碍噪声向空间传播，将接收者与噪声声源分隔。隔声结构包括隔声室、隔声罩、隔声屏障、隔声墙等。

3）消声：利用消声器阻止传播。允许气流通过的消声降噪是防治空气动力性噪声的主要装置，如对空气压缩机、内燃机产生的噪声等。

4）减振降噪：对来自振动引起的噪声，通过降低机械振动减小噪声，如将阻尼材料涂在振动源上，或改变振动源与其他刚性结构的连接方式等。

（3）接收者的防护

让处于噪声环境下的人员使用耳塞、耳罩等防护用品，减少相关人员在噪声环境中的暴露时间，以减轻噪声对人体的危害。

（4）严格控制人为噪声

1）进入施工现场不得高声喊叫、无故甩打模板、乱吹哨，限制高音喇叭的使用，最大限度地减少噪声扰民。

2）凡在人口稠密区进行强噪声作业时，须严格控制作业时间，一般晚10点到次日早上6点之间停止强噪声作业。确系特殊情况必须昼夜施工时，尽量采取降低噪声措施，并会同建设单位找当地居委会、村委会或当地居民协调，出安民告示，求得群众谅解。

4. 施工现场固体废弃物的防治措施

固体废物处理的基本思想是：采取资源化、减量化和无害化的处理，对固体废物产生的全过程进行控制，固体废物的主要处理方法如下。

（1）回收利用

回收利用是对固体废物进行资源化的重要手段之一。粉煤灰在建设工程领域的广泛应用就是对固体废弃物进行资源化利用的典型范例。又如发达国家炼钢原料中有 70% 是利用回收的废钢铁，所以钢材可以看成是可再生利用的建筑材料。

（2）减量化处理

减量化是对已经产生的固体废物进行分选、破碎、压实浓缩、脱水等减少其最终处置量，减低处理成本，减少对环境的污染。在减量化处理的过程中，也包括和其他处理技术相关的工艺方法，如焚烧、热解、堆肥等。

（3）焚烧

焚烧用于不适合再利用且不宜直接予以填埋处置的废物，除有符合规定的装置外，不得在施工现场熔化沥青和焚烧油毡、油漆，也不得焚烧其他可产生有毒有害和恶臭气体的废弃物。垃圾焚烧处理应使用符合环境要求的处理装置，避免对大气的二次污染。

（4）稳定和固化

稳定和固化处理是利用水泥、沥青等胶结材料，将松散的废物胶结包裹起来，减少有害物质从废物中向外迁移、扩散，使得废物对环境的污染减少。

（5）填埋

填埋是固体废物经过无害化、减量化处理的废物残渣集中到填埋场进行处置。禁止将有毒有害废弃物现场填埋，填埋场应利用天然或人工屏障。尽量使需处置的废物与环境隔离，并注意废物的稳定性和长期安全性。

 思考练习题

1. 简述建筑装饰工程职业健康安全与环境管理的目的。
2. 建筑装饰工程安全检查的主要措施有哪些？
3. 职业健康安全伤害事故按事故造成的人员伤亡或直接经济损失可分成哪几类？
4. 建筑装饰工程职业健康安全事故的处理原则是什么？
5. 简述施工现场固体废弃物的防治措施。

参考文献

［1］ 中华人民共和国住房和城乡建设部．GB/T 50326—2006 建设工程项目管理规范［S］．北京：中国建筑工业出版社，2006．

［2］ 中国建设监理协会．GB/T 50319—2013 建设工程监理规范［S］．北京：中国建筑工业出版社，2014．

［3］ 中华人民共和国公安部．GB 50016—2014 建筑设计防火规范［S］．北京：中国建筑工业出版社，2015．

［4］ 中华人民共和国公安部．GB 50222—1995 建筑内部装修设计防火规范［S］．北京：中国建筑工业出版社，1995．

［5］ 中国建筑科学研究院．GB 50300—2013 建筑工程施工质量验收统一标准［S］．北京：中国建筑工业出版社，2014．

［6］ 中国建筑科学研究院．GB 50210—2001 建筑装饰装修工程质量验收规范［S］．北京：中国建筑工业出版社，2002．

［7］ 王春梅．建筑施工组织与管理［M］．北京：清华大学出版社，2014．

［8］ 吴伟民，刘保军，郑睿，等．建筑工程施工组织与管理［M］．郑州：黄河水利出版社，2010．

［9］ 牟培超．建筑工程施工组织与项目管理［M］．上海：同济大学出版社，2011．

［10］ 冯美宇．建筑装饰施工组织与管理［M］．3 版．武汉：武汉理工大学出版社，2014．

［11］ 安德锋，任杰，付德才．建筑装饰施工组织与管理［M］．北京：北京理工大学出版社，2010．

［12］ 蔡雪峰．建筑工程施工组织管理［M］．3 版．北京：高等教育出版社，2015．

［13］ 陈清树，周霞．建筑工程施工组织设计中流水施工形式的确定［J］．泸州职业技术学院学报，2010，（06）：121 – 124．

［14］ 张家善，张本福．建筑流水施工时间参数分析［J］．安徽建筑工业学院学报（自然科学版），2008，（08）：35 – 38．

［15］ 韩英爱，高志通．建筑工程流水施工流程优化问题探讨［J］．长春工程学院学报（自然科学版），2011，（16）：21 – 22．

［16］ 程宇，刘靖．网络计划技术在建设工程施工进度控制管理中的运用［J］．科技风，2009（14）：88．

［17］陈忠强．网络计划技术在建设工程中的应用［J］．中国新技术新产品，2010（1）：100.

［18］丛培经．贯彻《建设工程项目管理规范》的若干问题［J］．建筑技术，2003（11）：85–89.

［19］董国刚．网络计划技术在项目进度管理中的应用研究［D］．上海：上海交通大学，2012.

［20］吴洁，杨天春．建筑施工技术［M］．北京：中国建筑工业出版社，2009.

［21］王向坤，刘聪．试论建筑装饰装修工程质量管理［J］．科技与企业，2013（11）：63.